RENZHI YU

JIZHI DE GUSHI

ZHILI JINHUA

TONGSU

DUBEN

人智与
机智的故事
——智力进化通俗读本

曹品军 著

家庭教育是一门艺术，
管人要管"心"，与孩子的心灵沟通是最重要的。

光明日报出版社

图书在版编目（CIP）数据

人智与机智的故事：智力进化通俗读本 / 曹品军
著 . -- 北京：光明日报出版社，2018.6
ISBN 978 - 7 - 5194 - 4241 - 5

Ⅰ. ①人… Ⅱ. ①曹… Ⅲ. ①智力学—通俗读物
Ⅳ. ①B848.5 - 49

中国版本图书馆 CIP 数据核字（2018）第 116726 号

人智与机智的故事——智力进化通俗读本

RENZHI YU JIZHI DE GUSHI——ZHILI JINHUA TONGSU DUBEN

著　　者：曹品军

责任编辑：郭玫君　　　　　　责任校对：赵鸣鸣
封面设计：中联学林　　　　　　责任印制：曹　净

出版发行：光明日报出版社

地　　址：北京市西城区永安路 106 号，100050

电　　话：010 - 67078251（咨询），63131930（邮购）

传　　真：010 - 67078227，67078255

网　　址：http：//book. gmw. cn

E - mail：guomeijun@ gmw. cn

法律顾问：北京德恒律师事务所龚柳方律师

印　　刷：三河市华东印刷有限公司

装　　订：三河市华东印刷有限公司

本书如有破损、缺页、装订错误，请与本社联系调换

开　　本：170mm×240mm

字　　数：288 千字　　　　　　印　张：17

版　　次：2018 年 7 月第 1 版　　印　次：2018 年 7 月第 1 次印刷

书　　号：ISBN 978 - 7 - 5194 - 4241 - 5

定　　价：65.00 元

序

　　曹老师把书稿交给我，请我为他的作品写序。当时，我没有冒然应允他的请求。看了书稿后，我感到诧异：一个任教近三十年的老师，没想到他竟半路出道，跨专业学习理工科的计算机程序编程。在承担繁杂教育管理工作的同时，还担任了计算机应用课程教学。而且还潜心钻研，大胆提出把思想政治教育寓于计算机网络信息科学，探究信息社会如何科学运用手机资源，提高教育教学质量的问题，这种精神让我敬佩。

　　曹老师人智与机智的故事确实值得一读。第一，坚持"头脑"第一，思维智力第二原则，阐述头脑的功能——智力思维，有头有脑，说得头头是道、具体可感并不玄幻。第二，幽默智慧，高深的雅道理配通俗的小故事，老少皆宜，雅俗共赏。第三，图文表并茂，讲理论道，有图表有真相，抽象的智力、智能真实可感可触。第四，每一章都有互动话题，作者用有限的文字让读者去展开思想的翅膀，联想创意无疆。第五，冷静理性思考头脑发热、发烧的问题——网瘾、电子海洛因、手机控、低头族等现象。关爱未成年人心理健康成长，有感情温度，暖心可人。

　　面对计算机网络科技的迅速普及，教育工作者应该与时俱进，引导人们趋益避害。物理学上有一对概念：作用力和反作用力。我们也可以提出"智力与反智力"的概念。智力的社会进化呈现两极趋势：一极是越来越复杂的后台程序；一极是越来越"傻瓜化"的智能终端。是时候想想"智伤"的问题了。因为，我们的孩子热衷于知其然的乐趣，而不知其所以然。

　　管控一下手机、电视、电脑吧！

郴州市教育科学研究院院长　秦文玲

2017 年 7 月 25 日

前　言

玩是人类的天性，更是孩子们的天性和权利。

不同年龄段的人们，不同生活环境的人们玩着不同的游戏。

不同时代，流行不同的游戏。电子游戏是当今社会青少年游戏的主流，它是高科技发展送给孩子们的一份厚礼。我们没有理由拒绝电子信息科技带给人类的快乐。

从生产力工具的角度看，电脑及网络与飞机、汽车、车床、铣床、锤子、菜刀、锄头、扁担等都属于生产工具；用电脑玩电子游戏，就像从前孩子们骑竹马，拿板凳做跷跷板，用菜刀削陀螺，过年放爆竹一样。游戏是对未来生活的模拟演练，比如农村娃用树叶过家家，因为刀有危险，你能让你的孩子一辈子都不碰你们家的菜刀吗？果真如此的话，有米煮不出饭，有肉烧不来菜，恐惧就真的让孩子成了"生活白痴"了。现实生活总存在一定风险，关键看我们如何把握，所以我主张：

一、要带领孩子玩电脑，而且要玩出水平来。

首先，我认为玩电脑的结果或境界有五级。最高境界——玩物达志。比尔·盖茨抛弃大学功名，逃学玩电脑，在城市"红灯区"附近租房子创办微软公司，玩成了世界首富。搞电脑的人都爱玩，玩电脑的成功人士多得很，不一一列举。各位家长设想一下比尔·盖茨退学时他老爸老妈的心情吧。可怜中国父母心，以爱的名义伤害了多少娃娃的心。

较高境界——玩物益智。电脑，当今先进生产力的代表之一，是智慧的工具，人类智力的延伸。小一点讲，你的存款就是银行的电脑系统替你管理；大一点讲，操作员错按电脑键盘可导致美国纽约股市暴跌或暴涨。现代

1

生活离不开电脑,未来生活更离不了电脑。玩电脑的人多坐在办公室、空调房里,属于白领、金领阶层。玩电脑的人聪明,玩电脑益智。

一般境界——玩物怡情。我楼下的大爷大妈就是典型。退休之后,寂寞难耐,儿子送来一台旧电脑牵上网线,开心得不得了。网上下棋、打麻将,不会面对面地争吵;看新闻、看电影也不花钱;偶尔写点小文章,网上发发其乐无穷。同理,小孩子学业之余玩电脑也可以陶冶情操,看看"榕树下"等网站的文学作品,到天文馆、博物馆网站去溜达参观。如果有心栽培,说不定你家还会出一个少年计算机编程天才。当然,必须小心孩子利用电脑网络抄袭作业:数学作业不想做,让同学把答案用 QQ 聊天送过来;作文不想写,上网找一篇,复制、粘贴、改作者姓名,一分钟搞定。把房门反锁,开始游戏,这样就进入了下一个:

炼狱境界——玩物丧志。电脑网络游戏具有极大的诱惑力,一不小心你的孩子就会掉进仙境一样的虚拟世界。孩子跟着感觉走,跟着快乐走,很快就会丧失自我,被电脑游戏恶魔俘虏。他们将在虚拟与现实两个世界徘徊,在理想与眼前快乐之间挣扎。面对精神伤害,此时如果没有我们亲情的牵挂,孩子就会掉进一个悲惨世界。

悲惨世界——玩物丧命。近年来,有关电游、网游等伤害青少年身心健康的报道不少,如《电游室,请放过我的孙子吧》一文报道:某市 13 岁少年连续在网吧上网 37 小时后,从一座 24 层高楼顶"飞"身而下。总之,网络虚拟世界负面阴暗的东西不少,这就给我们提出了一系列问题。娃娃能不能玩电脑,什么年龄段开始玩电脑,怎样规范孩子玩电脑的行为?

我必须申明:玩电脑并不全等于玩电子游戏,电子游戏只是电脑功能的一部分。玩电子游戏其乐无穷,若成瘾危害也不小。

二、怎么样引导孩子玩电脑?

会操作电脑是现代人生存的基本技能之一。不会电脑,没玩过电子游戏,在孩子们看来是很没有面子的事情(同侪心理)。家长也期望孩子快乐,不落伍于时代潮流,而成为技艺卓群的电脑高手,电脑不能不玩,又怕这把"双刃剑"伤害了孩子,这就是家长的矛盾心理。一天深夜,我去男生公寓查人,发现少了几个学生,线报说他们爬围墙外出上网了。我率领学管科 5 人在网吧里找到了学生。在返回的路上,我突然想,电脑这机器咋就控制了娃娃的人脑呢？人类从迷信神鬼到迷恋电子游戏，从旧石器进化到智能机器人……我想了很多，于是有了写一点计算机哲学或智力进化方面的通俗文字的冲动，供学生和家长阅读，期待达到兴利除弊的目标。

其实，教孩子玩电脑和教孩子游泳、骑自行车一个道理：适当的时机掌握一门技术。

1. 什么年龄段开始玩电脑合适？

孩子有用电的安全意识，会用手精确按键，而不把键盘当木板摔坏时，你就可以引导孩子接触电脑了。这是一个心理年龄问题，说不定你家的孩子是计算机神童。一般说来，有了自我意识，能自我控制的人就可以玩电脑，玩电脑比游泳、骑自行车上公路安全。

申明：如果家长文化科技水平低，自控能力差，成人都挡不住"电子海洛因"的诱导，千万不可玩电脑。建议这类人移民深山老林隐居，拒绝现代文明。

2. 电脑放在什么地方好？

当今社会，孩子们很容易接触到电脑。街上有网吧、游戏室，学校有计算机房、电子阅览室等。学校有教师，网吧有管理员，国家有网吧管理规定，而我讲的是在家里电脑放什么地方好。孩子玩电脑，家长要监控。家用电脑不可放在孩子的个人密闭空间里，而应放在家里的"半公共空间"最好，如书房、阳台等。这一空间客人进来不干扰，家长成人能监视。放孩子房间行不行？不行，因为房门反锁，你就监视不了孩子的行为了，或许你的孩子会半夜起来上网游戏。就普通人而言，游戏永远比学习快乐，这是"真理"。心志尚未成熟的孩子要做到"慎独"是不可能的。在家用电脑日益普及的今天，你和孩子必须有"约法三章"，玩电脑一定公开透明。

3. 家长要懂一点电脑。

家庭教育是一门艺术。管人要管"心"，与孩子的心灵沟通是最重要的。人脑之间有代沟，两代人相差20—50年，接收的信息存在很大差异，如同电脑安装了不同版本的软件，系统版本相差几代，有时候就不能兼容了。孩子的大脑系统装载总是最新、前卫、非主流的、时髦的；成人的大脑信息系统早已安装完毕，往往是正统、主流、趋于保守的。曾经有家长就跟我说：他被儿子用电脑"忽悠"过一回。他儿子给电脑装了一个自动关机程序，可定时关机(Window XP版本以上也自带了自动关机程序)。由于他文化程度不高，儿子就诓骗他，说电脑突然死机，问他要钱去维修。如今拿高科技"忽悠"别人钱财的也不能说没有。为了与孩子沟通，找到更多的共同语言，与孩子一道共同成长，我们家长必须与时俱进，更新大脑信息系统。谨以《说苑》寓言故事《炳烛而学》同各位家长共勉。

晋平公问于师旷曰："吾年七十，欲学恐已暮矣。"师旷曰："何不炳烛乎?"平公曰："安有为人臣而戏其君乎?"师旷曰："盲臣安敢戏其君乎! 臣闻之，少而好学如日出之阳，壮而好学如日中之光，老而好学如炳烛之明。炳烛之明孰与昧行乎?"平公曰："善哉!"

目 录
CONTENTS

第一章

娃娃与信息科技

题记:人是万物的尺度。科学能造福,也能造孽。

一、电脑是福还是祸

事例一:

1984 年 2 月的一天,在上海市微电子技术及其应用展览会上,小学六年级学生李劲向邓小平同志表演了自己设计编制的"机器人唱歌""机器人下棋"等程序。小平同志看了很高兴,摸着李劲的头说:"计算机普及要从娃娃抓起。"这句话影响了李劲的人生之路。在家长的支持和计算机老师的指导下,他全身心地投入计算机学习,连跳两级,16 岁进入清华大学,23 岁成为中国最年轻的计算机博士,后来他成了微软研究院研究员、计算机图像压缩领域的国际知名专家。

三十多年过去,邓小平当年一句简洁的话影响了中国几代人。如今的中国,曾经神秘的高科技计算机与网络正走入寻常百姓家,上网计算机稳居世界第二位。

事例二:

习近平亲任中央网络安全和信息化领导小组组长。党的十八大以来,就网络安全和信息化工作,他三次发表重要讲话。

习近平关于互联网信息社会的讲话,穿越时空,贯通中华民族古老的哲理诗文与新潮的网络思维,表达了对互联网信息社会的前瞻、深切思考。现今,人们只要有一部手机,国民就变成了网民,中国网民总人数已经超过 7 亿,正处于从网络大国迈向网络强国的关键时期。互联网让世界变成了"鸡犬之声相闻"的地球村,相隔万里的人们不再"老死不相往来"。

互联网时代,如何发扬我党优良传统:密切联系群众? 他说"知屋漏者在宇下,知政失者在草野",各级领导干部要"善于利用网络了解民意,开展工作",做到知"网情""网意",学会用网络走群众路线。他提醒各级领导干部不要忽视了现代社会互联网上的"草野"呼声。

事例三:

一天晚上 9 时许,退休干部龙如生来到编辑部反映,称自己早晨带 9 岁的外孙肖雄一起到楼下吃早餐,吃完饭后,小外孙就不见了,他找了一个小时也没有找到。"网吧应该全部取缔"。他说"小外孙肯定又去玩电游了。从今年 3 月开始,肖雄就染上了网络电游瘾,经常一个整天不回家,害得家人满城找"。他认为,网吧对社会、对青少年百害而无一利,是藏污纳垢集黄、赌、毒于一身的黑窝点,是造成社会、家庭、学校不安定的重要因素,青少年涉世不深,很容易被诱惑。目前,发生的因迷恋网吧造成青少年误入歧途的事例还少吗? 社会应当负什么责任,学坏了的孩子应当谁来承担责任? 难道是家长的责任吗? 家长辛辛苦苦培养孩子,社会上如此多的网吧别说一般中学生,事实证明就目前的一些大学生也被拉下水,成为其牺牲品。不要搞一些什么文明规定,在当前社会是行不通的,只能形同虚设,在利益驱动下的文明规定解决不了问题。我们还是紧急呼吁国家和社会以及有关社团组织发挥应有的作用,坚决取缔网吧。

事例四:

网吧老板的抗争

一位母亲跪在网吧门口要求人家归还儿子"把儿子还给我! 你这黑心的老板!"其实网吧老板巴不得那个孩子赶紧滚蛋,当母亲的不进来拉孩子却跪在门口,等谁来拉? 让我们去拉么? 但那是她的儿子,不是网吧老板的儿子,她的儿子她自己管不住,却怪谁? 废了学业,你们做父母的主导作用哪里去了? 家长打麻将不管孩子,给几块钱让孩子到外面找吃的。有你们这样教育孩子的吗?

网吧什么时候才能被公正客观地看待? 我们向国家缴纳各种税费,我们最大的贡献在于促进了互联网在中国的发展。网吧本是极其普通的场所,就像公路车站一样,供人们乘车出行。网吧的危害与公路相比,简直是九牛之一毛。道路交通事故给国人带来许多灾难,却鲜见有人抗议。网吧的利弊显而易见,却有人要把网吧妖魔化,欲置之死地而后快。

事例五

网络游戏有毒吗?

玩是人类的天性,是成长过程中生活能力的训练。从前几个幼儿拿瓦片、泥土、树叶玩"过家家"不是早恋。今天的父母大人看到孩子上网游戏、聊天就急得跳脚，却忘了自己小时候玩到天黑半夜不回家。60年代人玩着泥巴长大；70年代人玩着扑克、玻璃珠成长；80年代人玩红白机、超级玛丽……一代代中国人垮了吗？没有！为什么90年代后，电脑及网络逐渐普及出现了"网络游戏"就不健康了呢？

我国政府对网络游戏产业是非常支持的，制定了民族网络游戏动漫出版产业发展规划，目前正在建设四家"国家级网络游戏动漫产业基地"。2009年网络游戏直接产值将达到180多亿元，对周边产品的带动将达1100多亿元。如此的一个新兴产业，尚处于发展阶段，各种制度规范的缺陷和不完善可想而知。

网络游戏没有毒。相反中国的学校，中国的教师，中国的家长思想上的毒，才是造成中国青少年问题的剧毒。

这是不是让我们感到困惑呢？这是一种很吊诡的现象：爱孩子却又伤害了孩子。电脑要从娃娃抓起，可是从娃娃抓起就出现了这么多的问题。

【知识链接】

一、关于文盲

从前，不识字或识字很少的人叫文盲。在中华文明圈，文盲具体指汉字"盲"，深层内涵应指文明、文化盲，本质是指人的信息输入、处理、输出障碍和局限。识字能力包括简单交流、文书处理和计算能力。

盲，本义是瞎，看不见东西；引申义是对事物不能辨别，见而不识，谓之"睁眼瞎"。

因为人类文明、文化是动态的，进步的，所以文盲的外延要随着社会的进步而与时俱进。在现代信息传播高度发达的今天，文盲的界定由农耕时代的不能识字读书的人，扩大到工业时代的不能识别现代社会符号体系——如地图、列车时刻表、交通标志、电力标志、统计图表等，进入信息时代，不能使用计算机及其网络进行学习交流和管理的人。后两类人因为缺乏处理某些现代讯息的技能，被认定为"功能型文盲"。2005年9月12日联合国教科文组织最新文盲定义："不能使用计算机及其网络的人就是新一代的文盲！"

总之，文盲是与文明、文化相联系的概念，盲是相对于明而言的，感知（视听触臭味）不到或理解不了的就叫"盲"。信息社会，谁控制了网络，掌握了信息，谁就拥有整个世界。

我们要善于引导,疏导,让便捷的信息为娃娃的学习成长服务,而不要害怕,拒绝,堵塞娃娃视听。在信息洪流面前,采取堵的办法,反而会引起娃娃更大的好奇心,造成更大的危害。

二、关于网瘾

《现代汉语词典》对"瘾"的解释为:由于神经中枢经常接受某种刺激而形成的习惯性。历来有酒瘾、赌瘾、烟瘾、毒瘾等之说。瘾与大脑神经系统相关,应归于心理疾病类。

现在信息社会以计算机及其网络为工具,信息、信号的反复长期刺激也使某些人习惯性依赖计算机网络,形成网瘾。网瘾具体可分为网络游戏瘾、网络赌博瘾、网络交际瘾、网络色情瘾、网络信息瘾等类型。有网瘾的人对现实生活冷漠,而对虚拟的网络信息、游戏、情爱等表现出浓厚的兴趣。瘾是一种人的生活行为方式,也是行为发展的后果。心理学家认为网瘾是一种过度刺激的精神性疾病。

网瘾全称互联网成瘾综合征(IDA),学术名字叫病理性网络使用(PIU)。最早由葛尔·柏格(Ivan Goldterg. M. D)在1997年提出病态理论研究成果,并获得承认。网上操作时间超过了一般的限度,为获得心理满足,而造成了对身体的伤害。

网瘾是怎样炼成的?和烟瘾、毒瘾一样,人体内有一个趋乐奖励系统。这个系统的物质基础是"脑啡肽",又被称为"脑内吗啡"一种神经递质。它能短时间内令人高度兴奋,成瘾物或行为通过这一系统提高人体"脑啡肽"的分泌,破坏人体系统平衡。计算机及网络被用作娱乐,游戏时,也是通过消耗"脑啡肽",扰乱人体系统平衡,迫使人不断寻找提高体内"脑啡肽"的刺激强度,直至成瘾,形成迷恋网络的现象。

从信息论的角度考察,文盲是信息刺激反应的不及,不够;网瘾是信息刺激的过度。

二、要以娃娃为根本

本书所指娃娃是未成年人,包括婴幼儿、少年儿童,也可延伸到胎儿和在父母眼中永远长不大的青年人。先说"人"这个概念。《列子·说符》寓言讲述了鲍氏之子的智慧:齐田氏祖于庭,食客千人中坐。有献鱼雁者,田氏视之,乃叹曰:"天之于民厚矣!殖五谷,生鱼鸟,以为之用。众客和之如响。"

鲍氏之子,年十二,预于次,进曰:"不如君言。天地万物与我并生,类也。类无贵贱,徒以小大智力而相制,迭相食,非相为生之。人取可食者食之,岂天本为人生之?且蚊蚋咂肤,虎狼食肉,非天本为蚊蚋生人,虎狼生肉者哉!"鲍氏之子道出了朴素生态竞争思想萌芽,反对上帝造物"相为而生"的学说。

他还提出了人是什么的问题。现代词典一般定义:人是由类人猿进化而成的能制造和使用工具进行劳动,并能运用语言进行交际的动物。"人的发展"又意味着什么呢?在《马克思的人学思想》一书中,袁贵仁学者认为:人的发展就是"每个人在劳动,社会关系和个体素质诸方面的全面,自由而充分的发展"。马克思对人的发展立足于实践,立足于实践主体主观方面即人的精神——智力、智能(知识智能和操作智能)。人的体能、体力属于生物进化的范畴,人类与动物比不占优势;人类称霸于地球的关键在智慧、智能,智力属于社会文化进化的范畴。人的发展自由是劳动能力(智力与体力的结合运用)、社会关系(情感与价值观的结合)的发展自由。人的发展自由具体表现为文明成果的累积程度。

再说"本"的内涵。以人为本是个价值论概念。在我们生活的世界上,什么最重要、什么最根本、什么最值得我们关注?有三种答案:认为上帝神灵最重要的是以神为本;认为财物最重要的是以物为本;遇到抢劫,要命不要钱的是以人为本。《论语》记载:马棚失火,孔子问伤人了吗?不问马。说明在孔子看来,人比马重要。中国历史上的人本思想主要是强调人贵于物,"天地万物,唯人为贵"。

当今社会提出人本思想主要是相对于物本思想而来的。与物相比,人更重要,不能本末倒置,舍本逐末。我们熟悉的"百年大计,教育为本,教育大计教师为本"以及"学校教育,学生为本;家庭教育,孩子为本"等都从这个意义上使用"本"这个概念。本是最重要的东西。

三说"根"。根是什么?这里"根"是人类繁衍生息发展的希望。没有了根也就没有了指望。娃娃是国之根、家之根、人是本,娃娃是根。追问什么人最重要?当然是娃娃。俗话说"望子成龙,望女成凤"。毛泽东语录:"你们是早晨八九点钟的太阳,世界是你们的也是我们的,归根到底是你们的。"百年前,梁启超也呐喊:"少年智则国智,少年强则国强,少年独立则国独立,少年自由则国自由,少年进步则国进步,少年胜于欧洲则国胜于欧洲,少年雄于地球则国雄于地球。"一代胜过一代则国家兴旺。北京第二十九届奥运会,中国青少年争金夺银,就是国运昌盛的展示。

把以娃娃为根本当作教育发展的最高价值取向,就是要尊重娃娃、理解娃娃、关心娃娃。尊重娃娃:你不能把娃娃当私有产品,谋名取利,要拿娃娃当人看,既不是"宝",也不是"草",人生而平等,娃娃人格是独立的,必须尊重他们的人生道路选择，尊重他们的情感需求，摈除生儿育女的功利思想。要防止两个极端：第一，棒杀娃娃。孩子是我生的，一切家长做主，想打就打，想骂就骂，违法虐待未成年人。第二，捧杀娃娃。对孩子捧在手心怕掉了，含在嘴里怕化了，父母成了百依百顺的"孝子"，培养出一只不敬不孝的小老虎。正确的观念应该是娃娃的事情娃娃做主，家长可以参谋引导，说明利害关系，这就需要沟通理解。

理解娃娃，理解的前提是平等，对等，人格平等，信息对等。理解的手段是沟通，多对话，你我他，父母教师娃娃手牵手，心灵自然相通。理解孩子的追求志向，理解孩子们叛逆的个性，理解谁没有"年少轻狂"。理解之后就要有关爱娃娃的实际行动。

关心娃娃：时刻把娃娃的物质需求和精神需求挂在心上。对娃娃生存保障不冷到，不饿到，不撑到；精神上娃娃追求时尚，不超前，不落伍，安全理性消费，兴趣爱好大力支持，不良情绪及时疏导。成功了表扬，失败了鼓励，不喝倒彩，不看笑话，积极参与。总之，虐待伤人，溺爱毁人。以娃娃为根本，作为一种社会教育思潮和价值观念，古已有之。只是具体操作过程中有颇多的偏差。

以娃娃为本的新教育观，从根本上说就是要求娃娃与自然、娃娃与社会、娃娃与师长之间总体性和谐发展。

三、科学·教育·娃娃（主体）

前面玩电子游戏成瘾的事例说明：计算机科学技术已经伤害到我们的娃娃，而且这种伤害超越了肉体到了灵魂深处。为什么在我们大力倡导科教兴国的同时，我们的娃娃却遭到信息科技的伤害呢？

第一，对科学认识的缺失。人们只知道热爱科学，享用科学给人类带来的光明或方便舒适，却不看到科学技术对人类的危害。如科学技术应用于战争，战争成了推动人类科学技术进步的主要动因。

第二，"知道"（knowing）熟练使用技术，又不"理解"（understanding）技术的根源。电子游戏玩得好，却不知道电脑是什么，游戏是怎么样来的。俗语云：知其然，不知其所以然。游戏只是游戏，少数娃娃却当了真。理解的肤浅必定导致理性的缺损——人反为机器控制。

道与器

第三，教育滞后于科技发展，落后于娃娃们赶的新潮。在信息社会的今天，科技产品引领的新潮流首先被广大青少年接受使用，而我们的教师、家长却落后了。师不如生，父不及子，谁来引导娃娃们正确理智地对待科学、对待社会、对待生活？

教育介于科学与娃娃之间。教育者肩负着传播科学技术（教书）和培养学生高尚品德（育人）两项任务。

在地球生物的进化历程中，人类走到了前面，其标志是人类的"智力"远远超越了其他生物。相对于其他生物而言，人类居于统治地位，其他生物居于从属地位，所以在人类的文化体系中称自己为"主"。我们人类有自我意识、会生产、生活，并且智力发达到会发明创新，所以人自认定就是主体；而被我们人类认识、改造的"主观"以外的一切事物就叫客体。科学是人类（有主观意识）探索客观世界规律的学问。技术是我们人类改造世界的学问。要利用科技为人类进步谋福祉，而不让科学这把双刃剑伤害到人类，就必须站到人类的高度上，思考人类生存与发展的科学性和主体性问题。

人类搞科学的目的是为了更合理地生存。人类生存发展的一条根本原理即科学主体统一和谐。这一原理规定着人的生存的合理程度，也就是科学与人二者的统一程度，规定着人生存的具体状态。教育在科学与主体之间肩负着重要的桥梁使命。成功的教育促使科学与主体人走向同一和谐；失败的教育使人与科学走向分裂：要么为科学而忘了主体，要么为主体而忘了科学。教育工作者必须做到教书和育人不可偏废，一副担子两头平衡兼顾。

至此，我们关于科学、教育、娃娃应该有一个正确的思维：科学是主体（人）头脑掌握整体自然的内在本质规律即自然合理性；整体自然又包括了自然人（人生主体），人的生存是离不开整体自然的，因为无主体人则无科学；无科学则主体人类不会进步。人类从最原始的生命存在开始，人生就服从着自然合理性的规定。

科学与教育的功能应该说是成就人类整体生存、提升人类主体性并塑造人生主体。科学与人类的统一实现、统一发展，是人生正道、社会正道、历史正道。

人类（主体）与科学技术的关系

科技与主体的关系	状态（结果）	实例
二者分裂	生存瓦解	毒气弹、细菌战、原子弹、基因武器等
二者矛盾	生存危机	克隆人技术、汽车、电子游戏、外来物种入侵、美洲杀人蜂等

续表

科技与主体的关系	状态(结果)	实例
二者走向统一	生存有希望	禁塑料令、食物色素等
二者达到统一	生存趋于实现	计算机、电子书、太阳能等
二者基本统一	生存实现	青霉素、狂犬病疫苗等
二者高度统一	人类整体实现,生存进入完美的状态	袁隆平的杂交水稻

四、人主体技术

(一)什么叫主体技术?

人这个"自我"除研究探索客体(自然、社会)外,也研究探索人自己,包括人的肉体和精神。

这种对人自己的研究探索包括三个方向:自生、自身、自我(心理学、人工智能等)。主体(agent)也叫智能体,在计算机和人工智能领域中,主体可以看作是一个自组织、自动执行的实体,它通过传感器感知环境,通过效应器作用于环境。目前,人是世界上最高级、完善的智能体。若主体是人,则传感器有眼睛——视觉、耳朵——听觉、身体皮肤——触觉等,同时人的眼、耳、嘴、鼻、身、手等又是效应器。若主体是机器人,摄像头、键盘、鼠标等是传感器,各种运动部件如显示器、音响、打印机、数控机器等是效应器。

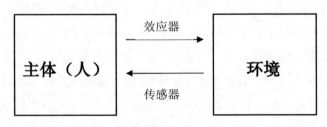

人主体与环境的交互作用

主体技术不制造客体化的工具,也不改变自然客体,而是用来改变人本身的。客体技术即通过制造工具、使用工具来改造自然客体的技术,并且被制造的和使用的工具本身也是客体。由于主体技术一开始就直逼人类生活的根基,我们不能用习惯的工具理性去理解审视它,相反,我们要用价值理性去系统地审视主体技术。否则,科学技术与人类主体的同一和谐性将遭受重创,人类生存发展的自然

合理性将被破坏。目前,危及人类自然生存的主体技术主要有两项:

①生物层次的克隆技术、干细胞技术、基因工程等。人体克隆技术不用两性结合而复制人的肉身。克隆人不属于本书讨论范围,但是,2010 年 5 月 21 日,美国科学家雷格·文特尔(Craig Venter)宣布:世界上首个人工合成的生命结构诞生! 这一消息震惊了世界。因为他研制的"人造儿"(Synthia 辛西娅):世界上第一个人造细胞,其父母是计算机,可以复制、自繁殖。从此,科学可以打破自然进化的生态结构和生命结构。②思维(精神)层面的计算机思维模拟技术——电脑、虚拟现实技术、人工智能技术、虚拟人技术等。这一类科技可以将人脑的思维模拟成"现实",而这种"假现实"又可以反作用于人脑的思维,从而模糊了真与假的界线。思维模拟技术的最大功能是"洗脑":它改造人的思维,创造人的灵魂,使人在"真我""假我"(替身)之间找不到"自我"。这种人脑思维控制技术的极端表现就是网瘾、电游脑、情感机器人等的出现。印度《佛说国王五人经》中记载这样一则故事:

傀儡戏

有位工匠能制作"机关人","能工歌舞,黠慧无比",后木人觊觎王妃,使国王暴怒,匠人几被诛杀。

(二)主体的特征

主体(agent)也叫智能体,它需要具有以下全部或部分特征:

①自治性。这是成为主体的基本特征,主体必须能控制自身的行为。主体的自治性表现在:主体的行为应该是主动的、自发的;主体应该有它自己的目标或意图;根据目标、环境等的要求,主体应该对自己的短期行为作出计划。如智能吸尘机器人在电量不足时会自动找到电源插座充电。人主体对自己的长期行为可以作出计划:生前想到身后事,死诸葛亮智斗活司马。

②交互性。即对环境的感知和影响。无论主体生存在现实中(如人主体、机器人、Internet 上的服务器主体等),还是虚拟的世界中(如虚拟商场中的主体、虚拟游戏中的主角等),都应该可以感受他们所处的环境,并通过行为改变环境。一个不能对环境做出影响的物体不能被称为主体。

③协作性。通常主体不单独地存在,而是生存在一个有很多个主体的世界中。当然,主体的智能类型、智能级别是有巨大差异的。主体之间的良好有效协作可以大大提高整个多主体系统的性能。这种协作可分为:人与人主体协作;人

与机主体协作；机对机主体协作。

④可通信性。这也是一个主体的基本特性。所谓通信，指主体之间可以进行信息交流。任务的承接，多主体的协作，协商等都以通信为基础。更进一步，机器主体应该可以和人进行一定意义下的"会话"。

⑤长寿性。即时间连贯性。传统程序由用户在需要时激活，不需要时或者运算结束后停止。主体程序与传统程序不同，它应该在至少"相当长"时间内连续地运行，自动运行，自动停止。目前，一般认为它是主体的重要性质。

⑥自适应性、个性等特征。在实际的应用中，主体经常需要在时间和资源受到一定限制的情况下做出行动，所以对于现实世界中的主体，除了应具有主体的一般性质外，还应该具有实时性。虚拟世界中的主体不一定具有实时性。

（三）主体技术

感测技术——感觉器官功能的延长。感测技术包括传感技术和测量技术，也包括遥感、遥测技术等。它使人们能够更好地从外部世界获得各种有用的信息。

通信技术——传导神经网络功能。它的作用是传递、交换和分配信息，消除或克服空间上的限制，使人们能更有效地利用信息资源。

计算机与智能技术——思维器官功能的延伸。计算机技术（包括硬件和软件技术）和人工智能技术，使人们能够更好地加工和再生信息。

控制技术——效应器官功能的延伸。控制技术的作用是根据输入的指令（决策信息）对外部事物的运动状态实施干预，即信息施效。

五、问题的症结在教育

近十几年来，以计算机及互联网为主干的信息技术高速发展，迅速普及到社会的各个领域。这让我们的传统学校教育、家庭教育者措手不及。在我们教师不知不觉的时候，我们的学生娃娃却先知先觉，很快地接受了信息时代的各种新生事物。

高科技背景下的网络电子游戏比20世纪60年代的泥巴、70年代的玻璃珠子、80年代的扑克、街机更有吸引力。这是科技进步发展游戏产业的结果。随着人们生活水平的提高，孩子们自然有更高的娱乐需求。要我们现在的娃娃上课时两只小手反剪在后背，放学后玩泥巴，那是违背儿童活泼好动天性、不符合时代进步要求的。时代在进步，游戏在更新，而我们的教育理念、人才观念、教学方式却严重滞后。

为什么要把电脑、网络、网络游戏与学校教育、家庭教育对立起来呢？21 世纪高科技的发展更加迅猛，竞争也越来越激励。20 世纪 90 年代初，美国确立了发展"信息高速公路"战略后，信息高速公路和多媒体终端成为工业化时代向信息化时代转变的两大技术杠杆，以惊人的加速度改变着人们的工作方式、学习方式、思维方式、交往方式、生活方式。当今我们面临的不仅是自己国家内的竞争，而且是国际的人才竞争。就在我们争论"电子海洛因"这一话题时，中国电子竞技选手刚刚在世界电子竞技大赛（WCG）总决赛上获得了《魔兽争霸 3》这个项目的冠军。

信息时代的迅速降临，不仅是对教育的严重挑战，也为教育的改革发展提供了千载难逢的机遇。在迎接挑战的各种对策中，首先，要尽快在学校、家庭教育中确立信息时代文化价值观念、知识经济观念。其次，要尽快把信息科技成就应用到教学领域，改革传统灌输知识传递模式，利用信息网络进行智慧集成教学，使学生在较短时间内获取工作必备的知识技能。总之，依托强大的网络信息搜集功能，贯彻钱学森提出的"集大成，得智慧"思想，我们就可以培养出十八岁的硕士毕业生。

科教兴国，教育与科学技术紧密结合才能培养出现代化的娃娃。

【知识感悟之一】

智　伤

从教多年，特别是接触电脑、网络技术以后，我认为有必要提出"智伤"一词。智伤就是智力伤害，即对大脑中枢神经系统的伤害。这种伤害分两种类型：硬件物理伤害和软件精神伤害（也叫信息错误伤害）。第一类：器质性智力损伤或年老功能性智力衰退。本书重点讲第二类信息错误伤害。如传销组织、邪教组织、封建迷信等对人的"洗脑"。网络信息、电子游戏有时也会导致人思维程序的混乱，分不清虚拟现实与客观现实的边界，如同标识信号错误必定导致交通无序，错误的电子信息不断强化给人脑，也会伤害人的智力。我更深层次的担忧是机器智能的日益强大导致部分人类智力的退化。时下，人们议论财富的两极分化，却没有看到智力的两极分化。

第一章互动话题

1. 你是否与父母交流过上网问题？是否有"约定"？

2. 你们班上是否探讨过"网事"？班主任对学生上网持何态度？

3. 你认为网瘾是病吗？为什么？

4. 信息社会,网络对教和学有什么影响？

5. 不要现实课堂教学,仅靠互联网你能真正学习吗？

6. 你上网学习多,还是游戏多？为什么？

第二章

世界观　观世界

题记:物理世界、精神世界、人文世界

我是辩证唯物论者,喜欢毛泽东同志《人的正确思想是从哪里来的?》一文。不过,本章的三个世界理论不是毛泽东描写国际局势的三个世界,而是借用英国哲学家波普尔(Popper 著《自我与大脑》一书)的观点,取其合理的框架,摈弃其多元论糟粕。

第一节　人类怎样看世界

一、波普尔的三个世界学说

一个,还是两个世界,我们每一个普通人都弄得清楚,至少正常人都能区分昨晚的美梦与今早醒来的现实不同,也明白思想是大脑的功能。唯物主义和唯心主义的根本不同是:物质与精神,哪一个是第一性的,本源的,是物质产生了精神,还是精神产生了物质。唯物主义认为是物质产生了精神,先有人的大脑才有人的思维,因为人就是物质的。人类社会运动是物质运动,是一种自然的历史过程。唯心主义则相反,认为精神创造了物质,如上帝创世说。

波普尔承认有这两个世界,将物质世界叫作第一世界,将精神世界叫第二世界。并且他认为:精神世界是依赖于人类的头脑而存在的,如果没有人类的大脑神经系统,那么精神世界就无存在的生物基础了。

波普尔的创新在于提出了第三世界,就是知识世界、人造世界。他认为知识

世界是不依赖于人类的头脑而存在的,是一种客观存在。这个知识世界是客观的,可是它又不存在于物质世界中。他的世界1、2、3是并行的,没有先后因果渊源关系。用世界1、2、3只是表述上的需要。

世界3,也就是知识世界里的"知识"存在哪里呢?举一个例子:"任何一元二次方程都存在着两个解"这是大家都知道的数学定理,是知识。这两个解在物质世界中吗?不在。物质世界中有分子、原子、质子、电子等东西,但就是没有"方程的解"。在人的头脑中吗?也不对。虽然我们可以演算出一元二次方程的解,这种演算也只是在知识世界里"找"到两个解。因为方程的解不依赖于人的头脑而存在。即使人类消亡了,一元二次方程式的解也还是有两个解。在人类智力产生之前,一元二次方程也是存在两个解。因此,一元二次方程的解只能是存在于知识世界中。

科学研究除了到物质世界寻找探索外,也包括到知识世界去寻找"东西"。比如说古代埃及人因为尼罗河每年泛滥后需要重新划分土地边界而发现了矩形、三角形和梯形的面积计算公式;古代印度数学家发现了零的概念并创造了数字符号"0"。数概念"零"并非没有或空集,它与不同量概念结合,将产生不同的意义(价值)如时、空、温度、重力、价格等。祖冲之发现了圆周率——$3.1415926 < \pi < 3.1415927$。这里所谓"发现"了,也就是知识世界里的"东西"跑到了人的大脑里面了。这种东西属于信息。在人类出现之前或以后,知识总是客观地存在。

波普尔自20世纪50年代后,提出了影响很大的"三个世界"理论,为他的科学哲学奠定了基础。"三个世界"理论的提出有其客观时代背景。这个时代正处于信息爆炸的时期,科学资料浩如烟海,科学技术突飞猛进:1941年美国与德国联合研制的世界上第一台电子计算机诞生、1945年第一颗原子弹试爆、1949年发明了可储存程序的计算机、1956年提出了人工智能。(中国正处于抗日战争,解放战争和新中国创立之初的落后时期)如何把它们作为一个专门的领域对其进行客观的研究,以寻找其内在的规律性,就成了一个十分重要的问题。波普尔"三个世界"学说正是知识爆炸时代背景下的一种产物。

(一)波普尔把世界上所有的现象,根据共存方式划分为三大类——三个世界。

"世界1"又称第一世界,是物理世界,由客观世界的一切物质及其各种现象构成。如物质和能量、从宏观天体到微观基本粒子,从无机物到有机物,一切生物有机体包括动物和人的身躯,人的脑及中枢神经等。

"世界2"又称第二世界,是人精神或心理的世界,包括意识状态、心理素质、主观经验——人脑及神经系统的机能。

"世界3"又叫第三世界,即思想内容的世界,实际上是人类精神产物的世界。世界3包括一切可见诸客观物质的精神内容,体现人的意识的人文产物,如语言、文学艺术、科学研究过程中的问题、猜测、反驳、理论、证据、以及技术装备、图书、房屋建筑等一切"人为"产物。总之,世界3在人脑之外,却又离不开人脑。知识是人脑及神经系统的"知和识"。

(二)"世界3"的特征

在"三个世界"上,波普尔特别强调"世界3"的客观实在性与独立自主性。

首先,"世界3"不同于"世界2"。"世界2"是心理和思想的状态及过程,属于主观的。"世界3"则是思想的内容,它是客观的。虽然没有客观的意识、精神、思维,但确有客观的知识,因为知识的存在不受人的主观意志所支配,只能被人的意识发现并表达显示出来。例如一本书,你阅读它,知识就进入你的大脑,你不阅读它,它仍不失为一本书。波普尔认为只有把客观知识的世界和属于人类大脑的主观世界区别开来,才会有知识自身的积累发展,知识才能传播成为全人类的精神财富,否则知识只能存在发明家的大脑里。

其次,"世界3"也不同于"世界1"。"世界3"要有物质载体,并客观化在"世界1"中,如语言被物化在声波和文字符号之中,真空环境没有声音;理论、文学、历史、科学等被物化在笔墨纸张中;艺术品被物化在设备材料之中;没有"世界1"的材料,人工产品或文化产品无法制造出来,但是如果没有人的知识在这些材料中充当灵魂和价值,这些材料只是纯天然地存在那里。没有泥土等建筑材料造不出房子;泥土等本来就有,没有人的思想设计和施工,房子也不会自生长出来。"世界3"是物质材料思想内容,不管人们是否发现这些思想内容——知识都自主地存在着。

"世界3"不仅具有客观存在性,而且具有自己的生命。波普尔说:"一旦理论存在着,它们就开始有一个它们自己的生命,它们产生以前不能预见到的推论,它们产生新的问题。"比如,数字序列是人创造的,但是奇数、偶数却不是人创造的,它们是人类活动发现的一个后果,不管人们是否意识到奇数、偶数,它们也自主地存在于数列中。又如用"勾-股-弦"来形象表达勾股定理是中国人的创意,但是勾三、股四、弦五($3^2 + 4^2 = 5^2$),它们之间的关系——直角三角形,两垂直边的平方和等于斜边的平方,是客观的规律,永远自主存在着。

此外，"世界3"还包括那些尚未被具体化的对象，潜在的对象。这些问题在人们尚未发现以前就存在着。总之，我认为世界3是客观的，但世界3打上了"人思想"的烙印。老子所谓：智慧出，有大伪。因此，我把波普尔的世界3中国化表述即"伪世界"——人为、人文的世界。

(三)三个世界的联系

波普尔认为三个世界的并行自主性，并不表明它们之间彼此隔绝，相反，它们之间存在联系并相互作用。

首先，从发生的顺序角度看，先有"世界1"。人类、地球、宇宙起源问题这里不探讨。物理世界中的大脑神经系统产生"精神世界2"；再从"世界2"中产生出"知识世界3"。

其次，三个世界之间是相互联系的。

①"世界1"与"世界2"相互作用。如衣服食物能给人以温饱充沛的精力，人生活在物理世界中一定的时空，与环境发生物质、能量、信息交换，这是"世界1"作用于"世界2"。人的坚强意志克服各种客观困难，如登山队员到达珠峰顶上留下人类的足迹；阿波罗号着陆月球表面留下脚印、取回月球土壤；纳米级原子的排列等等，这是"世界2"作用于"世界1"。

②"世界2"与"世界3"也是相互作用的。如音乐家因感情激动而写出优美的乐章、科学家因灵感直觉而茅塞顿开，这是"世界2"作用于"世界3"；听优美的音乐能激发人们内心的情感，读科幻小说可以引导人浮想联翩；学数学可以使人思维严谨……这是"世界3"作用于"世界2"，波普尔特别强调"世界3"对于"世界2"的反馈作用重要性。科学知识自身发展的"自主性"，也即他所制定的"P→TT→EE→P……"这个科学发展动态模式的研究。波普尔认为科学知识的增长过程可以概括为"四个阶段"：第一阶段，科学始于问题(Problem)；第二阶段，针对问题，学者提出各种大胆的猜想——理论(Theory)。各种理论相互并行竞争(用"TT"表示)。第三阶段，各家的理论之间展开激烈地竞与争，相互证伪挑毛病，结果筛选出逼真度较高的新理论。这里"竞争、仿真"的英语单词叫Emulation。第三阶段用"EE"表示。第四阶段，旧的问题解决了获得知识，人类又发现新的问题(用"P"表示)。未知无限，认知也无限，人类科学探索总是无限地去逼近真理。

一般人认为科学家可以根据个人的主观意志任意创造出"世界3"的对象——科学理论知识，这是偏见。在研究科学家的认识与方法论时，总是重点研究科学家的"世界2"，就是科学家的内心世界或认知活动。

③"世界1"与"世界3"也是相互作用的。不过它们不是直接地,而是间接地通过"世界2"的中介才相互作用的。波普尔认为最好的实例是人脑生物器官(属于世界1)与语言(属于世界3)的相互作用。它们通过"世界2(人的意识)"的中介而相互作用,结果不仅促使了脑的进化,而且也促进了语言的发展。人与科学知识的发展都是通过"三个世界"的相互作用而实现的。不承认"三个世界"的实在性及其同等的相互作用关系,就无法科学地理解和研究人及其科学知识的产生与发展。

二、对波普尔学说的纠偏

在知识爆炸时代,人类思想显示出对自然强大的认知改造能力。这时波普尔提出存在一个既有别于物理世界,又有别于精神世界的思想产品世界。他提出"知识世界"概念,把世界上所有纷繁芜杂的现象划归为三大类,不失为我们观察研究世界的一条好思路。问题是他把马克思早已弄明白的世界本源问题又弄糊涂了。他的这个理论错误在根源上——物理世界外延小于物质世界,"物质"概念内涵比"物理"概念更抽象。物质的唯一特性(内涵)是客观实在,物质不依赖于人的意识,并能为人的意识所反映。意识是人脑的机能,是客观物质世界在人脑中的反映,意识依赖于物质。波普尔在根本上的问题有三:

①没有把握住物质的唯物一特性:客观实在性。把物理世界当成了物质世界,把物质具体形态的概念属性、规律等剥离出来创立一个知识世界,其实知识只不过是客观物质世界的另一个侧面。

②只有一个世界即客观物质世界。反映物质世界的"知识"本来就是客观存在的,是具体物质的属性。意识并不独立于物质之外,它们是高度发达的物质——人脑的机能。意识的形式是主观的、意识的内容是客观的,比如文化、知识、艺术等人造物是意识通过发行物质世界的结果,是意识能动作用的表现。意识有能动作用,但却不独立于物质世界观之外。波普尔的第二个错误在于把意识内容的客观性夸大为意识本身的客观性和实在性,使他陷入了多元论的错误。

③波普尔提出"世界3"即知识世界,认为意识和意识现象的发展有其内存规律,这一点值得肯定。人类对客观物质世界的认知过程,知识的累积,人的主观心理活动、思维活动以及各种社会意识形态的变化、发展都有其内存的规律。波普尔强调研究意识形态特别是科学知识的发展规律具有理论和现实意义。但是他把"知识"从客观物质世界中割离出来,同物理世界对称平行,认为是独立存在的,

自主发展的实体,是脱离认识主体人的知识,也就是没有人主体的认识。"世界3"是人与客观物质世界相互作用的结果,人是万物的尺度,离开人主体谈科学知识是毫无意义的。本书作者认为:把波普尔的"知识世界"改为"文化世界"更准确、全面,因为文化独属于人类。

第二节　伪世界

【知识感悟之二】

说"伪"

老子《道德经》语:"智慧出,有大伪。"有大伪是什么意思? 也就是说:人类智慧一出现就超越了一般动物本能,不仅适应自然环境,而且要改造世界。此处老子说的"伪"本意即人为、人文。宋初时期文字训诂学家徐锴说:"伪者,人为之,非天真也。故人为为伪。"《荀子·性恶篇》如此表述:"不可学,不可事而在人者,谓之性;可学而能,可事而成之在人者,谓之伪。"又说:"生之所以然者谓之性。心虑而能为之动谓之伪。虑积焉,能习焉而后成谓之伪。"可见,当初"伪"字与"性"对称,毫无贬义。

因为"智",人类走出了原始共产主义社会,人产生了私有观念。从此,伪延伸出来负面意涵:诈、讹、淫、巧、欺。

现代信息社会"伪"的最高境界就是以电子为媒介物质,用布尔代数的 0 和 1(开关)思维,编派出虚拟现实。这种虚拟现实是自然无法产生的,人智虑积而后成的现实。

什么是文化? 这个问题就特别复杂了。克莱德·克拉克洪在 1950 年代末期搜集了 100 多个文化的定义,现在更多了,如数字文化、亚文化、网络文化等。我要将复杂问题简单化,给文化一个界定:文化就是人化。前提是有人才有文化。"文化"是中国语言系统中古已有之的词。

一、"文化"字词源考

文——《说文解字》称:"文,错画也,象交叉。""文"的本义,指各色交错的纹理。在此基础上,又延伸出若干引申义:①为包括语言、文字的各种象征符号,进而具体化为文物典籍,礼乐制度。②由伦理之说导出彩画、装饰、人为修养之义,与"质""实"对称。《论语·雍也》称"质胜文则野,文胜质则史,文质彬彬然后君子"。《尚书·舜典》疏曰:"经纬天地曰言文。"③在前面两层的意义上,更导出善、美、德行之义。《礼记·乐记》所谓"礼减两进,以进为文",郑玄注:"文犹美也,善也。"

化——本义为改易、生成、造化。《黄帝内经·素问》:"化不可代,时不可违";《礼记·中庸》:"可以赞天地之化育"。"化"指事物形态或性质的改变,同时"化"又引申为教行迁善之义。

"文"与"化"并联——战国末年儒生编辑的《易·贲卦·象传》:"观乎天文,以察时变;观乎人文,以化成天下。"日月往来交错饰于天,即"天文"亦即天道自然规律。同样"人文"指人伦社会规律,如现在社会的父子、夫妇、兄弟、姐妹;领导、同学、同事;邻居、朋友等,构成复杂网络,具有纹理表象。在这里"人文"与"化成天下"紧密联系,显示出"以文教化"的思想。

"文"与"化"串联合成一词——西汉以后两个字合成了一个整词,如《说苑·指武》"文化不改,然后加诛"。这里"文化"与天教化的"质朴""野蛮"对举。从"文化"字词的沿革看,它的本义是"以文教化",表示对人的性情的陶冶,品德的教养,本属于精神领域的范畴。

二、文化的实质

文化作为人类社会的现象存在,具有与人类本身同样古老的历史。人类从茹毛饮血,茫然于人道的"植立之兽"演化而来,逐步形成与"天道"既相联系又相区别的"人道",这便是文化的创造过程。人在进化的自然过程中,因为大脑的发达而取得了绝对优势。在文化的过程中,主体是人,客体是自然界,而文化便是人与自然,主体与客体在实践中既相互对立,又相互统一的产物。这里的"自然"也包括人类的生物自然性。文化的出发点是从事改造自然,改造社会的活动,进而也改造自身—实践着的人。人创造了文化,同样文化教育也创造了人。文化的实质是"人化"或"人类化",是人类主体通过社会实践活动、适应、利用、改造自然界客体而逐

渐实现自身价值观念的过程。文化成果的体现:第一,对自然面貌、形态、功能的不断改观;第二,人类个体与群体素质的不断提高和完善。总之,凡是超越本能的,人类有意识地作用于自然界和社会的一切活动及其结果都属于文化。简而言之,"自然的人化"即是文化。打个比方:你走路绊到一块石头摔了一跤不叫文化,叫自然本能。你爬起来,拾起那块石头一看有花纹,好奇了,扛回家用水洗净,显露出一个人物像模样,似曾相识。再看看镜子中的"我",侧面与石头像很神似,于是你做了一个基座把这块石头摆在书桌上。也许你还会题一首小诗。这就是文化,赏石文化,因为只有人类会如此作为。

三、世界 1、2、3 关系新论

刚才讲到的你扛回家的石头,按波普尔的分类应该属于世界 3。它超脱了物理世界 1,因为它不在荒郊野外原始森林,而是有人动了它,提了一首小诗,通过你的手、深入了你的主体意识,你赋予了它生命、精神、喻意;它不在世界 2,因为那块石头只是进入到你的感知范围之内,被"复写、摄影、反映",实体并没有进入你的大脑。至此,所谓世界 1、2、3,其实就是物质、意识、文化。它们三者互相区别,相互联系,相互作用统一于客观世界。相互区别:波普尔做出了贡献。它们统一于物质世界辩证唯物主义早已弄明白。它们的相互联系、相互作用可归纳为"三化"。

①人化亦即文化。物质变精神。从世界 1→人化→世界 2。客观事物通过人的感受器官进入主体人的意识。比如早晨起床开窗,你看见一片白茫茫然的雪野。你想去堆一个雪人,你就起了意图、构思雪人的形象……世界 1 的雪野就引起了世界 2 的变化。从世界 1 到世界 2 的信息变化因人而异——一堆牛屎,不同的人看见有不同的精神反馈,城里美女见了恶心,一个闪念"鲜花不能插在牛屎上";老农人见了心花怒放"庄稼一只花,全靠肥当家!";股民踩了一脚,今天出门遇到"牛市",好彩头啊。

②物化精神变物质。思想要通过物质行动来实现。你想象的可爱雪人要变成现实,你就要行动。你找来雪铲、黑木炭、红彩泥、圣诞帽子等什物,和孩子一起忙碌了一个多小时,手指头冻得通红,堆垒起一个漂亮的雪人。行人看见都夸奖你们的作品有创意,称赞你有童心爱心。这时,"世界 1"通过"世界 2"就变成了"世界 3"。

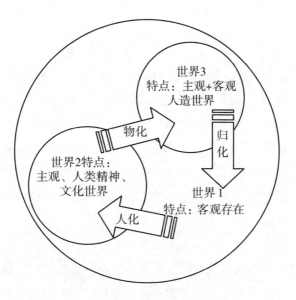

宇宙:世界1、2、3的动态关系

③归化又叫归化自然界。物质还是物质,其形态的改变不会影响它们的根本属性:相对静止与绝对运动。过几天太阳出来,雪人化成了水,一切回归自然。"世界3"又回到了"世界1"。不过堆雪人这段美好的记忆却留在了孩子和你的心灵深处(世界2)。我们说回归自然,是因为我们人类走出了自然。人类精神的产品要回归自然,主体人来源于自然,最终回归自然(死亡),这就是世界统一于物质。人生长于自然界,超越自然,最终回归自然。所谓文物保护、收藏、仿制等也只是延缓人类遗迹的消亡速度而已。

第三节　从主观世界到伪世界

广义的"文化"着眼于人类与一般动物、人类社会与自然界的本质区别,着眼于人类卓立于自然的独特的生存方式。从大文化的角度来说:人类有意识的一切可分为三种形式:①改变物质的具体形态;②转移物质存储的能量;③传播和接收物质的信息。文化的外延很广泛,本书探讨人类智力进化——从人脑到电脑,只能侧重于信息文化。

一、文化与信息

文化最直观的表达:文就是知识的结构性积累,如文字、句段、篇章、典册等;化就是教化与人,如教育就是人类代与代之间的信息传承创新。把文化与信息结合起来,文化就是与人有关的信息。除了人文化信息外,还有自然物质信息。信息的范围比文化更宽泛。信息最具普遍性的定义:信息(information)是事物运动的状态和方式或物质运动规律总和。只有引入认识主体这一约束条件(作定语)时,信息就可以与文化等同。比如人类的语言交流、生产、生活等都是相互交流的信息动态表述,称其为文化、信息均可。

比照上一节的世界1、2、3,对应的信息也有三种状态:

①自在信息　自在就是没有人去干扰。自在信息是物质信息的原始的、客观自在的状态阶段。在这个阶段里,物质信息以纯自然的方式、自身造就自身、自身规定自身、自身演化自身,完成着自身纯自然起源、运动、发展的历程。"世界1"是物质客体状态的世界,没有人迹,它是一个"自在信息"构成的世界。对人类而言,我们未觉、未识、未知。

②自为信息　意识状态和各式各样主观认识的世界,可称之为"自为信息",人类感觉器官(感受器)或通过工具触及的领域,信息进入人的精神世界即世界2。如周公梦蝴蝶,周公白天看见过蝴蝶,晚上才梦见蝴蝶。如果他从未能见过蝴蝶,周公是不可能做蝴蝶美梦的,恐怕连毛毛虫的噩梦也做不了。所谓"自为"可以从两个方面来解读:第一,进入大脑的信息可筛选取舍,遗漏淡忘,如视而不见、充耳不闻、过目不忘、独具慧眼等。第二,可自由改造、联想。比目前计算机的图片处理(PS图)功能强大千万倍,不怕做不到,就怕想不到——理想、梦想、幻想、空想,胡思乱想。"自为信息"可以充分展示人类意识机能的主观能动性。"想到"和"做到"的距离是它们分别属于两个不同的世界。

③再生信息　世界3即有人主体参与的人文化世界。它经过了人类大脑的处理留下了人类的印迹。这时的信息称"再生信息"。再生就是自在的物质材料上附加了自为,改变了物质的具体形态,成分等,赋予了新的文化信息。例如一堆泥土,农民看它是土肥好种菜;泥人张(泥塑艺人)可以将其做成一件泥人艺术品;有神论者又把泥人作品供在神龛上,每日烧香膜拜。从泥巴→土肥或泥人张作品→神像,这都是信息的再生。

人类的思想要成为思想产品,必须从世界2物化到世界3,这是科学技术问题。举例说:2008 年奥运会的鸟巢首先构思方案在建筑设计师的头脑里,然后画成设计图纸,做成模型,按设计图纸施工,建筑成现在的鸟巢。建筑设计师的思想物化为现实的人文作品——鸟巢。2010 年上海世博会更是人类智慧成就集中展示,它充分体现了人类文明的最新成果。总之,自在信息是一些未能被认识的客观存在的东西;而自为信息则是人所感知的自在信息的一部分;再生信息是经过人们认识加工之后,并借助一定载体物表达出来的东西,是人类文明的积淀。

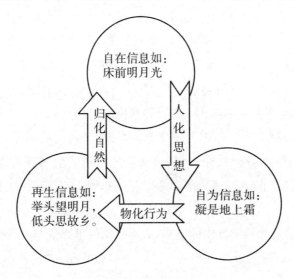

二、信息技术

　　咿呀学语是婴儿信息的再生产;结绳记事是原始人信息的再生;博客日志、QQ 聊天、朋友圈微信是现代网民再生的信息。人类要表达、累积、存贮思想情感等自为信息都有一个物化过程,借助一定载体物表达出来,成为再生信息。

　　1. 人类信息活动的本能　无论文化信息的输入成为自为信息,还是思想物化——自为信息的输出成为世界 3 的再生信息,都依赖于人类的五种通用感知平台。这个人主体感知平台,一般人的日常体验即七窍或五官(五感)。所谓耳聪目明,眼观六路、耳听八方、狗鼻子一样灵敏。大脑为核心的神经系统主要从事信息输入输出和处理活动。①视觉——眼睛,处理光信号。②听觉——耳口等吸收或传送声波信号。③嗅觉——鼻子、体臭等,主要感知空气中的化学信号。④味觉——口腔中舌头味蕾,用于感知食物等化学信息。⑤触觉——皮肤身体,一般用于感受物理信号如压力、温度等。除此之外,人还有对自身自然存在的感知——通过人脑自我控制——自控能力的运动感知,自我感觉——自我意识、再上升到社会感觉如:弦外之音、话里有话、耻辱感、荣誉感、负罪感、神圣感等。

可以比喻说,人是一种多媒体信息处理系统。目前,计算机多媒体只模仿了视觉、听觉、和触觉。对人的嗅觉、味觉信息虚拟正在研究之中,上海世博会有个别馆模拟人工降雨,人工花香。至于有自我意识,模拟人类价值观,有情感的机器人距离我们还很遥远。

2. 人类信息再生技能简史　①语言的获得。人类开始是哑巴,在进化的劳动过程中才产生了语言,而且不同地区的人创造了不同的语言。②文字的创造。文字是记录语言的符号,文字产生于语言之后,实现了语言由听说向视觉书写阅读的转化,克服了声波语言的瞬时性。常言道:"口说无凭,有字为据。"③印刷术的发明。④摩尔斯电报技术的应用。⑤计算机网络的应用。

3. 目前,人类感觉器官功能的拓展延伸简介:①视觉的拓展——由可见光到不可见光的感觉测量,红外线夜视仪、天文望远镜到纳米级显微镜。②听觉的拓展——超声波、次声波、声呐系统等。③触觉的拓展——各种压力仪表、各种温度计等。

总之,随着信息化科学技术的进步,人类感知的世界范围将迅速扩展。

第二章互动话题

1. 你思索过一些终极哲理问题没有? 比如宇宙、生命、智慧、语言等起源问题。

2. 你是否思考过"我是谁? 什么是快乐与幸福?"这类问题?

3. 在上学的路上,你是否想过"我这是去干什么? 为什么要数十年如一日地重复"?

4. 你幻想过不用读书、考试的日子吗?

5. 现实世界、理想世界和网络世界的生活各具特色,你有什么感想?

第三章

人脑是加工信息的器官

题记:在此当先说明,我不拟讨论智力的起源问题,正如我没有讨论生命的起源一样。

——达尔文《物种起源》第八章

信息时代的来临,人类以"智"取胜求生存。智的起源、发育、进步、未来等问题受到人们的普遍关注。尽管这个问题很难自恰,但人们总想提拔着自己的头发上天。

——作者感言

一位母亲送娃娃到学校读书。她说:"娃娃还没有到打工的年龄,放在学校长两年身体,读点书长见识。成年了才出门做事。"人的成长有两个方面:一是肉体的生物性自然生长;二是精神的社会性成长,认知体系的建构过程。人的社会化、文化离不开教育。刚出生的婴儿没有意识形态,但有意识机能。随着时间流逝,阅历增加,个体人会构筑起内心精神世界。在这一过程中,教育担负着重要功能。俗话说:"孩子白天长见识,晚上长身体。"人在正式工作之前,需要给大脑安装各种系统和应用程序。

第一节 意识的新解

人脑是最复杂、最神秘的器官。人类对"自我"的探索认识走过了非常曲折的过程,迄今为止仍是迷雾重重。人脑研究人脑有其特殊的困难。对意识的讨论类似于理发师给自己理发。

一、生活层次的意识

原始意识观与宗教。在人类的幼年时期,人们臆想出魂灵、神鬼、精神、上帝等等。意识多与宗教、巫术联系在一起。那时,人们在遭遇惊或喜事件,情绪起伏,心脏跳动加速,误认为"心"是掌控意识的器官。

古人把一个完整的人分成三个部分:身子(body)、魂(soul)和灵(spirit)。体是对"物质世界"的知觉。体以五大感官——视觉、听觉、嗅觉、肤觉(包括触压觉、温度觉、痛觉等)来认识周围的物质世界。魂指思想或情感的层面,发挥理性或感受性的功能。借着魂,人能感受,能思考,能有意识作出决定。魂主精神,还有魄主身形。人受到惊吓可能会使魂魄离开身体,若不即时处理,人就会走向死亡。当有人被吓昏迷(过度精神刺激)时,民间会举行一种特别的"招魂"仪式,意图使迷昏的人找回"自我",起死回生。现在看来,魂魄无非是人的内部感觉——运动觉、平衡觉和机体觉。灵是对"神或灵界"的知觉。灵通神或灵界。人有灵,所以与灵界相通,能向神祷告敬拜,也会想到人死后灵魂的问题。神和鬼是早期人类对未知世界的恐惧。现代科学认为:没有神鬼存在的证据。

睡眠·梦·觉醒。人除了生死两头大事外,更多的是睡眠、梦、觉醒周而复始。它们都与意识有关。人们在忙碌了一天后,都要香香地睡上一觉。人要睡觉是一种生理反应,是大脑神经活动的一部分,大脑皮质内神经细胞长时间连续兴奋之后产生了抑制。当抑制作用在大脑皮质内占优势的时候,人们就会睡觉。人们在生活中,有工作、有休息、神经活动有兴奋、有抑制。抑制是为了保护神经细胞,以便让它重新兴奋,让人继续工作。睡眠是记忆细胞新陈代谢的过程,老的细胞将每个记忆信息所使用的排列方式输入新细胞内,以备储存。这种储存包括运动区、语言区、平衡键,以及日常生活中的一些往事和回忆,如同电脑关机前的保存或备份。他们都是物质的,以物质的形式存在。如果一个人长期睡眠不足,导致记忆细胞无法健康生活,则容易发生错误,比如失语症或神智不清强制睡眠。梦的机理是人们在睡眠的过程中大脑皮质神经细胞没有完全抑制,有一部分处于兴奋活跃状态。梦多发生在睡眠过程的两端,所以叫渐入"梦乡"和"梦醒"时分。睡眠分为速眼动睡眠(浅睡)、非速眼动睡眠(深睡),梦一般发生在浅睡眠时段。

觉——意识的范围之内。史柏理博士说:"人的自我是一种崭新的必要的非物质,只出现于复杂分层结构组织的肉体大脑,控制着大脑的每部分,制约着合计一百多亿个脑神经细胞的机械功能的本能活动。"人活着就有意识(灵魂),在醒觉悟的时候意识最清醒。意识的另一个名字叫智慧，人们常把它比喻着光芒，说明意识像光一样有强弱明暗，对个体人而言有聪明和愚昧。聪明的人先知先觉、一般的人有知能觉、愚昧的人不知不觉。日常生活中，视而不见，充耳不闻，启而不发等现象都与意识相关联。举两个极端的例子：

《山海经》中记载，有一种犀牛长有三只角，一角长在头顶上，一角长在额头上，另一只角长在鼻子上。鼻子上的角短小丰盈、额上的角厥地、顶上的角贯顶，其中顶角又叫通天犀，剖开可以看见一条白线似的纹理贯通角的首尾，被看作灵异之物，故称"灵犀"。"心有灵犀一点通"的说法就是由此而来：心中若有灵犀角中的那条白线似的文理，人们的心灵便能默契相通，引起感情上的共鸣。唐朝李商隐《无题》诗"身无彩凤双飞翼，心有灵犀一点通"比喻心领神会，感情共鸣。现今多指一个人聪明能领会别人的意图和情感。

与之相反的是"木头人"或"二百五"：战国时期，有个历史人物叫苏秦，是个纵横家。他说服韩、魏、赵、齐、燕、楚六国联合起来，结成同盟，对付共同的敌人——秦国，从而受到了广大国君的赏识，被封为丞相，史称"六国封相"。

正当苏秦在齐国积极效力的时候，遇上了刺客。苏秦被当胸刺了一剑，当天晚上就不治身亡。齐王听到这个消息，非常生气，立即下命令捉拿凶手，可是刺客已逃之夭夭，到哪里去捉呢？齐王灵机一动，想出了一个"引蛇出洞"的妙计。他下令把苏秦的头割下来悬挂在城门口，张贴出告示："苏秦是个大内奸，死有余辜，齐王一直想杀他，却没有想到好办法。今天幸而有义士为民除害，大快人心。齐王下旨重赏黄金千两，请义士来领赏。"

告示一出果然有人上了钩。竟然有四人前来领赏，而且他们一口咬定：苏秦就是自己杀的。于是士兵把他们"请"到齐王跟前。齐王见到他们四个人，恨得咬牙切齿，可还是煞有介事地问："这一千两黄金，你们四个人怎么分呢？"这四个人不知中了计，还高兴地立即回答："这好办，$1000 \div 4 = 250$，每个人二百五。"就这样四个人成了真正刺客的替死鬼。人们常用它来形容傻瓜、笨蛋和被财色所迷惑的人。

二、哲学层次的意识

脑是动物处理加工信息的器官。这一论断今天已无人置疑。所谓"心想"一说只是语言的沿袭和约定。我们有大脑思考："人脑是怎么样思维问题的？"你意识到了吗？意识具有主观性。读者与作者在异时异空交流思想。

脑内主观虚在 如果说物质(包括脑)是客观存在,那么意识是我们脑内才有的主观虚在。在人不发出信息(不露声色)的情况下,你是根本无法知道人家此时心里在想什么,最先进的测谎技术也是通过科学仪器捕捉到被测者的脉搏、心跳等生理信息后通过人分析和判断才能得出粗浅的结论。我们无法直接发现意识,说明它"不占据任何的脑外空间。"意识又是可以被我们的脑意识到的。每一个人都可以意识到自己的意识(自我),并可以通过他人的意识转化物(语言、文字、动作和行为等信息)的分析和判断来意识到他人的意识。意识是一种存在,它在我们的脑内也占有一定的空间和时间。我们称它为脑内主观虚在。

主观实在 物质的属性是独立于人脑之外和可发展的,所以从内容上看,它们应当是实在。但由于它们在形式上是脑对于物质属性的抽象和概括,只能在脑内以意识的形式存在,所以从形式上看,它们又是虚在。比如你现在闪出一句创意广告词……思想的火花。你感慨和发现它们要表达的内容,但却始终无法找到和发现它们本身,只有靠你的脑才能意识到它们本身的存在。它们本身只有在脑内才存在。由于对事物定性时主要看其内容,所以我们将它们定性为实在。又考虑到其形式的主观虚在性,在其前面加上"主观"二字以修饰,因此叫主观实在。它们主要包括那些由我们脑"创意"并投影于其他物质上,只有通过人脑才能意识到的存在。如影像、语言、文字等载体就是一种主观实在。比如文化人能够阅读,驴子却只会吃草,不会读书。

客观虚在 还有一类存在如照片、录音等,我们可以直接发现它们的存在,但无法直接获得它们要表达的内容,需要用脑才能意识到它们的内容是什么。最新科技产品5G手机和网络视频聊天,你看到的是虚在的影像和声音(远在天边,近在眼前的人),你需用脑才能意会到对方的存在。由于在对事物定性时主要看其内容,我们将其定性为虚在,但其存在形式上的客观实在性(照片纸、电子图像等载体),将"实在"作为修饰语限定在前面,所以我们将它们定性为客观虚在。这种在形式上独立于脑,而在其要传达的内容上却又依赖于脑的一类存在称为客观虚在。如概念、公式、定律等。客观虚在是人独有的独出心裁。

无论是主观实在,还是客观虚在,对人而言,它们存在的意义在于:能传达脑和脑外物质的信号。我们将两者统称为信息。

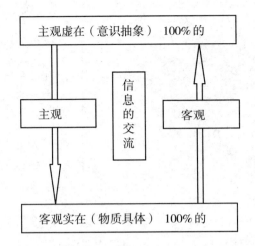

具体和抽象 从上图示,我们可以看到人脑信息的流传有两个方向:其一,从实到虚——从具体到抽象的过程。以饼为例,糕点师做饼为实到画家画饼为虚……到梦中吃饼100%地主观虚在。其二,从虚到实——从抽象到具体。以北京鸟巢为例,鸟巢的创意为虚,100%地抽象概念、设计图纸还是主观虚在……建筑工人日夜工作建成鸟巢,成为真实。香蕉、橘子、苹果……抽象概念化叫水果;水果、粮食……再抽象化叫食物……如此循环,外延不断扩大最后统而言之"物质的";内涵不断抽象提升终极叫"意识"。至此,我们说意识是与物质对应的哲学范畴。它们是一切追问的终结。譬如白墙上写着:"此处不许乱写乱画!"

人脑把世界万物分类,比如生物和非生物,从这两类具体事物中抽象出来的,是具体事物的存在、运动和行为,表现出来的普遍性规定、本质,是每个具体事物普遍具有的自主、自新、自律的主体性及能力。客观虚在与主观实在都只是部分地实或者说部分地虚,所以我们统称之为"伪在"。伪即人为。本书后面章节将详细探讨伪在问题。

已知与未知 物质——客观实在——100%的真实(具体、实、有、真);意识——主观虚在——100%的虚(抽象、虚、无、假)。客观虚在和主观实在是介于物质和意识之间的信息。物质世界的信息是无限的,还有无限的人类未知之迷。人类意识到的已知有信息(通常我们把这部分叫感知、知识)是有限的。人脑意识与物质的这种关系呈现已知与未知同步扩大的关系。也就是说:你已知的越多,你感受到的未知的领域也就越多。智慧光芒如下图所示。

未知:限宇宙"黑箱"

已知:
人类意识
之光

> 意识之光的圆面积越大，圆的周长也越长，你能感受到的未知之迷也越多。
>
> 古希腊大智者苏格拉底说：我唯一知道的就是我不知道。
>
> 《老子》语录：知不知，尚矣。不知不知，病矣。知人者，智也。自知者，明也。

三、科学层次的意识

人用脑思想,探索和了解外部世界,已经给人类生活带来了巨大的变化,科学技术飞速进步,如宇宙空间探索、互联网通信……20 世纪以来,人类探索自身的内部世界的步伐也开始加快,生命科学领域人类基因的研究已取得了突破性进展。过去一直被称为"黑箱"的人类大脑之迷正一点点破解。

百姓生活中"意识"是神秘;哲学家口里的"意识"是玄幻;科学家要深入大脑寻找那实证。首先,科学要澄清往常我们犯的一个错误:把意识等同于觉醒,觉察,这好比把灯光与开关混在一起。科学家(生物神经学家、临床医生、心理学家等)尽量避免用"意识"(consciousness)这个词,而把它纯粹定义为"唤醒"或"觉察"或选择性注意的"探照灯"。虽然开关控制灯光,但灯光不是开关,光的产生有一套机制。人脑是怎么样产生意识的呢?

目前,科学证实:丘脑是产生意识到的核心器官。丘脑中先天遗传有一种十分特殊的结构丘觉。丘脑能够合成发放丘觉产生意识(这时是觉察或觉醒)。丘脑十分特殊,丘脑神经元中的遗传信息合成为一个特殊的信息集成,这个具有特殊性质的信息集成能够对事物产生觉知,称为丘觉。

如下图《大脑的构造》,丘脑在人脑的最中间,原始核心部位,它类似于电脑的基本输入\输出系统 BIOS。丘觉的产生相当于电脑的加电自检测,然后再装载系统软件,应用软件,才能运算工作。丘脑内有时间控制程序——生物钟或者说生物节律,比如睡眠一定时辰,丘脑发放丘觉,人自然觉醒:人脑运行开始意识到……

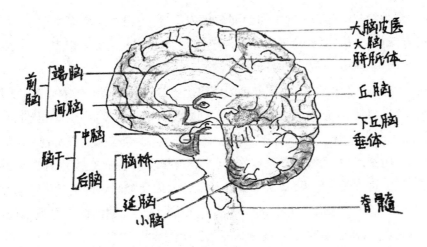

人类脑的构造

所有的脑包括丘脑、大脑、小脑、下丘脑、基底核、脑干、前脑等,都是由一种物质——神经元构成。神经元中遗传有信息。脑要进行整理、组织遗传信息,使之有序化、条理化。脑的主要功能就是通过神经元逐级交换传递信号,最终获得一个有意义的信息集合。这个过程叫样本分析。神经元一级一级交换传导信息的过程称为分析;有意义的信息集合叫样本。如幼儿时期对"父母"的形象记忆就是样本。

大脑联络区是丘觉的活动场所,意识在大脑联络区得以实现。在大脑联络区,丘觉能够使大脑产生对事物的觉察、觉知、觉悟,产生对于事物的"知道"、"明白"。丘脑通过联络纤维神经将丘觉发放到大脑联络区,在大脑联络区产生意识。在临床病例中,丘脑、大脑联络区、联络纤维发生了损伤或病变,产生的症状都是一样的,都将导致意识的缺损或者丧失。

以视觉意识为例:摄像头将摄取的景物(如父或母形象)转换成信号,电脑的处理器(CPU、内存、显卡等)可以把父母形象显示在屏幕上,但电脑不知道这是谁的"父母",也不能产生父母的意识。我们的眼睛如同摄像头,可以将"父母"转换成信息传递到大脑,大脑对视觉悟信息进行分析,在大脑联络区显示"父母"形象。但不能产生"父母"的意识。对父母的意识是丘脑发放的,是丘脑产生的丘觉告诉大脑:"这是我的父母。"或者"这不是我的父母。"大脑产生对"父母"的觉知,于是我们便产生了对父母的意识。

还以视觉为例,眼睛看到的事物有很多,但眼睛不能将看到的各种事物区分开来。视神经将所有看到的事物全部转化为信号，传递到大脑枕叶，大脑枕叶对这些信号进行分析，将各个事物分离开来，每个事物用一个样本来表示。大脑、小脑、下丘脑、基底核等主要功能：

进行样本的分析产出，不同的脑区域组织负责不同类型的样本分析。大脑负责分析产出与觉察、觉知、觉悟等认识有关的样本；下丘脑负责分析产出情绪有关的样本；小脑、基底核产出的样本运动指令有关。从大量临床病例发现：如果大脑枕叶发生病变，病人虽然能看到事物，但不能判断事物是什么，有一种罕见的"脸盲"症，病人可以看见他人，却认不出谁是谁？如果大脑颞叶发生损伤或病变，病人不能理解话语的含义。枕叶、颞叶的不同功能区病变或损坏，会导致不同的样本缺损或丧失，从而导致失认、失读、失写、失听等症状。

丘觉不会随意合成发放，特别是对客观事物的丘觉，需要样本激活才能由丘脑合成。大脑包括小脑、下丘脑、基底核、杏仁核等，有着极其强悍的样本分析功能。大脑通过对视、听、触、嗅、味等信号的分析，产出需要的样本到丘脑，激活丘脑的功能，合成一个相应的丘觉发放到大脑联络区产生意识。

大脑分析产出样本激活丘觉进入意识。杂乱无章的信息激活丘觉，会引起意识的昏乱，如顾客购买服装有时出现"挑花了眼"。样本是具有一定条理化的信息。大脑经过舍弃无用信息、填补有用信息、放大主要信息、简化次要信息等多种手段形式的分析，获得一个有意义的完整信息。这个信息与传入信息相匹配、激活丘觉产生清晰意识。例如大陆送台湾的大熊猫团团和圆圆，起初人们分不清楚它们"谁是谁"。但是，经过长时间的观察接触后，人们可以辨认相似物品的细微差别。

大脑联络区有两个意识活动的场所：一个是大脑额叶联络区，一个是大脑后部联络区。这两个联络区都产生意识。正常状态下，两个联络区的意识活动可以同时存在，并以大脑额叶联络区的意识为主导。在清醒状态下大脑额叶区一定处于活动状态，如果大脑额叶区不活动，人一定处于睡眠状态。逐步抑制大脑额叶联络区的活动，人进入睡眠；大脑额叶区活动，人也就清醒；突然活动，也就突然惊醒。在大脑额叶联络区休眠时，如果大脑后部联络区单独活动，这时就表现为做梦。

样本是表示事物的信息，相当于一些符号，进入意识还必须有丘觉的支持。人脑通过遗传获得的信息是有限的，能够分析产出的样本以及合成发放的丘觉都有是有限的，因此意识的范围也是限的。

　　大脑额叶、大脑后部、小脑、下丘脑、基底核等等众多的"脑"都是分析产出样本的结构,而且各自独立分析产出样本,常常会导致样本活动、丘觉活动失衡。这就是产生各种"癖瘾"——网瘾、毒瘾、烟瘾、酒瘾、赌瘾等产生的心理机制。它们看似生理性病症,实质都是心理活动失衡造成的,可以通过心理手段治愈。

第二节　人脑的进化

　　科学用"开·关灯光"来比拟意识,因为开关与灯光紧密相连。现在,我们开启意识之光进行一次"脑海漫游"。

一、进化的故事

　　脑是人体最复杂神圣、神秘的器官。然而一开始它并不像我们现代人类的大脑一样"先进"。科学家发现一种叫作海鞘的原始海洋生物,它有一组可以传导电流的细胞,相当于简单的神经系统。海鞘只有 300 个脑细胞,它只有在生命周期的幼虫阶段,而且只有当它游泳时才拥有大脑;一旦成熟,寄居一处,靠过滤海水中的细小食物生存时,它便不再需要大脑了。这大概就是最原始、最简单的脑神经系统,人脑的原型。现在的人脑仍有许多的谜团,等待着我们去破解,但是我们对它已有所了解。在生命历程的 40 多亿年进化中,从无机物

　　到有机物,从植物到动物,从海洋中的鱼类到两栖类,再到陆地爬行类,再到鸟类,然后是哺乳动物,最后到智力器官极度发达的人类。

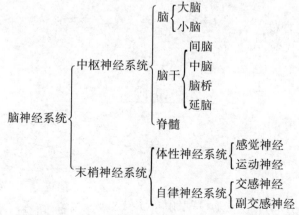

　　从解剖人脑由内到外的三重构造看,最早最内里的是被称为原脑的"爬虫类

脑"。这时的脑仅仅依靠生命本能捕食和繁衍后代。它没有心灵,也没有感情,只有条件反射行为:发现食物就捕捉;到了性成熟,进入发情期就产生性行为;遭遇天敌危害就拼命逃生。人脑仍保存有这一本能。"爬虫类脑"是人脑最内核的第一层。

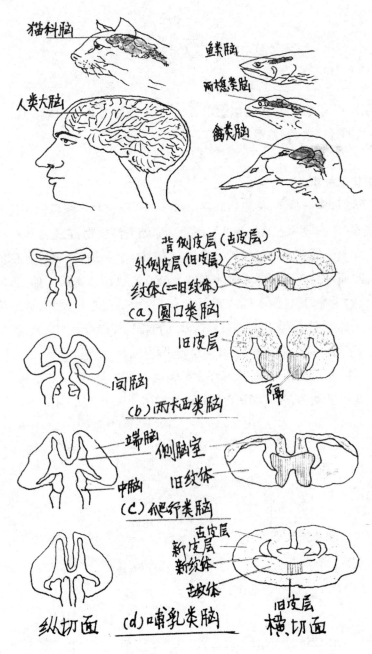

34

第二层脑是大脑边缘系的"猫狗脑"（又叫原始哺乳类脑）。此时的脑多了一个"愉悦"的感觉——类似人类的情感。猫和狗对主人有认同情感，如狗的认主护家，摇尾亲近等。脑进化到猫狗牛马类大脑阶段出现了感情因素，通俗地讲由"冷血动物"进化到"热血动物"。就人类大脑而言，这第二层把控着人类情感的发生，是人类感情的原点。

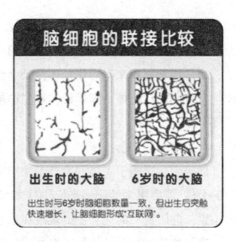

第三层脑是大脑新皮质的新哺乳类脑（人脑）。人脑异常发达，分成左半脑球和右半脑球两部，称为脑梁的神经束连接左右两脑。左右两脑联通，传递信息，使得人脑神经系统处理信息效率极高。从受精卵子分裂开始，到18周岁成年，

人脑都在生长、增长。脑在重量增长的同时，其表层结构也在发生变化，人脑的表层有许多的回沟，展开面积达1500—2000平方厘米。

二、进化的动力：竞争

脑演化更迭的故事证实了达尔文——华莱士的学说自然选择原理：生物都有繁殖过剩的倾向，而生存空间和食物是有限的，所以生物必须"为生存而斗争"。在同一种群中的个体存在着变异，那些具有能适应环境的有利变异的个体将存活下来，并繁殖后代，不具有有利变异的个体就被淘汰。如果自然条件的变化朝一定的方向，在历史进程中，经过长期的自然选择微小的变异就得到积累而成为显著的变异。由此可以导致亚种和新亚种的形成。人和猿的分离正是这种自然选择的结果。两者在竞争中，人优势于猿的正是脑的发达。

进化问题可以从不同层次考察，简单地将其归于"突变所致"恐怕不足以说明由整个群体参与的进化。

①食物和性繁殖竞争　寻找食物和性是物种生存的本能。它们有许多的先天感受模板，即搜寻捕食对象或性伙伴的图像、声音、气味等。变幻无常的环境又迫使物种做出反应和"思考"（反应和思考两者之间存在着差异）。通过不断的试验偶尔取得成功，这就是脑机能——智力的进化。

②群居社会斗争的计谋　人脑进化的另一个则是群居。群居不仅是单纯的

模仿,处理群居生活的关系更是一种挑战。这种挑战要求创新性地处理问题的能力。群居在人类进化中起了举足轻重的作用:群居生活是行为套路扩展的催化剂。通过相互观察来学习增加了活动套路智力传播的机会。现代的人开会、集思广益、群策群力、集体决策等都体现了群居智力进化,俗语说:"三个臭皮匠赛过诸葛亮"。

群居生活促进新技能的传播。

群居生活充满了个体间有待解决的矛盾,如需要很多的感觉模板以辨识出不同的个体;需要更多的记忆来记住过去与同伴的交往;需要确定"自己"在群体中的位置。群居智力的优势主要表现在达尔文所说过的动物性选择。

群居的计谋和反计谋游戏在积累知识的基础上进行,它要求的智力水平是其他生活方式达不到的。灵长类群居是一种有计谋的生物社会体系。个体必须能估测自身行为的后果;估测同伴可能的行为;估测得失平衡……群居技能需要智力,灵长类的智慧能力是最高的。

③环境气候突变危机使人"急中生智"　气候变化是脑机能进化最常见的压力。古气候学家已发现,地球的许多地区受气候突然变化的影响。气候的反复无常导致果树的消灭,这就导致一些物种"急中生智"以别的食物为代用品,而生存下来。危急中一些物种消亡,留下来的物种在危机过后又增长起来。危机中能生存下来的种群具有强势基因,多是由于基因改组而引起异常,又产生了精子和卵子的变种。当下一次危机来时,有些变种也许有更强大的应付能力,能以残留的食物果腹,得以生存。达尔文过程的原则是适者生存。这里我们看到:适应环境的进化具有创造性的方面。

400万年前人科动物的直立姿势逐渐确立,那时非洲正变凉、变干,但人脑的大小并没有很大变化。人科动物脑在250万年前至200万年前之间开始增大,其大脑皮层继续增长,惊人地超过了猿的四倍。这一时期是冰川期,虽然非洲并不是冰川发生的主要地区,但随着洋流的重组,可能经历了气候变化剧烈的波动。环境的多变对智力的递增积累是至关重要的,这个过程可能使脑变得更大或者是脑的构造重组。一种不稳定的气候本身并不是人脑增大四倍的确凿理由。还有其他一些因素同时在发生作用,而气候的突然变化可能放大了这些因素的重要性。

三、进化的形式：复制累积

进化与退化是相对应的范畴。进与退的标准是能否适应环境（包括自然和社会）的生存。在自然选择竞争的"大河"中，没有船只是静止的。你要维持现状，你就必须不断地奔跑。

物种生命的延续类似于复印机的工作。一张美丽的图画历经每次复制后，与最初的或前一次的原图画比较，其图像质量会退化。这种退化是以分辨率、边缘锐度、图形尺寸的变形和缺陷密度来度量的（失真度），一般可以预示这种退化因每次复制而加剧。

通俗地讲，进化是遗传上的一代胜过一代。怎么样才能实现物种生命复制的进化呢？还以复制类比。一幅图画迭代复印，如果用第 1 张复出第 2 张、第 3 张……最后必定失真，直到消灭；如果每次复印之前，我们进行线条颜色加深巩固或添加新的笔画色彩元素，这样复印出来的第 2 张图画就可以胜出第 1 张，这就是进化。在物种繁衍复制过程中，这种添加色彩就是生存竞争的活动。人类父母代遗传进化到儿女代，首先是生物信息的传递并重组。生命进化的动力来源于这种活动。人脑是进化最成功的典型。

人是环境的产物。今天，人类生存的环境正发生着巨大的变化。计算机互联网为标志的信息化社会正改变着我们的生产、生活方式（如食性、群居环境等）——网民、宅男宅女、手机电视、幼儿监视护理、视频会议、短信拜年、可视电话……网购、网恋、人肉搜索、非主流。总之，爆炸的信息正在直接改变我们的大脑思维方式！我猜想未来的人类会进化成为头脑发达，四肢退化，人机合一。

大脑由于不断加强使用，不断发达了起来。大脑的主要机能都在表皮层。在漫长的缓慢进化过程中，皮层表面由光滑而变成有皱纹。哺乳动物脑形成了皱褶，叫作"沟回"，并且越来越多，越来越深，越来越复杂，人也就越来越"聪明"。

第三节　人脑的发育

相对于人脑的进化而言，个体人脑的发育是压缩的或者说速成的达尔文过程。生命的起源从繁殖开始，复制不断地进行。人脑的发育，从受精卵子开始，经历胎儿、婴儿、幼儿、童年、少年……

一、胎儿的大脑发育成形

胎儿在母体中 10 个月左右重演了一遍生物的进化历程。

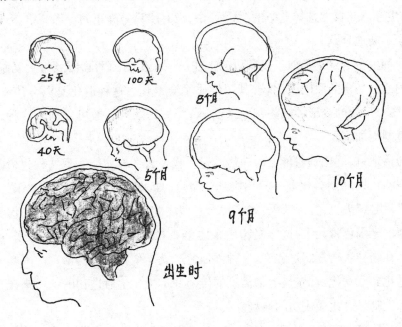

人脑发育迅速，结构复杂

时间	人脑及神经系统发育状态
第 1 周	人脑发育起源于卵子受精，受精卵子不断分裂，一部分形成大脑，其他的则形成神经系统等人体组织器官。
第 2 周	外胚层膜、神经系统和感觉器官开始形成。
第 3 周	外胚层膜看上去像皮肤了，脑部开始出现明显的膨胀。
第 4 周	整个胚胎看似乎像一条小鱼，大脑中明显形成了两条沟，一条隔离前脑和中脑，另一条隔开中脑与后脑。
第 5 周	细胞大量分裂，形成大脑左右半球。半球迅速增长，生长。大脑皮层发育在胚胎成长过程中是最为奇特的。
第 5—7 周	前脑形成两个如豌豆大小的脑泡。其细胞壁只有两层，薄如蝉衣。在两个脑泡之间，尚未长成的神经细胞上下游移，然后分裂形成两种新的细胞，其中一些新细胞形成树突和轴突，其他的形成起支撑作用的神经节。

续表

时间	人脑及神经系统发育状态
第8—15周	大脑明显地分成6个区:前脑2个区、中脑1个区、后脑3个区。这些区域形成大脑的基本框架,帮助大脑正常分化成各种结构:脑膜、神经、纤维、细胞核、神经节等。胎儿的神经细胞从第12周开始迅速增长,每分钟超过25万个。
第16—33周	大脑的神经中枢基本形成,并和周身相连,胎儿四肢、五官都有了活动,应当可以吸收一定信息了。
第33周以后	由胎儿时期到出生,直到17、18岁,大脑始终在持续发育着。此后,基因与环境:先天因素与后天因素的综合影响,大脑与环境发生物质、能量、信息交换,维持着新陈代谢的平衡。

胎儿大脑的发育特点是脑物质的增生和结构的成形。它是日后人脑智力机能的基础。脑的先天资质很重要。人的体力有天才如举重,速度等,人的智力同样有天才如记忆力、视力听力等。先天不足或脑残如水脑儿、脑瘫;后天脑震荡、脑膜炎等是智力残疾、障碍的主要原因。胎儿在子宫内生活,同样受到母腹及周边环境的信息的刺激。随着超声波扫描仪技术的使用,医生可以在荧屏上观察到胎儿的一举一动。《未诞生婴儿的奇妙世界》一文这样描写:"八个月以来,他一直漂浮在只属于他自己的海洋里。这天早上,他醒来后睁开眼睛,打了几个哈欠,强有力地踹了几脚……除了他母亲的心跳声音和消化器官发出的咕噜声外,他还能听见他母亲和父亲谈话的声音。"

显然,人脑神经系统在"硬件"生产制造的同时,"软件"信息刺激也在安装。但是,现在没有数据事实证明胎教的效果,也无法界定"胎教从何时开始有用?"胎儿生活在声音信息为主的黑夜世界里。母子肉体相连,母亲的情绪环境会影响后代的认知情感,这一点是可以预判的,所以人们宁可相信胎儿教育有用。

二、婴儿的大脑发育成长

在物质与能量上,初生的婴儿脱离了脐带的营养供给,要"自食其力"了;在精神上,婴儿期是人生的黎明阶段。

人出生时,大脑的物质构造就已完成了——它们根据父母的基因蓝图定了型。与灵长类的其他动物婴儿比较,人出生时是处于为期一年的生理性早产。一些灵长类出生后不久就具备了基本的生存能力,如攀登或行走。初生婴儿实际上是"子宫外时期"的胎儿,感觉器官和运动能力都处于可怕的未成熟、软弱无能为力状态。人类新生儿实际上是在大脑神经系统发育未成熟的状态下出生的。出生后的婴儿还要继续生长发育,完善大脑神经系统的功能。

新生儿在其出生之际,大脑的重量约350—400克,相当于成年期的1/4重,但大脑神经元的总数量已经接近成人,差别在于初生婴儿神经元之间只有最基本的连接。随着发育受适宜的外部环境丰富的信息刺激和良好的营养物质条件,这些神经连接——被称为

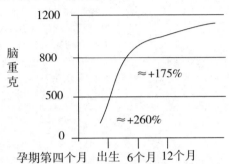

"突触"的东西,开始急剧生长。突触生长,数量不断地迅速增加,把脑变成由许多通路和连接组成的"神经森林",如同信息社会的互联网一样,链路越多,功能越强大。就大脑皮层而言,4岁的娃娃其神经"突触"达到顶峰值,超过了成年人"突触"的四倍。

这个量值表明人脑内神经元之间已建立了广泛的联系,它代表了一个人智力发展的总和、潜能。类似电脑的CPU不可能满负荷工作一样,总有闲置时空,人脑不可能百分之百地被开发利用。人脑在生长发育的过程中,凡是脑发现有用的连接就保留,而不用的连接就会被废除,"突触"的数量逐渐减少。这就是大脑"用进废退"的原则。

0岁婴儿:大脑已经具备了成年人大脑的形态和基本结构功能。由于没有"加载"社会信息——视觉的光信号、听觉的声音信号、触觉的触压信号等,此时婴儿人脑类似于未安装软件的电脑——"裸机";除基本输入输出系统(BIOS)功能外,功能上还远远不及成年人——不会说话,不会自主活动,没有所谓的"思想"。

1岁左右婴儿:大脑重量达到出生时的两倍,相当于成年人大脑的重量1/2;此时,娃娃体力与脑力的生长一般也是平衡的;会走路,手能抓紧一定重量的物体,也就是说大脑神经系统对身体有了一定的操纵能力;能听懂父母亲人的简单问话,会表情和简单的咿呀学语等。

2岁时幼儿:大脑重量达到成年人的3/4。此后直到18岁成年,人脑神经系统的生物性增长逐渐减慢,大约到40岁以后,脑细胞的衰退多于新生。伴随着人脑神经系统的发育成长,人脑"加载环境社会信息"也有一定顺序的敏感时期,如同电脑程序安装一样要由底层简单的输入与输出程序到系统程序,再到应用软

件,逐级安装。以后,人们还要时常"更新"操作系统版本、应用程序,所谓活到老学到老。

在教育娃娃的过程中,某一时期,娃娃大脑及神经系统对某种类型的信息的输入产生反应,最为敏感,并创建或巩固神经网络。娃娃在这一时期最容易学习某些经验和知识,适时施教可以获得事半功倍的效果;错过了这一最佳时机或者教育失误就会事倍功半。这一现象称之为"印刻记忆",由奥地利习性学家 K·Z·洛伦茨研究发现:刚出生的小鸡、小鹅等动物有印刻记忆。他指出个体印刻记忆只存在于个体生命中一段短暂的"关键期"。

从生理角度考察,人类婴儿期的0—2岁,大脑神经系统发育最快,和身体生长一样,脑重量迅速增长。老百姓说的"见风长"。这一时期必须确保物质、能量供给的同时,给予适时、适量的信息刺激,为日后智力发展奠定基础。事实上,我们学习母语没有感受到任何痛苦。为什么学习外语就不自然,痛苦了呢?

娃娃大脑发育与教育训练关键期

大脑神经系统发育时段	教育训练关键期
4—6个月	吞咽咀嚼关键期
8—9个月	分辨大小、多少的关键期
7—10个月	爬、坐的关键期
10—12个月	站立、行走的关键期
2—3岁	口头语言发育、计数概念发展的关键期
2.5—3岁	立规矩的关键期
3岁	自我意识形成、培养性格的关键期
4岁以上	形象视觉发展,形成空间、形状概念的关键期
4—5岁	开始学习书面语言的关键期
5岁	掌握抽象社会概念、数理化概念的关键期。也是儿童口语发展的第二个关键期,可学习第二语言。
5—6岁	掌握大量语言、词汇的关键期

三、幼儿自我意识的觉醒

胎儿生活在母腹中以听觉为主;出生后的婴儿信息的吸收增加了视觉、触觉、味道、嗅觉等,信息量激增,社会化过程加速。通常情况下,人的感觉系统进入大脑的信息量中,视觉信息占83%。

婴幼儿视敏度发展

时间	视觉发育敏感程度
0—6个月	新生儿视网膜上的锥体细胞还没有发育成熟,看到的只是光与影子。婴儿眼睛最佳焦距是20—38厘米之间,即吃奶时恰好看到母亲的脸影。
6—12个月	视觉的色彩期,是形成视敏度的关键期。如果受到伤害或发育不良,将导致色肓症的产生
1—3岁	建立立体感的黄金时期,开始对远近、前后、左右、上下等立体空间有更多的认识,视觉由二维空间向三维空间过度,比如动手、行走,从床上掉地下都是一种空间探索。
3—6岁	视觉发展的时空期,视力达到成人的水平,可以准确判断自我与环境的时空关系,开始形成"世界观"。

在物质、能量上,人类按生物基因图程序是自组织、自生长的。基因是生命的信息,例如某些基因疾病的定时发作;基因规定了生命的运行程序。在精神层面,生命上升为"人命",由本我、自我、超我三个层次构成。后面探讨的人之初,性本善、本恶或本私等,指的就是本我——人的生物性。由于身体和大脑神经系统的稚嫩,功能不完善,婴儿的世界是"混沌蒙昧"的。但是,随着人脑"基本输入/输出系统"的开启,环境社会信息的载入,人脑开始超越本我,寻找"自我"。他或她很快就发现了自我的存在。自我意识的产生有两条途径:一是内在的主体感觉生存着。婴儿的各种机体感受——生命的新陈代谢,俗话说吃、喝、拉、撒、睡、玩等,尤其是一刻不停地呼吸让人体会到生命的存在。"自"原本的意义就是鼻子。胚胎的发育首先显现出鼻子。人患感冒了,鼻子不通畅就要"自强不息"。这是原始含义。二是外在的客体反映出主体"我"的形象、利益等的存在,比如婴幼儿照镜发现自我。婴幼儿在与环境的物质、能量、信息交换中发现了"我"的真实性,与"非我"的区别——争夺食物、玩具、亲情等,逐渐形成了"私"的观念。"自私的基因"延伸到社会生活层面。在智慧的第一缕曙光照耀下,幼儿确立了自我意识,有了一定自我控制能力,大约3岁时,人生也就进入了幼年。

此时,娃娃要离开父母家庭,送进幼儿园接受更多的社会信息安装。进幼儿园的前提是有明确的自我意识如认识自己的家人,知道自己的姓名;有一定的生活自理能力如会自己洗手、取食等。在本我、自我的基础上,意识到人的社会关系,共生性,从而要超越自我,关于"超我"有待后话。

第三章互动话题

1. 你如何知道自己的生日？说一说你最早的幼儿记忆。

2. 大脑与智力是什么关系？你喜欢智力竞赛运动吗？

3. 口述"井底之蛙"寓言故事,并谈谈你的理解。

4. 你认为食物补脑有作用吗？学习成绩是否与饮食有直接关系？为什么？

5. "孩子一思考成人就发笑",你认为娃娃的"幼稚"可笑吗？

6. 你认为胎教有效果吗？为什么？

7. 有人对娃娃说:"牺牲一个童年,给你幸福一生。"请发表你的看法。

第四章

人脑·思维·语言

脑是一种存储和加工信息的器官,思维的过程本质在于信息交换。和人体的其他器官一样,初生婴儿的大脑也是非常稚嫩的,只有本能的反应刺激,没有严格意义上的思维。因为思维要使用语言这一工具。随着第二信号系统的建立,语言工具的掌握,健全人脑的思维功能才逐渐形成。

第一节 娃娃认知能力的成长

主体与客体即人与环境的作用互动是反射行为。引起条件反射的刺激称为信号刺激。社会化的人类具有三个层次的刺激信号系统。

一、人脑的信号系统

人类处理加工信息的系统有三个层次。直接作用于感受器官的具体现实信号叫第一信号。第一信号系统的反射是人脑及其神经系统的本能反应,如遇强光人会眯眼睛,听到声音会扭头找声源,尝到酸辣味会皱眉,呵气等。人和动物的大脑神经系统都具有第一信号系统。思维:抽象非现实的信号叫第二信号,一般指语言、文字、符号等人化的信号,信息。第二信号系统是人类特有的条件反射机制,如阅读文字,欣赏音乐,美术作品,网络符号、表情、音频、视频、动漫等。第二信号的刺激是第一信号的信号,它是对物质现实(客观实在)最原始具体的信号进行抽象和概括的结果,有人为之功的痕迹,如仓颉造字象形、拟音、会意。人类第二信号系统的建立过程是间接地通过第一信号体系联结到客观物质世界的过程。举例来说"望梅止渴"引起条件反射必须有两步条件:第一步,你必须认识理解这一成语的含义。第二步,你必须吃过酸梅子,有吃梅子的味觉经验。第三信号系统是人的情感价值体验。人有七情六欲。人类情感是建立在第一、二信号系统的基础之上的一种社会价值评判。它与主体人的生存价值观念紧密相联系,如表扬和批评,耻辱感、荣誉感、获得感、幸福感、快乐感等。

人类的高级神经活动是第一、二、三个系统共同相互作用的结果。第二、三信号系统的发生与完善使人类神经活动出现了飞跃,它们是人类社会活动的产物。第二、三信号系统建立在第一信号系统基础之上,但又反过来影响和支配第一信号系统。如睹物思人,触景生情;理智操纵情感,情感引发行为。它们是主体与客体的关系,因此第二、三信号系统必须经常被第一信号系统所校正,才不至于歪曲人们思想与现实的关系,如一般观念"西瓜是圆的",现今台湾农民却生产出了"方形的西瓜"。一个人名字叫高强,实际却很矮小。

人类发达的大脑可以进行三个层次的复杂反射活动。人脑指挥身体其他器官可以将第一信号转变为第二、三信号;也可以把第二、三信号实现为第一信号。人脑第二信号系统使用语言进行思维,并通过语言,文字,网络符号、表情、音频、视频、动漫等进行信息的接收,存贮和输出,实现语言和思想感情的转化。人在思考时都是用自己熟悉的语言在大脑中组织思路。人的思维是运用人脑第二信号系统进行条件反射的活动。人脑是思维的器官;语言是思维的工具。计算机网络时代,人们创造出网络文字、语言、表情符号。人脑使用语言进行思维,语言和思维刺激人脑,促进人脑发育,功能不断发展、复杂、完善——第二信号系统越来越发达。人类越来越智慧。

二、思维能力的发展

伴随着人类个体出生后生理的成长,体能的增强,心理思维也在发生、发展,表现为智力的增长,如识字的增多、造句的复杂、计数 10 以内、100 位以内……按照思维对象划分:对客观物质世界的思维及成果叫意识;对主体"我"的思维叫自我意识,两者是互为参照,相辅相成的。

从思维发生和发展的信息交换机制看,第一和第二信号系统存在相互转换的关系。婴儿时期第一信号系统占主导地位,随着语言的进步发展,第二信号系统日益发达起来。从前我们教娃娃计数和算术会拿筷子等实物做刺激物,但算术符号和运算规则在孩子脑中建立起来后,计算就逐步地独立,可以脱离直接刺激物进行思维过程。作为教幼儿计数的工具,可以"屈指可数",长大后谁也不会弱智到届指计数。阅读识字和自然、社会常识也经历了同样的学习过程:由具体的形象提升到抽象的概念如看图识字、看画作文,从造句到作文,从记叙、说明文到议论、政论等。第二信号系统的日益发展,娃娃有了更多更抽象的概括性联系。在与客观世界交互作用的过程中,自然的、社会的信息大量摄入人脑神经系统,同时构造起娃娃的内心世界。语言的不断习得,识字的量越来越多,儿童逐渐发展起抽象逻辑思维。抽象思维发展,自我意识增强、娃娃自主自觉性行为扩大,又反过来促进了间接系统的知识学习、并自觉接受社会道德行为准则,如逐步有了害羞心理。这时期,娃娃虽然不再"天真",但离成年还很远。内心世界观的建设即第二信号系统的完善伴随着人的终生,当然,最关键还在娃娃受教育的未成年时期。未成年人的工作就是两件大事:长身体,长知识。体力和智力是人的两项基本能力。与其它生物竞争取胜的法宝是人的智力。目前,智力没有公认明确的定义,只有许多界定。这里,我们把智力界定为思维的能力,通俗讲就是解决问题的能力。

三、思维发育过程

关于娃娃思维的发育,可以按年龄划分为几个主要阶段。

1. 初生婴儿思维的萌芽

初生婴儿有思维器官及机制,没有思维,因为此时没有思维的材料和工具。他或她只有一些先天的无条件反射的即本能的感受/反应。无条件反射是先天固定的神经联系,适应性很差,如吮吸,呼吸、排泄。先天无条件的反射在环境的作用下会逐渐条件化、信号化,从而形成了信号性的条件反射。婴儿也可以养成习惯。条件反射是由脑实现的暂用神经联系,它接收到生活的环境信息后,产生对相关刺激物的"意义"。婴儿逐渐能按照这些信息来认识和适应环境。如抱着排尿的姿势、声音刺激,知道要求尿尿;又如摇篮的晃动、催眠的儿歌,暗示着父母要求他(她)睡眠。这种信息念有刺激物的"意义",引起的条件反射既是生理现象,也是婴儿心理现象萌生的标志。姓名、称呼、外号等就是后天附加到心理上去的符号。有了符号,思维的产生也就有了可能。婴儿"主体"与生活环境不断相互作用,先产生感性认识,生活经验逐步丰富,语言开始出现,从而实现了婴儿生理、心理到思维的萌芽。婴儿出生后1—2周出现有条件反射。起名字或取名字,称呼是人社会化,文化的原点。名字符号的安装加载标志着一个自然生命人开启了(社会)人命的步伐。命名,上户口后,人才获得了社会的认可。

个体出生后的头半年,主要是感受和觉察的发展。婴儿无条件反射被激发主要是感觉。婴儿条件反射形成后,不仅有反映事物属性的感觉,而且具备了反映事物整体知觉。知觉是在各种感觉的基础之上形成对整个物体的反映,是视、听、触等复合刺激综合产生的高一级的认识能力。与感觉比较,知觉是关于"大象"的整体信息,而非"盲人摸象"的片面信息。知觉是概括综合能力的最初萌芽。

随着婴儿生活经历的丰富,婴儿过去时已经感知的"记",现时并没有直接感受到的事物可以在脑中留下痕迹,通过"忆"可以恢复和再现。这就是表象。表象是感性认识的高级形式。表象比知觉更进一步:第一,它是真正离开客体的"内部化"的心理活动。表象不再受客体知觉的直接制约,客体不在眼前时,婴儿也能在脑海"想起"这个客体。第二,由于语言的产生,加强了"内部化"的表象活动的概括性和间接性,即词语的概括作用。第三,表象能使婴儿回忆过去,也能预想未来,加强了主体的能动性。初生婴儿由感觉、感知到表象,为以后向萌芽状态的抽象思维过程提供了可能。

2. 婴儿期思维的萌生

婴儿从1岁末到3岁,在与环境特别是家庭教养的不断作用下,概括性、间接性的"人化"社会思维获得飞速发展。3岁前婴儿主要是直觉思维,他们把感觉、知觉和行动混为一起,思维在感知行动中进行。在行动中探索世界的同时,他或她们伴随着语言的习得和运用。这一时期,娃娃拿玩具游戏,并牙牙学语。

简单游戏行动 娃娃开始断奶,学走路,视觉、听觉、味觉、触觉等生理发育都有质的飞跃。娃娃在感知行动中思维,离开了直接的刺激物或具体行动思维发生困难。人们发现一岁多的孩子只顾眼前事物,没预见,更没有计划,事情过后就忘记了,比如玩具丢失了,事后不会寻找。离开具体对象物和行动,娃娃不会主动思考。

简单语汇概括 在发音器官的成熟和环境语言的信息的刺激下,娃娃开始了语言表达的欲望。由单个字词发展到极简单语句。最初,娃娃口说出的每一个词只是特定的个别的,被感知的某一事物的标志,还不具备概念迁移的能力,比如他们只知道自己的母亲叫"妈妈",只知道自己喝水专用的那个杯子叫"杯子",不知道喝水的杯子有很多,换一下大小形态色彩,娃娃就不认识杯子了。以后,随着见识的增多,词开始标志着一组类似的物体,这就产生最初词的概括。如"车"这个词不再专指他们的玩具车,而知道路上跑的都叫车。教育也使他们对词的含义理解加深了,如电源危险、热水瓶不能乱动等意识的形成。

简单游戏、语汇的丰富为第二信号系统工具——语言概念准备了前提条件。

3. 幼儿期思维的发展

娃娃上幼儿园这一段时期以游戏为主导活动,也有一些初级形态的学习和自我服务活动。①具体的形象思维。幼儿园小班的娃娃从直觉行动思维的束缚中解放出来,可以凭借具体事物鲜明的形象或者表象进行思维活动了。例如幼儿捡到几片瓦片和树叶玩"过家家游戏",仅仅凭借所见过的家庭生活表象来模仿家庭角色关系,有了形象化的联想,但仍然"俩小无猜",并不真正理解内在的本质和关系。小班幼儿具体形象化思维是与娃娃们认知过程中表象的分析综合占主导地位,知识经验比较少分不开的,也就是他们"知道"而不理解。

在整个幼儿期,具体形象思维占主导地位,但思维是发展变化的。幼儿初期直觉行动思维占相当成分;幼儿晚期则抽象逻辑思维也开始在经验范围内有了萌生的可能,例如中班、大班娃娃离开实物和图形,仅仅口头告知也可以解决问题。如听指挥拿自己的毛巾洗脸。

抽象逻辑思维的初步发展　抽象逻辑性思维建立在丰富感性认识的基础之上,通过概念、判断、推论来提示事物的内在、本质联系的过程。幼儿园大班娃娃在其经验所及的事物范围内,开始能初步地进行抽象逻辑思维,例如咸鸭蛋为什么是咸的? 娃娃知道是放了盐。没有生活经验的娃娃也许会说:"咸鸭蛋是咸鸭子生的蛋。"

最初概念的掌握　抽象逻辑思维的形成离不开事物概念的掌握。概念是在概括的基础上形成起来,并用一个词的听觉、视觉信息来标明的事物。幼儿园娃娃掌握事物概念的一般发展过程是:①班娃娃,概念的内容只代表娃娃熟悉的某一个或一些事物,如你问娃娃什么是"红花"(幼儿园墙壁上贴着红花),娃娃手指墙,口念"红花"。②中班娃娃,可以在概括的基础之上指出实物的比较突出的特征和部分属性,例如知道红花是红颜色的、有香气、有纸剪彩的、有栽种的鲜花等。③大班娃娃脑中的概念已是某一类事物的抽象,并初步掌握了某一实物概念的本质,甚至于象征意义,例如:马是动物、花是植物、戴红花是光荣的事情,会见人说人话:根据对象人的性别、年龄等给予不同的称呼。

对自我的认识也发生了质的飞跃:①有了你、我、他的概念,"私有观念"萌芽②性别意识的觉察,男孩儿、女孩子的游戏倾向出现偏差,例如男孩打纸板,舞枪弄棒;女孩跳橡皮筋、踢毽子等。③自我意识进一步觉醒,我是幼儿园集体的一员,我在家庭中的地位关系逐渐明确。

4. 童年期个体思维的初步成形

幼儿园后,娃娃进入小学正式接受系统的学校教育。学习成为娃娃的主要工作任务,因为与幼儿园时不同,要考试了。学校教育的实质是文化的遗传复制。

小学六年的学习,娃娃思维能力发展的总趋势是从以具体形象思维为主要形式逐步过渡到以抽象逻辑思维为主要形式。同时娃娃的形象思维能力也继续在发展,表现为想象能力的丰富。当然,小学生逻辑思维中仍然具有很大成分的形象化,还没有达到纯正的逻辑学思维程度。

小学阶段除了直接的社会生活知识经验外,还必须间接接收人类知识财富——自然常识、人类历史常识、语言文字体系、数学中的各种语词、术语、法则、定理、公理、公式等。这一切都是为了第二信号系统的建构,并掌握思维的规律。

小学生娃娃从具体形象思维向抽象逻辑思维过度是一个复杂漫长的过程。①概括能力的发展。一年级娃娃的概括能力和幼儿园时差不多,仍属于具体化形象概括;二、三年级开始从具体思维向形象抽象概括过渡;四年级大多数娃娃进入初步本质抽象的概括水平。②比较能力的发展。小学低年级娃娃在进行比较时常常不善于分清本质和非本质的特征。中、高年级时,娃娃比较能力逐步发展和完善起来,他们不但能对具体事物的异同进行比较,而且也能比较抽象事物的异同;也能对事物的细微差别进行比较。③分类能力的发展。分类界定是人的思维操作的重要方式之一。小学低年级娃娃可以完成自己熟悉事物的字词分类,但不能明确说明分类的标准;中年级娃娃基本上能根据对理解的字词进行分类,这是一转折点;高年级娃娃则分类能力更日趋完善。

小学毕业时,娃娃形成了比较稳定的抽象思维能力,这表现在:①在教育作用下,语言词汇大量增长,娃娃逐步从出声音思维(朗读)过渡到自觉无声音思维(默读、阅读)。②概念逐步精确化、丰富化和系统化。在教育的作用下,娃娃获得各种新概念,而且对概念内涵、外延理解也在不断深化。③推理能力的发展。概念系统是客观事物的区别和联系的反映。在掌握概念的同时,娃娃能运用这些概念进行判断推理,如类比推论、演绎推理、归纳推理等。随着儿童知识经验和智力技能的增长,娃娃的思维规律已经能够初步地反映客观世界的运动规律。在娃娃个体身上,人类文化财富的传承已基本完成。总之,娃娃具备了独立思考的能力,可以适应简单的社会生活了。

5. 少年期思维的飞跃

娃娃在大约 11-15 岁期间读初级中学,属于少年期。少年时期,娃娃身体、心智进一步趋于成熟。初中毕业,抽象逻辑思维已处于优势地位,但是这种抽象逻辑思维更多地属于经验型的,娃娃的逻辑思维需要大量感性经验的支持。初中阶段身心的发育直入一个要求"成人"倾向的叛逆时期。在思维能力发展方面具备了较强的逻辑推理思维,而辩证思维仅仅处于萌芽状态。社会经验欠缺,又"自以为是",容易认死理。娃娃思维往往只注意到一个方面,而忽视了其他方方面面。思维的自我监控能力不够或者说内省反思不足,这就是初中生与高中生的差异。

6. 青年期思维的定型、定性

高中生已接近 18 岁成年,人类必要的文化传承基本能满足个体人日后的生存。在抽象逻辑思维的基础上,高中生基本上掌握了关于矛盾对立统一辩证思维规律。高中出现文理分科,高中生设想自己的未来和职业,已经开始工作谋生的设想。青年初期(高中生)理论型的思维必然上升为辩证逻辑思维的发展。高中生思维特点:①通过假设进行演绎思维(运用概念、提出假设、检验假设结果)。②思维有预见性,解决复杂问题时有策略,计划。③思维活动中表现出自我意识或自我监控,也即会"内省"反思自己思维方法或过程。④有了独创研究性思维的倾向。总之,高中生毕业能全面的、运动的、变化的、统一的观点来分析问题,解决问题。

人脑思维程序"安装"

年龄	思维发展阶段	特点	语言	举例
初生婴儿 (0~1岁)	感觉→知觉→表象	①无条件反射到有条件反射 ②大量吸收信息,反馈信息手段有限(哭闹为主) ③思维有了可能性	无语言 有声音	在觉醒时(类似电脑开机状态下),对声音、光、触、味等信号有反应。如母语叫其名字出现表情。
婴儿中晚期 (1~3岁)	直觉行动→具体思维→最初的语词标记	①实物体→感知行动→思维。 ②一种感知物对应一个语词 ③主观意识(信息)可以简单表达	极简单动作物品的单字词发音 印刻记忆没有理解	①名字对应自己 ②"妈妈"对应母亲一个人,不了解其他喻义社会道德感

年龄	思维发展阶段	特点	语言	举例
幼儿期 (3~6岁)	具体形象思维形成→最初的概念→抽象逻辑思维萌芽	①离开感知物已能联想 ②特定物的标志语可以迁移到一类事物 ③在经验范围内简单因果关系推论	有主、谓、宾的简单语句简单比喻象征意义	①数字抽象概念 ②生活概念形成如水果、粮食、长辈等 ③有社会伦理观:好坏、美丑等
童年期 (6~12岁)	概括能力的发展比较能力的发展分类能力的发展	①概念逐步精确化、丰富化和系统化 ②初步逻辑推理能力 界观呈现初步轮廓	从出声思维向无声思维过度。 内部"脑语"形成。	简单作文计数、算术简单几何图形
少年期 (12~16岁)	经验型逻辑思维初步理解辩证思维规律	开始构造思想体系:①世界观②人生观③价值观④幸福观等	由说明文、记叙文向评论文章发展	①对历史和现实发表议论 ②有自我意识和价值追求,如青少年亚文化的"非主流"。

第二节 认知过程及其机制

十几年的养育,娃娃长大成人了:他或她可以独立思考,有了自己的思想。家长可以观察、体会得到这一智力投资与开发的成果。智力与体力对称,是一个人有目的的行动,合理地思考和有效地适应环境的能力,是大脑及神经系统的功能。智力管制着体力,体力支持着智力。智力不仅能认识目前客观存在的事物,而且能改造客观世界,更重要的是揣测未来。智力可分为感知能力、记忆能力、思维能力、想象能力等,其中思维能力是智力的核心,创造性是衡量智力的重要标志。

一、思维概述

思维规律问题:主观反映客观的真实性度量

这样一个事实不容置疑,思维是人脑的机能,人的中枢神经系统受外界各种刺激而引起的。从唯物主义角度看,思维也是一种客观现象。既然是客观的,思维运动当然要有自己的规律。为什么人的思维有规律？因为外界各种刺激是客观世界规律的即自然界的和社会的规律，所以外界各种刺激也有它们的规律，因而是有章可循的。你可以"异想天开"，但不应"胡思乱想"。

这样每个人的思想（思维）不就雷同了吗？现实中人往往"别出心裁"或者"英雄所见略同"。人不是机器。智能机器人（核心叫电脑）可以有两台一模一样，相同的硬件、相同的软件。思维却没有两个人完全相同，总是因人而异。至此，我们必须上升到"和而不同"的层次来理解：正是因为"相异"而显示出"相同"——人脑历经亿万年生物进化，遗传起决定作用，遗传就是"同"，从根本上说人脑的结构是完全相同的，人脑受相同的生活经验所引起的适应、发展、协调也是相同的，这就从人脑的微观结构上保证了人思维的规律性。一句话，正常人脑的生物结构是完全相同的。

人脑发育过程中，如果发生意外，那么社会就会出现不幸的病人：智障、疯子或者万幸大幸的天才。无论病人、疯子或天才，他们的脑子也是物质构成的，他们的思维可以不同于常人，不符合常规情理，但是，精神病人大脑的思维也有其自身的规律。

人脑思维机制研究的困境：镜子照镜子

研究人脑思维有特殊的困难。困难之一是思维的自指性（point-myself）也叫思维镜像；困难之二是社会伦理不允许打开正常思维人的脑进行观察；困难之三是从医学解剖看，被打开的人脑已经不可能正常思维。迄今为止，人类只能借助先进的仪器间接地、错时地考察人脑思维；实时直接（现场直播）地研究思维过程做不到，人只能"用心"去体会感悟。困难之四是思维作为一个有机整体概念，机械地去寻找最低级的思维物质载体——这是片面的研究方向、方法。正如研究交通体系，不宜分解为研究一个个车轮子，因为整体功能不是部分的机械相加。思维不仅仅是物质（人脑细胞）问题，还是一个结构功能问题。如果从物质方向去无限分解思维器官人脑，到底就什么功能也没有了，只剩下分子、原子、电子等基本粒子。

人脑有大约 1000 亿神经细胞，远比今天的电子计算机复杂，而且我们对人脑的结构机制也不很清楚。要解开人脑之谜光靠脑神经解剖学也困难，因为它只限于生理层次。用人工智能来模仿人脑的部分功能，试着改变电子计算机的硬件和软件，直到出现如同人脑的功能。虽然这种功能是局部的，模似的，两者不能等同，但可以类比、似态，这对研究人脑思维有重大启示。计算机模拟技术是思维科学研究的有效途径和工具之一。

人脑和电脑是互为客体的。人脑发明创造了电脑，然而对人脑的研究也离不开电脑，以电脑为中心的互联网信息也影响着我们当代人脑的社会化进化历程。如电游脑的出现、当代年轻人书写技能的衰退、阅读习惯的快餐化等。总之，思维是高度组织起来的物质——人脑的机能，人脑是思维的器官；思维规律由外部世界的客观规律所决定，是外部世界规律在人的思维过程中的反映。

从信息论研究思维：自然思维包括动物思维和人类思维

思维的工作对象是信息（刺激）。研究信息要从通信技术入手。人获取信息眼观（光传播）耳听（声音传播）手触、鼻臭、口尝等。所谓聪明，前提就是耳、眼获得高质量的信息。从传播过程来看，信息系统可分为信息源、信息道和信息受者。什么是信息？目前没有明确通用的界定，但可以肯定信息是物质的某种形态运动。信息是人为了认识事物的需要，从物质运动中理解概括出来的。受者必须知道如何从信号中提取存在信息，不然信号只是信号而已。比如你听到对方讲话，却听不懂对方的语言，或者听懂了对方语言，却理解不了对方语言的意图。人作为信息源可以开门见山，也可以画（话）外有话；作为信息受者，人可以仁者见仁，智者见智。信息的发出、信息通道和信息提取对认识过程都有非常重要的意义。曹雪芹一部《红楼梦》，后人演义绎一门红学，附加的信息远远超过了曹雪芹创作之初的原始信息。

从信息的角度考察，思维的内部组成分三个层次：抽象逻辑思维、形象直觉思维和灵感顿悟思维。

①抽象思维又叫主观逻辑，是人脑子里的思维逻辑，可以用数理形式来表达，因而是可以用计算机来代替人脑工作的那部分思维。抽象逻辑思维没有达到辩证法的程度。辩证法是客观事物的规律，叫客观逻辑。比如电脑人脸识别模型可以判定谁是警察、谁是小偷，但是电脑理解不了警察与小偷之间的对立统一关系。

②形象思维建立在经验或直觉的基础上。文艺理论研讨形象思维，但不在科学层面。作为思维科学研究，张光鉴教授提出的"相似论"对形象思维是一种有益探索。计算机图形建模识别是对形象思维的模拟。

③灵感思维是形象思维的扩展，由直感的显意识扩展到灵感的潜意识。灵感思维比较形象思维更复杂，目前对它的研究远未能达到科学的水平。必须说明：形象思维和灵感思维不比抽象思维低一级，相反，它们比抽象思维更复杂、更高级。好比"傻瓜相机"与机械胶片相机，虽然前者操作简易，但内部原理却高出一

个层次。电脑可模仿抽象、形象思维,迄今还模仿不了灵感思维。

以上针对个体思维而言,因为人类信息交流,思维还具有社会性。人认识客观世界不但靠直接实践,而且还要利用间接的知识,特别是人类过去积累的知识。人的思维活动具有集体性质。

从控制论研究思维:机器思维

思维控制行为,行为是思维的外显。香农认为机器能否思维的答案完全依赖于我们如何定义思维。从行为主义的观点来看,思维过程的本质在于信息交流,思维的本质是与信息和负反馈联系在一起的。由此可以认为:机器肯定可以思维。

艾什比用负反馈来探索思维。他认为大脑"必须具有其生存的根本条件,必须在各种环境下都能达到目标",机器只要系统具有负反馈,则有了"自寻目标"的自适应性。"自寻目标"的特性是负反馈的特殊性——思维的特征是自寻目标,而自寻目标是通过负反馈实现的。具有负反馈系统也就具有思维特。为此,行为主义控制论者提出"机器思维"。这是从最低层次的负反馈来考察思维。

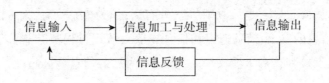

人类、动物、机器结构装置的信息处理流程

从价值论研究思维

人的思维本质具有社会性。电脑只能计算→反馈行为;人脑思维不仅能计算→行为,而且掺有价值判断→情感成分。(美)里德认为思维是结构和功能的统一。只有脑模型方向才能最终解决智能模仿问题。2009 年春节央视晚会《机器人服务》郭达、蔡明表演的小品,智能机器人没有价值判断和真正的人类情感。这是从高层次的社会性来考察思维。

从系统论研究思维:智能系统

我国学者何华灿在《人工智能导论》中,从智能系统阐述思维:一个完整的智能系统必须具有有信息处理、闭环、保留记忆(知识)、目的性、进化性等特征。这样,动物的神经系统是智能系统;生物的遗传系统和人类社会一定程度上也可等价于一个智能系统。满足这些特征的机器系统也可以界定为智能系统。

总之,对思维或智能讨论的专业角度不同,标准不一样,界定思维存在很大差异。对人类思维和机器思维探索是一个恒久的热门话题。

二、大脑运行机制

由于人脑的特殊性,对思维的研究主要手段是"黑箱"操作:输入信息→信息反馈,这样对人脑运行机制进行探索。目前,虽然已经到了细胞、生物电水平,但还只能在脑神经学、生理学等病理研究的基础上提出假设。

加拿大心理学家,认知心理学的开创者唐纳德·赫布(Donald Olding Hebb)与脑科医生潘菲尔德研究病人手术后的心理状态。他们发现一个病人大脑额叶有损伤,但是对智力却没有影响,甚至于有智力增加的倾向。据这一现象,赫布提出了细胞集合理论来解释知觉和在大量脑组织损伤条件下仍旧能保持一定智力水平。对病人观察研究五年后,赫布对人类智力生理机制描述如下:"在年幼时期的经验,正常的发展概念、思考模式、以及组成智力的察觉方式,婴儿脑部受到损伤会干扰到发展的历程,但是同样的伤害对成年人来说不会干扰到思维发展的程度。"

这一描述中,赫布观察到三个现象。第一,人脑不是简单的机械电子装置如魔方的一面或配电盘,而是以交互关联的有机整体在运行。一个区域的功能损伤,可以由另一个区域的功能替代补偿,整体机能影响不大。如果没有这种补救功能,那么大量破坏额叶的大脑组织将会出现严重的后果。现实生活的事例证明:人某一方面功能的缺失(如视力、听力),另一方面的功能会异常发达,从而补充替代前者丧失的功能。盲人的听力补偿,失手人的脚替代。第二,人脑生物遗传是基础,但不决定智力;智力来自于经验。这一点由"狼孩"的经历可以证实。第三,儿童期的经验比成年期的经验在决定智力上更显重要。这说明教育在个体文化、知识、技能的复制传承作用。智力开发有承前启后的特殊性。

基于上述现象,1949 年赫布得出了一个假说:经验如何塑造某一个特定的神经回路?他认为在同一时间被激发的神经元间的联系被强化。比如巴甫洛夫的条件反射具体这样形成:铃铛声响时,听觉区一个神经元被激发,在同一时间,食物的出现会激发附近味觉区的另一个神经元,那么这两个神经元之间的联系就会强化,形成一个细胞回路,记住铃铛声音与食物两个事物之间存在着联系。

《行为的组织》这样阐述"当细胞 A 的一个轴突和细胞 B 很近,足以对它产生影响、并且持久地、不断地参与了对细胞 B 的兴奋,那么在两个细胞或其中之一会发生某种生长过程或新陈代谢变化,以至于 A 作为能使 B 兴奋的细胞之一,它的影响加强了。"这个机制以及某些类似规则被称为赫布律,又称突触学习学说。

分析赫布律,它包含三个假设:①共同激活的神经元成为联合。②联合能发生在相邻的或较远的神经元之间,即整个皮层是联合存储。③不是所有输入信号都能激发神经细胞产生自己的信号。神经元就像一个微处理芯片,它通过突触接收大量的信号进行整合。与微处理器有多个输出途径不同,神经元只有一个信号输出途径,就是它的轴突。神经元对输入信号的反应方式只有一个:通过轴突激发一个神经元发出信号,或者相反,不发出信号。当神经元接收一个信号时,它的树突上的跨膜电位差轻微地上升,这种跨膜电位的改变被称为神经元突触的"激发"。

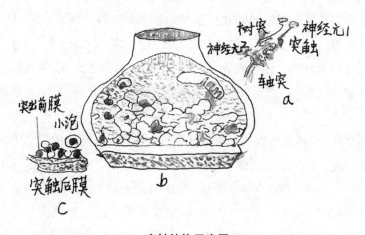

突触结构示意图

a 表示低倍放大时神经元 1 轴突末梢终结在神经元 2 树突
之上构成突触 b 突触经电子显微镜高倍放大后所显示的结构
模式图 c 较低的放大倍数,显示突触前膜及小泡、突触间隙、
突触后膜和细胞质

1. 人一生下来就大约有 140 亿个脑细胞或者叫神经元,此时神经元之间彼此孤立。随着吸收物质和信息两方面的营养,每个神经元都像小树一样生长发育,长出"树突"。这个神经元的树突,就会碰到别的神经元的树突,碰到的地方就叫"突触"。通过突触的接通,形成神经网络,才能处理信息执行大脑的各项功能。

2. 树突和突触通过教育而发达,形成的网络越复杂交错,大脑的功能就越好,人就越聪明,学什么都容易。

3. 在大脑发育期,经过学习,用脑,新的树突和突触大量滋生,构成复杂网络,人的智力就发达了。

当突触快速、高频地激发，就会产生一过性强化（在短时记忆形成研究生中观察到的变化）。单个突触短暂地激发不足以使一个神经元发放冲动（动作电位）。当神经元的许多突触同时激发共同作用，就会改变神经元膜电位，产生动作电位，把信号传递到回路中的另一个神经元。大脑根据神经冲动流的方向发展神经回路，并逐步完善、精化，建立起大脑神经元之间的网络联系。

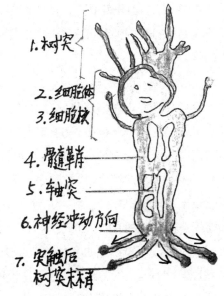

1. 树突
2. 细胞体
3. 细胞核
4. 髓鞘
5. 轴突
6. 神经冲动方向
7. 突触后树突末梢

知·觉·悟是怎么样产生的？

思维需要使用脑细胞，这是常识。因为不能打开活人正在思维的大脑来研究，即使打开了活人正在思维的大脑，我们也看不到思维的过程。关于"思维"的思维，我只能介绍两个假说。

细胞集合是与环境事物（信息）连接的神经细胞组织。如果与这一神经细胞组织联结的事物（信息源的客体）没有出现，那么神经细胞组织则会经验到此事物（信息的主观存在）观念。任何重复的刺激会在脑中兴奋一群特定的细胞，这一群细胞分布在大脑皮层、间脑、基底核，在刺激的触发下暂时成为一封闭系统。透过它们之间众多的联络神经，使兴奋活动在系统内维持一段相当长的时间。

第一，细胞集团假说可以较好地解释脑的知觉现象。大脑对事物信息的获知是神经系统中的表征靠一群细胞而非一个细胞，这是一个较为分散的表征系统。另一方面，一个细胞可同时参与几个细胞集团，表征不同的心智活动；表征心智活动，并不完全系于个别细胞的独特身份。如同人的许多器官实际上是多用途的一样，随着时间流逝可改变其功能的相对比重。脑变成多用途器官更容易，脑的一些区域确定具有多种功能。一些功能可以带动其他脑功能的发展。这也可以解释一个人文化知识达到一定高度后，往往进入一种"触类旁通"的轻松学习境界。

第二，在细胞集团中，无论是构建联络通路，还是组成分子，均有相当程度的余裕性，所以允许神经系统有少部分的破坏，却依然能执行所担负的功能。同时这些平行通路也可以允许由不同的部位达到兴奋全体的目的。

第三，人的大脑神经元运作的方式和原子内粒子（物理的量子力学概念）的运作方式类似,人脑确实是所有神经网络的总和。每一个神经元本身并不重要,重要的是结构:这些神经元怎么样联合起来,联合起来做些什么,这才是细胞集合成团的核心。

关于灵感顿悟的假说

阶段顺序假说可以解释顿悟现象。阶段顺序可以定义为一连串交互关联的细胞组合。在一个环境中,一连串的事件典型地同时发生(如下班回家事件:上楼→掏钥匙→开门→换鞋……),这在神经层次上就叫阶段顺序。阶段顺序的激发导致了相关观念的产生,阶段顺序在多次进行之后,往往(在思维的层面上)有跳跃的现象出现。这在细胞集合或阶段顺序熟练运用后所产生的精简跳跃过程叫分馏化。分馏化的存在隐含着一项知识在熟练之后,只需触动少量的神经细胞,便可以引发该项知识。如窥一斑而知全豹、落一叶而知秋。人的神经系统熟练到"一触即发"程度,也就来了灵感。这说明为什么破坏成年人脑皮层前叶并不影响其智力。按赫布的假说,学习分为两种:①幼年时期缓慢建立起来的细胞组合和阶段顺序。②成年人生活中的顿悟学习。成年人的学习是把细胞组合及阶段顺序重新安排,而不必涉及它们的发展。早期学习依赖细胞集合的建立或阶段顺序的安排;后期学习注意阶段顺序的重新整合。

三、思维过程:"时空模式"的复制竞争

敬爱的读者,你阅读这本书就是在复制作者的思维过程——时空模式;同时冒出很多你新奇睿智的思想——也是时空模式,它们比较竞争。思维包括时间和空间两个维度,日常我们说:"给你三分钟思考"或"你想到哪儿去啦?"。思维机制运行的过程是"时空模式"的复制竞争。和人类脑的进化、个体人脑的发育一样,思维也遵循达尔文原理:人类脑的进化以千年、万世为时间尺度;个体人脑的发育以日、月、年为时间尺度;思维观念的产生以毫、秒、分、时为尺度。

1. 思维时空模式的习得

人并非生而知之,是学而知之。以原始人类狩猎常用的投掷动作为例。弹道运动程序的发生要求人具备一套认知策略:最早期的学习——刺激——反应联结信号学习、动作探索、语言联想;通过学习识别客观事物并分类;识别分类而后产生概念如石头、鸡毛、大、小、轻、重……在概念的基础上形成规则,如投掷产生弹道运动就有许多思维规则(如捡取适合的石头,而不是树叶或其他,判断目标情况……)人掌握了投掷弹道运动的规则就可以解决问题形成更高级规则:打击猎

物、敌人、保护自己,保卫部落、氏族,保卫祖国……这些都是高级规则。这是一个自下而上,由简单到复杂的认知过程。

2. 思维模式的实现

从思维和动作的关系角度考虑,思维是感觉和记忆的综合(已发生的运动),也可能是尚未发生过的运动(也许绝不会发生)。它们一掠而过,大多数是一闪念。比如你投掷一块石子或打树上一群鸟中的一只,你的脑海中必定生成几个弹道运动的时空模式。而且你最后会选择一只鸟、一个投掷思维模式,成为现实的弹道运动。

时空模式的竞争有一整套特征:清晰的模式→模式的复制→通过误差来建立模式的异体(误差来源于经验与现实的比较)→竞争→通过多一侧面环境来影响复制竞争。这种复制竞争环境似乎是记忆和现实两部分的综合。

脑借助于一系列传向肌肉的神经冲动而产生投掷运动,每一块肌肉在所不同的时刻被激活,所有参与动作的肌肉在时间上作了精细的安排被激活。每块肌肉激活是瞬间的,全部激活按序列连贯一气,实现了运动。一种运动就是一种时空模式。一种简单的模型是:每种运动程序有几种拷贝,每一种拷贝在大脑中竞争空间。

有一则寓言说明了思维模式的竞争。

一头驴子遇到了 A、B 两株青草。它在 A 草前想到要吃 B 草;走到 B 草前,它又想到要吃 A 草。于是,驴子在 A、B 两株青草之间来回奔走,最后饿死了。

人可以"犹豫",但不能"不决"。思维作为人体器官——脑的活动运动,必然具备物质的一般属性:时间和空间。在脑中的某些时空模式可称为大脑密码——早期教育留下的印刻记忆;一种大脑密码可能是脑中表达一个物体,一个动作或一个抽象的活动时空模式。贾宝玉第一次见到林黛玉,为什么有似曾相识的感觉呢? 这就是大脑的时空密码。

3. 进化的思维

父母说:现在的娃娃特聪明,人小懂得事不少。这就是人类思维进化的结果。从学校教育看:高年级课程下放,信息社会知识爆炸的冲击,人们必须在较短的时间内,获取更多的知识;从技术手段看:当今人类信息交流快速,不受时空限制。不是人大脑神经系统更发达敏锐(相反比古人多近视眼),而是文明在进步,信息技术发达。

近一百年来,科学家才意识到思维模式也可重复复制。这种复制通俗地说就叫文化教育传承。文化的两重属性：①按时序层叠累加，记忆——"我"的经验又回归于"我"拥有它们的个体。这是我的自身的感觉的由来。人脑胜过电脑，它会强制自动保存信息，也就是所谓的"人生阅历"。②在原有的基础上自我更生。更生的原理：复制误差重新组合产生新的思维模式，竞争选择以适应环境的变化而求得生存。生物脑"狗急可以跳墙"；人脑"急中可以生智"；机电脑只能"按部就班"，否则就"死机"。人脑神经系统能够适应外界环境的变化设计出自己的小模型，在未来的情况出现之前做出反应——利用过去的认识来与未知的将来打交道。人类能模拟动作的未来进程如军事演习、反恐演练、登陆火星预想等。新闻报道：2010年6月3日，在俄罗斯一航天研究中心，科学家开始模拟人类飞行去火星的生活实验，中国科学家王跃是成员之一。预计2011年11月23日实验结束，科学家们大约要在封闭环境下生活520天。感兴趣的读者请留意此事。

4. 时空模式的转换

赫布相信两种记忆：①短期记忆，心理学上又叫"工作记忆"持续时间不超过一分钟，而且与由环境事件所引发的反射神经活动相关联。一次经验多次重复，此经验就会储存为长期记忆。②长期记忆，它由短期记忆转化而来，这一转化过程叫凝固作用。复杂的大脑结构中起记忆凝固作用的核心在海马。研究表明：如果这期间发生了创伤经验，那么短期记忆将无法转化为长期记忆。

长期记忆可能是一种空间模式，类似电脑的硬盘、光盘、音乐的曲谱等硬载体。短期记忆的时空模式，即短期活动形式，类似于电脑内存，停电后就会即刻消失。凝固为长期记忆的本质是人脑神经系统突触的强度加大，使大脑皮层倾向于产生一套固定的空间模式。"人脑印记"机制就是这样：暂时的印记"摹写"在永久的印记之上。

对人脑奥秘的探索，我们又清晰了一点：复制、变异——为工作空间发生的可能的竞争（选择）——影响竞争的多侧面环境（客观实在和主观虚在）——新一轮复制、变异建立模式异体。思维活动——一个动态的达尔文过程，这就是我们人类的精神生活。

复制、重复是学习的必要。

第三节 语言开启智慧之门

一根杠杆加一个适合的支点,你可以撬动巨石,甚至地球,人类体能得已放大到无限。语言,智力的工具同样使得人类思维能力无限。人类超脱于动物界,不是因为体力,而是智力。语言伴随着人类的起源,但没有物迹的考证。文字产生于语言之后,标志着人类由野蛮走向了文明。

一、语言与治理进化

电视节目《动物发明家》有这样的镜头:猴子前肢抱举石头砸开坚果,吃果仁。它发现花豹潜伏来袭,急忙爬上石壁高处,向花豹子隐藏处推下乱石,最终将豹子赶跑了。显然,猴子会思维,有智慧。智力不独属于人类。在进化的竞争历程中,因为语言,人类思维能力却独步领先。人类进化产生语言是智力的一次质的飞跃。我认为使用语言工具才是人类超越动物的标志,而不是使用实物劳动工具。

人类书面记录的语言材料只有几千年,在之前上万年的声波语言情况,没有实物化石的考据。我们几乎一点也不知道。我们每天使用语言,但要给语言精确定义却很难。有人认为语言的本质是"告诉另一个个体他或她从前不知道的某些东西的能力。"韦伯斯特(Webster)大学辞典用"约定俗成的、涵义明了的动作、声音、手势,或符号来进行思想或感情交流的一种系统化手段"。从信息论的角度界定,我认为语言的本质就是信号的有序列性。因为有序,所以有义。语言是以语音为外壳、以词汇为材料,以语法为规则而构成的体系。

语言通常分为口语和文字两类。声音作为语言的传播手段是人类进化的必须。听觉优胜于视觉,不受黑夜的限制,声音传播距离、速度大于视觉,可越过障碍物,可以一边劳动,游戏,一边语言交流。口语的表现形式为声音;文字的表现形式为形象。口语远较文字古老。通常娃娃也是先习得口语,后学习文字。口语是符号,它以语音为物质外壳、语义为意义内容,音义结合的词汇建筑材料和语法组织规律。文字是语言的视觉形式。文字突破了口语所受空间和时间的限制,能够发挥更大的作用。

作为人类特有的符号系统,语言有三个方面的功能:第一,语言是思维的工具。它作用于人和物的关系时,是约定俗成的表征符号。相对于自在客观世界而言,语言是人为的抽象符号、由实到虚,增加了虚的成分,是一种客观虚在。有了这种语言的客观虚在性,人类就可以"命名"复杂变幻的世界物质,用符号标记实物。一般来说,人们在深思熟虑进行思维时,要借助于语言工具,特别是抽象逻辑思维。思维依赖"概念",对应语言就是各种"词"。

第二,语言是交际工具。应用于人与人的关系时,语言是表达相互反应的中介。语言交流背后的本质是思维的交流。交流是人与人之间的往来接触、互相传递和交换信息。从本质上说,人是社会动物。在生产、生活中人们必须联合起来,组成集体,这就需用语言来传递和交流信息,以协同人们的共同活动。一些动物也有"语言",实际上是一种声音信号、一种天生本能,而人类语言变幻无穷,必须通过传习才能获得,其复杂程度非猿声鸟语可比拟。一个人要告诉另一个人自己的思想必须使用语言工具。语言表达思想,是思维的物化,由虚到实、增加了实的成分,叫主观实在。没有货币,人们只好"以物换物",没有语言,人们思维根本无法交流。

第三,语言是积聚知识的工具。作为文化信息的载体,语言跟货币一样具有累积存储知识的功能。从口耳相传到文字记录,语言把人们认识活动的成果,思维活动的结果用文、字、词、句等累积存贮起来,记载并巩固下来。现在信息社会,又增加了网络用语符号、音影像、视频等工具。在语言里保存和反映了前人经验,后人通过学习可以快速掌握前人积累下来的知识,不必一切从头做起。从整体考察,积累知识是一种社会记忆,推动着社会走向文明进步。

语言和思维是密不可分的。在人类进化的历史中,大脑思维机能和语言相互促进;语言是思维的载体、物质外壳和表现形式;人们使用语言进行思维。语言是人类智力的创造,只有人类有真正的语言。许多动物也能够发出声音来表示自己的感情或者说在群体中传递信息,但都只是一些固定的程式,不能随机变化。只有人类才会把无意义的语音按照各种方式组合起来,成为有意义的语素,再把为数众多的语素按照各种方式组合成话语,实现了用有限语音、词汇,进行无限形式的组合,从而表达出无穷变化的意义。

反过来,语言又助进了人类思维机能,大大提高了人的认知能力,因为有了语言,人类不仅认知具体实物,而且能认知事物抽象的本质和规律。人类逐步称霸地球,不是凭借体能,主要靠智力、智能。智力开发离不开语言这一工具的使用。印度婆罗门教经典《吠陀》中将语言视作母牛而呼吸是公牛,由语言和呼吸产生了"人心"(思想感情)。我认为语言更像古希腊神话中大力士安泰锻炼体力的小牛。小牛和安泰一起成长,创造了力量的神话。语言和智力(思维能力)是一种共生同长的关系。大脑器官使用语言工具后,创造了人类智力的奇迹。

总之,在人类智力演化或者说社会文化进化的历程中,从猿到野蛮人、文明人、现代信息社会的人,对应产生了口语、文字、计算机网络用语等。

二、思维的语言:脑语

敬爱的读者,你在用什么语言思维呢? 中国普通话、家乡方言,或一门外国语。试想不用语言,你可以思考吗?

前面定义了思维是人脑的机能,这里我们有必要进行探讨思维、思想、意识的关系。意识是"总体、开关、智慧灵光";思维必须在你开动脑筋之后(如电脑的"点亮"),是指用概念、判断、推理等形式反映客观现实的过程。一个人丧失了意识,没有知觉,就谈不上思维、思想,如同突然断电,电脑关机。如此界定,思维只是意识的组成部分,叫思维意识。在这之前的感觉、知觉、表象等反映现实的过程,叫前思维意识。思维的结果则是思想,它与主体人的利益、价值相关联。感情、意志、美感等形式现实的过程叫外思维意识。通过这些分析我们知道,思维是在人脑"醒"的情况下,人脑处理信息的过程。

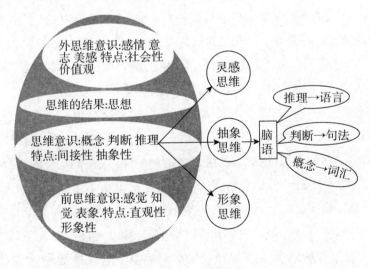

意识·思维·语言的关系

什么是信息? 如果以人为中心(本),人超越动物在于"自我意识"——人命(社会性)。世界上会照镜子的动物不多,人却喜欢照镜子,那么信息的特征是实无虚有。镜像即实无虚有。信息就像"影子"一样,包括视觉、听觉、味道、触感……思想的影子,甚至于影子的影子(两个人,一人一个桃子,他们交换后仍然是两个桃子;一个人思想与另一个人的思想交流后,会产生新的第三个思想)即重影。对实物而言影子是虚无;对你脑子中的思维而言,影子是实有。现实中,光子与影子紧密相连。形象地比喻:思维就是抓住"影子",处理加工"影子"的艺术。

思维过程三个阶段(前思维、思维、思想感情)都离不开语法;思维的三种形式(形象、抽象、灵感)都有语言的参与。居于意识中心的抽象思维使用的语言就叫脑语。过去我们一直混淆思维与脑语。脑语是大脑、声带和耳蜗等一起作用的结果(体会默读)。一个人80%的脑语是不流露出来的,只在自己的大脑中运作。脑语的结果,一是产生语言;二是产生行为。

思维过程——概念、判断、推理;脑语形式词汇、句法、语言(文字表达即文章)。思维是一种信息组合,各种记忆按一定模式(也叫规则)进行组合,模式本身也可成为记忆。思维是不会停止的,具有"流"的特殊性,偶然停滞不前,但还要继续流下去。比如算式:$1 + 2 + 3 + x = ?$ 在环境的作用刺激下,你会调动记忆,按思维规律不断地执行组合,于是产生出所谓的新思维。思维的结果就可以指挥你的行为。比如你看到一条斑马线。你会产生思维流:或许"这是一条斑马线→叫斑马线?→斑马线是行人穿越街道的标志→《交通法》→牵娃娃的手";"有车开过来吗?→现在过?还是等下?看交通信号灯……"这些都叫思维模式,又叫意识流,你的大脑调用存贮的记忆进行组合。思维的结果即行动。快步走到对面街道后,也许你已忘掉了刚才的一切,新的信息刺激下,你又产生新的思维。

思维模式控制行为方式。人们通过行为方式来判断另一个人的思维,所谓"听其言、观其行"。思维模式的多少决定一个人的智慧程度。思维模式多也即见多识广,知识丰富的人,其思维结果更好,行为少差错。思维模式少即孤陋寡闻的人往往思维欠周全,行动容易犯错误。比如一个没有城市生活经验的人,他可能随意穿插公路,或从后门上公共汽车而遭遇他人白眼。同样农村生活也有独特的思维模式,比如揣着饭碗到隔壁家串个门很正常,并没有侵犯他人隐私空间的说法。曾发生过这样的故事:一个城里小娃娃回到乡下老家过年,他把煤块叫黑石头,正在燃烧的煤块叫红石头,认为红石头和黑石头一样可以动手抓了玩,手指头被炭火烧了一个小疱。结果小娃娃深刻理解了"煤炭火会烧伤人手指"这一思维模式。

上述事例说明了思维模式形成的三个步骤。第一步是命名。当你遇到"新生事物"时,首先给它冠名:煤块、斑马线、中国象棋、某物种、某星体、某人、某事等等;第二步是判断,也叫迈步、步骤。煤炭可以燃烧,黑石头不能,中国象棋规则"马走日,象走田,皇帝不出宫",MP4听音乐;"纳米"不是米,微信可以微微信一点等;第三步是推理,推论物事的性质。炭生火,火灼手,手不能直接抓炭火;象棋游戏两人对弈,一人走一步,直到吃掉对方"皇帝"为胜;隐形飞机不是肉眼看不见,而是雷达探测不到等等。有了思维模式,人们就掌握了事物的某些方面规律,可以指导人们的行动。

语言不等于思维,包括脑语,但真正的语言必须作用于思维。作者写的本书就是"我"的思维物化成文字的结果(主观虚在转化为主观实在)。

语法　"为了使我们能说和听懂新的句子,我们的头脑中必须贮藏的不光是我们的词汇,而且还得有我们所用语言的可能句型。这些句型所描述的,不仅是词的组合形式,而且也是词组的组合形式。语言学家认为这些形式是记忆中存贮的语言规则。人们把所有这些规则的组合称为语言的思维语法,或简称为语法。"(杰肯道夫《思维的模式》)。语法是人类智力水平的一个重要基础。掌握语法,人们交流信息、思维才有统一标准;人与计算机对话,用各式各样计算机语言,也要有严格的语法。语法包括词法、句法、语音等。

句法　句法是你对事物的思维模式中一种关于相互关系的树型结构,它远远超过了通常的词序或前述的语法的"定位"作用。有了句法,言者能够把关于"谁对谁做了什么"的一种思维模式迅速地传递给听者。如"狗咬小明"。你可用句法来构筑巧妙的思维模式,包括什么是什么、谁对谁怎么样、为什么、何时、何地、用什么方式等等。如果你要传递思想,你必须把你的思维模式转译成为语言的思维语法规则(这种规则将告诉你如何对词加以排序或曲折变化),从而使听受者能重建你的思维模式。最重要的是在听受者的脑海中要重新建树你的思维模式。为了把一串词汇解码,达到与你本意近似的精神理解,关于你的信息,听受者需用相同的思维语法。

句子的主干和枝叶　句子是交流思想的最小的语言单位。如果把语言比喻森林,句子就是树木。在一个句子里,主、谓、宾好比树的主干,定、状、补则是枝叶。句子的主要意思靠主、谓、宾来表达,但也少不了定、状、补来修饰。如"我去了哪间教室一趟。""我还去了哪个农场一趟。""东风送我万千树,我为春天写首诗"。

词序和句意　句子由词组成,包括标点符号。汉语对词序的要求比较严格,语汇的排列位置不同,句子的意思就不一样。如:"屡战屡败"与"屡败屡战""道可道非常道"。

歧义的产生 说话或写文章要求句子表达的意思确切明白。但有时一句话可读出两个以上意思，就产生了歧义。某经理对秘书说："下午四个工厂的代表要来参观，请你准备一下接待工作。"同一短语有两种结构层次引发歧义。又如"他这个人谁都认识。"语法关系不同产生了歧义。歧义是思维模式没能被语法成功转变翻译。

反话 思维模式与语言表达相左或正好相反。如从前人们打招呼："你吃了吗？"本意是"你好"并非真想请你吃饭。反话，机器人理解不了，有时候"二百五"、木头人也意会不到。

习惯用语 在日常谈话中，有的话并不符合语法，但人们不仅能理解它们的含义，而且也不认为是错误。如"晒太阳。"思维的真实是"被太阳晒"。"这件事非得他去。"字面意义："这件事不得他去。"思维真意是"这件事非他去不可。""这件事只能他去。"用语法来分析、判断一句话是否正确，在多数情况下是可以的，但有时要服从语言习惯这个"法官"，而不是语法。

语言是个约定俗成的系统，只要大众认可就是正确的。我想当前的一些网络语言，将来也会获准承认写进汉语词典。语法是人们从语言活动中总结出来的遣词造句的规律，它说明语言的过去，却不能限制语言的现在和未来。语言又总是在发展变化着，如果说80年代的"万元户""倒爷"；现在的网络流行语"雷人""杯具"(悲剧)、给力、点赞等，总是会出现一些不合法的"东东"。出现多了，大家就承认这个错误，约定俗成，对与错，一切由人说了算。

脑语与嘴语 脑语是产生于人脑内的语言。长期以来，我们误把它等同于思维，其实它是由人脑、声带和耳蜗等共同作用的结果。脑语的外化：一是产生语言，二是产生行为。一般人而言80%的脑语不表露出来，只在大脑中运作，也即人有许多的空想、幻想、梦想，并没有显现。脑语被嘴表达出来就叫"嘴语"、书写出来就叫书面语言、比划出来就叫手语、数学研究就叫数学语言、绘画就叫绘画语言、写成计算机程序代码就叫计算机语言等等。思维可以有许多表达方式。对一个问题的思考，不表达也是一种"表达"叫"沉默是金"。

脑语和嘴语并不一致。①脑语和嘴语在表达时失真。这就是"误会"。目前，人脑之间还没有达到意念沟通的技术水平。人们必须借助语言和行为工具来沟通思维。②嘴语不是脑语的唯一表达方式，因为脑语还可以通过肌肉群来表达：我们的行动。语言能力是一个人能力的重要组成部分。

三、语言与娃娃的智力开发

语言不全等于智力，但语言与智力关系密切。语言与智力的核心思维有很大的关联性，一致性，是锻炼思维、开发智力的重要手段。语言是儿童智力发展、飞跃的翅膀。人们常常根据娃娃说话能力的发展水平大致推测其智慧水平。语言发展好，今后智能水平高就有了可能，因为娃娃接收和输出信息的质量高。早期语言的发展影响终身。

由于人类生命的"早产"，初生的婴儿能力往往还不如其他动物初生的幼仔。智力方面，1岁的婴儿就不如同龄的黑猩猩，观察力、记忆力、思维能力等都不如黑猩猩。但此后的发展，人类幼童思维能力很快就超过了黑猩猩。根本原因在于人逐渐使用了语言，"拿起"了语言这门工具。娃娃的脑细胞是由生长环境中所见、所闻、所感等所得的刺激来重复刻画或刻划而加深印象，因为这些刺激使脑细胞获得成长，并直接影响着娃娃的语言发展。

语言发育有三个过程：①娃娃的发音阶段。②理解语言阶段。③语言表达阶段。训练娃娃说话要抓住两点：第一，早。娃娃出生后就可以训练引导发音，要不断地和娃娃交流，把语言信号留在娃娃的脑海里。第二，实。娃娃学习语言阶段，需要直接、生动、形象的刺激，最好是实物。实物具有全息性。书本中的词汇是抽象的，即使《看图说话》之类，给娃娃的信息也只有视觉和听觉。

婴幼儿语言与思维发展的一般情况表

阶段	语言表现	思维表现
发音阶段	①3个月前，只能发 ei ou a 等几个简单的声母音 ②3个月后，发音增多，声母和韵母结合，产生字节、单词读音，但不确切、不稳定。	①视觉不完善、混沌状态的本能。 ②视觉发展，混沌初开。比如"灯"专指自己家里哪一盏灯，换个地方、换种型号样式的灯，他或她就不认识了。早期婴儿认"熟"，不认"生"。
理解语言阶段（也叫学话萌芽阶段）	①9个月到1岁，开始模仿成年人发音。 ②当看见实物时，会手指并发出声音。如手指他或她专用的奶瓶、玩具。	概念与实物对应，并理解实物的部分属性、功能。

阶段	语言表现	思维表现
语言表达阶段（也叫学句阶段）	①1岁到1岁半，这一时期语言和思维互助，智力发展最快。 ②发音器官发育成熟、完善。 ③字→词→说出简短句子，如"妈妈上班""再见"等。	①把语言和具体的事物结合起来，从无意义的发声符到有意义的词汇过度。 ②概念词不仅特指某物，而且有了抽象概括："一名多物"见白发老年女性都叫"奶奶"；"一物多名"明白宝宝、乖乖等昵称都是指自己。

语言的使用　人不仅通过具体事物进行思维——形象思维，而且用语言来概括具体事物的本质——有概念的抽象思维。人脑天生就做好了句法所需要的树形结构，就好像娃娃1岁左右会直立行走一样，1岁左右娃娃开始模仿说话。人脑中存在着一个"语言模块"，它位于大多数人左耳上方的油区中，"通用语法"可能在出生时便布线其中。人类幼儿天生具有两种内驱力：①学习新词。据统计这一时期，娃娃每天能学会20多个新单词。②发现规则。在脑发育到合适的时候，在皮层中会自行组织成一个语言区，并使用在哪里混合结晶出语言。我们观察到，1岁半以后，娃娃语言更是加速度地发展，发音越来越准确，句子类型越来越多，思维越来越复杂。第二信号系统迅速建立起来。这一段时期，娃娃语言不仅"约定俗成"，而且"约定速成"，生活环境语言与娃娃的语言系统快速"约定"——这就是母语。娃娃语言系统发育的一个关键期，如同计算机的字库系统安装一样，"娃娃从小听什么语言，他或她就用什么语言思维，也就用什么样的语言说话。"娃娃是语言天才，短期内就能适应环境语言。语言的内驱力助使人类的智力显著高于猿类。没有语言就没有抽象概念，进而不能认知事物的本质，把握不住事物发展的规律，只有立体形象、声音感知，而没有"意义"。如此人类只能像动物一样停滞在适应自然环境状态，而不能改造自然界。明朝时，明成祖朱棣篡夺了建文帝的皇帝大位。为了保住皇帝宝座，朱棣把建文帝小儿子朱圭带到北京关在一间小房子里，管吃管穿，封锁一切外界信息。朱文圭从2岁到55岁过着只有一个人的孤独寂寞生活。等到放出社会时，他成了一个"见牛马，亦不能认识"的高贵的生活白痴。他像动物一样只有心理，没有自我意识和思维；只能发出声音、信号，没有语言和社会信息处理功能。朱圭的悲惨命运证明了：在人的社会化过程中，学习教育的作用极其重要。

四、读写:智力的再一次飞跃

对文字的读写是智力发展的再一次飞跃,人类智力进步的第二块里程碑。语言使人超越动物猿进化为智能人;文字的发明促使人类从文盲时代(蒙昧野蛮)走向了文化、文明;计算机及其网络又使人类迈进了无限沟通的信息时代。

汉字从形成到现在,至少已有四千五百年了。三千年前产生的甲骨文已经能够完整地记录语言形成完整的文字体系。汉字经历了由甲骨文→金文→籀文→小篆→隶书→楷、行、草等演变过程。由繁到简,符号性越来越强。俗语说"好记性不如烂笔头。"文字在促进人类智力、智能发展方面功能强大。①可以记录,累积思维成果。②掌握了文字的读写,你就可以自由进出人类千百年来存储的知识宝库。娃娃早有"读写"这个法宝,智力就早获得开发。一旦掌握了"读写",娃娃就可以与不在身边的人对话,他或她就可以自己学习,自动给大脑安装程序,更新软件版本。

一句话,文字读写能力让娃娃打开了"精神食粮"的金库,智力再次起飞。

【知识感悟之三】

关于人智

《现代汉语词典》描述"人"的第一要义:能制造工具并使用工具进行劳动的高等动物。人制造使用工具超越一般动物而成为高等动物,关键节点在于"智慧出"(老子语)。

本书的概念采用最本源的起始古义。说到"智",先要说道"知"。

"知"由"口""矢"组合,义为像射箭一样"说得准"。远古时代的人们,生活每天都面临许多未知的情况:占卜、气候、地理方位、狩猎等。一个人每天都能够预测得准确,能"一语中的",人们就公认他智力强。段玉裁:"识敏,故出于口者疾如矢也。"

"智"是知的后起字。智,从日,从知,知亦声。智就是生物大脑神经系统的功能。动物只要有大脑神经系统,就有智的表现,只是智力的强弱量度不同。人智即人的大脑神经系统功能。

迄今,人的智力强度远超于一般动物的智力。

老子语:"智慧出",有大伪。慧与智搭档,智(人脑神经系统)的功能表现就是脑指挥手发明了工具(编织扫帚的心即慧),并使用工具。相传酿酒技术的发明人杜康,还发明了畚箕与扫帚,算得上是个有智慧才干的人。"慧"字的创意就是描画一个人懂得"制作扫帚",其"心"智必定慧。一个人能利用竹枝、树枝、高粱秸秆等普通材料制作出有使用价值的工具,他就是有智慧的人。这是人类最早的工匠、工艺大师。现今,我们不也提倡工匠精神吗?有人说:科学家追逐梦想,工匠实现梦想。他们是智与慧的结合。

第四章互动话题

1. 思维是否能离开语言?你通常用什么语言思想?

2. 写作与讲话是不是一回事?

3. 你与父母长辈有共同语言吗?是否有代沟存在?为什么?

4. 记和忆是怎么样发生的,为什么记忆要"一回生,二回熟,三回巧"地重复?

5. 你是否记得三天前吃过的晚餐,为什么?

第五章

电脑是加工信息的机器

题记:计算机为什么又叫电脑？因为它是人体器官大脑神经系统的模仿与延伸。

进化呈现螺旋式重复上升的阶梯和"更上一层楼"的阶层模式。在化学进化层,复杂的化学分子产生生简单的生命起源,生物进化开始,上升到生物进化阶层。在生物进化层,简单的生物发展为高级的生物,产生了人类这样的最高级智慧生物,进入更高一阶层的社会文化进化。在社会文化进化层,天然生物进化趋于停滞,让位于社会文化进化。文化即人化,它离不开人类劳动及工具。工具是社会文进化的水平标尺。目前,最先进的标志性工具是电子计算机,俗称电脑。

第一节　人类劳动及工具

人劳动即人制造和使用工具改造世界。人类社会生产是各种生产要素协同作用的过程。各种生产要素之间有不可割裂的相互关系,它们相互促进,其中起决定能动作用的是人的智力。

一、人与劳动的关系

"人劳动"是主语和谓语,或者是主体人动作的关系。劳动是人的劳动——专属于人和人类社会的范畴。它是整个人类社会生活的第一项基本条件,是人类社会区别于动物界的标志。没有人就没有劳动。劳动中,因为智力精神,人居于主动、能动的地位,是人赶着牛走,绝不能牛赶着人犁田。

人是劳动的人——马克思主义认为:劳动创造了人本身。劳动是人类社会从自然界脱颖而出来的基础,这是长期的进化过程。按照达尔文进化论"用进废退,适者生存"原则,人类在劳动中。各种身体的器官得已进化如大脑的发达,语言的产生等。没有劳动也就没有人类进化、进步。正是劳动体现出人的主观能动性。

总之,劳动是人创造自我内、外存在的活动。或者说:人类劳动在在改造客观世界的同时也改造主观世界。

劳动是人类创造物质或精神财富的活动,按使用器官的不同分为脑力劳动和体力劳动。任何劳动都有人的体力和脑力参与,以四肢躯干支出体力为主的叫体力劳动,以大脑等感觉器官为主支出智力的叫脑力劳动。人类劳动方式呈现两个发展趋势:①体能支出越来越少,智能支出越来越多。②劳动力投入产出比越来越高,效率提高。劳动由简单到复杂发展。复杂劳动数倍乃至百、千倍于简单劳动,如袁隆平的杂交水稻研究。劳动创造文明、创造财富,促使人类发展,推动历史前进。劳动给地球留下深刻的人工印记。

劳动衍生出游戏和战争,或者说它们是另一种形式的劳动。游戏、战争依赖于社会生产劳动,于是有军事工业,游戏产业。游戏是儿童劳动的演习。战争在破坏劳动成果的同时,也促使生产力水平的提高。

二、人与劳动工具的关系

"人劳动,制造并使用劳动工具。"

第一层理解:人劳动制造工具。工具是劳动的孩子。所有工具都要劳动来生产,是劳动消耗后的"物化"。工具凝结着人类体力和智力。

第二层理解:人劳动使用工具。为什么要使用工具? 工具可以反过来帮助劳动降低耗费、提高效率。

第三层理解:人类制造使用工具的过程永无止境。劳动的内部矛盾就是人要求劳动能力的提高与劳动工具缺陷。人类不断积累与重复劳动,不断发现和创新劳动工具。劳动内在矛盾斗争表现为劳动与劳动工具的螺旋上升及不断扩展的生产对象。总之,劳动与工具是不可分割的。工具的全称就叫劳动工具,是指劳动者用来对劳动对象进行加工的物件,是劳动者与劳动对象发生关系的中介和导体。

从主体人的角度考察:工具是指动物利用外界物体作为身体功能的延伸。人不是唯一使用工具的动物。动物学家观察到许多动物(黑猩猩、猿、猴、秃鹫、缝叶莺、海獭等)都有使用工具的现象。动物使用工具既有先天的本能,又有后天的学习,但大多数情况下是通过学习获得的。人区别于动物不仅在于使用工具,更在于人类可以制造工具。

人的身体器官有自身的局限性,在力所不能及的情况下,产生了工具。人适应地面生活后采摘不到树上的果子,手中的树枝就是工具,投掷石块驱赶猛兽、石块就是武器;搬来树木过河,树木就是桥梁;用藤条打个结记录一件大事就是"结绳记治"文化……最广义的工具是人体器官机能的延伸。

工具:原指工作时所需用的器具,后引申为达到、完成或促进某一事物的手段。"原指"理解是人——与物的关系,"引申"理解是主体"自我"与"非我"的关系。

狭义地理解,工具是方便人们完成工作的器具,它可以是节省体力的机电性的,也可以是帮助记忆,计算等智力性的。无论何种工具都是体力和脑力结合劳动的产物,反过来又促进劳动效率的提高。任何工具都离不开人智力的发明创造。从前的工具以放大体力为主,智力工具较少。最简单的工具也有智力的成分。如一根木棍可以当杠杆使用,力点和支点的选择就需要智力。智力的成分越多,工具越复杂,其工效也就越显著。以计算机为代表的信息处理工具,如今已渗透到了社会生产、生活的各个领域。计算机是当今社会"通用智力工具"。

广义地理解,工具扩展为手段,那么以"自我"为中心,我之外的一切"非我"都成了手段。于是人人成了手段和工具。人的发展过程有明显的工具化倾向。社会分工,社会阶层的产生,人只能是社会机器的一个部件,必须"我为人人,人人为我"。人的工具性是人类发展过程中必经的阶段,但又是必须扬弃的阶段,扬弃的唯一

途径就是人的全面发展。在人没有成为全知全能之前,人的工具性要求人类必须形成团队精神。

最后,《现代汉语词典》这样解释人:"能制造工具并能熟练使用工具进行劳动的高等动物。"高等动物 + 工具 = 人。

三、工具是人类文明进步的标志

作为主体自我对"非我"的世界进行不断地探索。这种探索或者说认知过程是与工具的制造、使用紧密联系,相互促进的。

宇宙世界有三种属性:物质性、能量性、信息性。这里我们可以判定:认知就是信息。信息是主体获得的与客观事物存在及其变化有关的有意义的刺激。知识是与客观事物存在及变化内在规律性有关的系统化、组织化的信息。人类探索自然世界,获得知识,制造工具。人类发明的第一件工具——语言,它就是加工传递信息的。马克思说:"语言是思维的物质外壳"。在电话出现之前,语言通过空气等介质传播。与语言概念这种虚物相对应的是实物。人通过五官感知、认知实物。

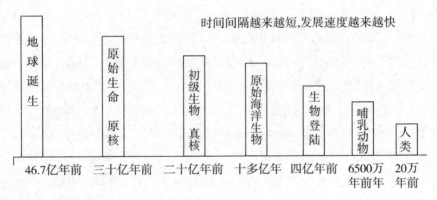

美国伊利诺大学考古学家安布罗斯研究发现:从 250 万年前到 30 万年前人类只能够制造简单工具,进化速度相当缓慢、漫长。到距今 30 万年前左右,人类开始学会制造复杂工具,人类进化呈现加速度状态,大脑中专门负责复杂任务的前叶部分同复杂工具、语言语法呈现同步发展的现象。

除语言外,人类进化的又一个突破是发明双手使用的工具。通常人一只手主要起稳定作用,另一只手施力,从此人类脱离了猿人时期,进入前现代人阶段。

制造和使用多部件工具促进了大脑功能的发展,并为语言的进化提供了基础,因为制造复杂工具需要提高动作技能,并具备解决问题及制定计划的能力。复杂工具制造使用、人脑神经系统和语言丰富发展三者相互促进使人类演变进化成为今天这个状态。

工具的使用标志着原始技术的萌芽,人类创造自身的开始。

人类进化与工具

人类进化	实物工具	信息工具	能量使用	绝对年代(万年)
直立人	旧石器时代早期	语言	天然火(170万年)	300—30
早期智人	旧石器时代中期		人工取火	30—5
晚期智人	旧石器时代晚期	洞中岩画	5—1B·C	
现代人	新石器时代		1—0.4 B·C	
	青铜器时代	文字记载		0.4—0.1 B·C
	铁器时代			

　　人类进入有文字记载的文明历史只有五千余年,生物性进化几乎停滞,而文化进步却迅猛发展。人类社会文化进步由低级向高级大致可分为三级:第一级是渔猎、游牧、农耕文化。人们以体力劳动为主,向大自然索取实物。第二级是在农耕文明基础上产生的工业文化。为了放大体力,节省体能,人类发明了各种机械、机电,开发利用各种矿物能源。工业文化的实质是解放人类的体力。在农耕文明、工业文明基座上建立起来的信息文化是第三级。信息社会的到来以"人类通用智力工具"——计算机的诞生为标志,随着信息互联网络的普及而突显其伟力。信息文化(狭义地叫计算机文化)的实质是解放人类的脑力,其特点与传统工业文化相反,是知识经济、低碳经济。今天的信息社会建设在农业的物质、工业的能源之上,同时也是千百年来人类信息科学与技术成果的必然。

　　人类处理和利用信息的形式不断地产生变化。迄今为止,人类社会已经发生五次信息技术革命。第一次信息技术革命:语言的创造;第二次信息革命:文字的发明;第三次信息技术革命:造纸和印刷术的发明应用;第四次信息技术革命:电报、电话、传真、电影、收音机、电视、照相机等;第五次信息技术革命:电子计算机与互联网。

知识拓展

1. 什么是信息数字化?

答:信息数字化就是将外界输入的信息转换成电脑能够识别的二进制编码。

2. 什么是信息化?

答:信息化是指培养、发展以计算机为主的智能化工具为代表的新生产力,并使之造福于社会的历史过程。智能化工具又称信息化的生产工具。它一般必须具备信息获取、信息传递、信息处理、信息再生、信息利用的功能。与智能化工具相适应的生产力,称为信息化生产力,它是迄今人类最先进的生产力。

信
息
{
① 信息网络体系:信息资源,各种信息系统、公用通信网络平台等
② 信息产业基础:信息科学技术研究与开发,信息装备制造、信息咨询等。
③ 社会运行环境:现代工农业、管理体制、政策法律、文化教育等。
④ 用积累过程:劳动者素质、国家现代化水平,人民生活质量提升等。
}

文明进步与信息科技

时间(年)	信息科技重要发明
前 3300 年左右	(巴比伦)发明了楔形文字
前 2000 年左右	(埃及)实行十进制记数法
前 1300 年左右	腓尼基人(地中海东岸)制定了最早的字母文字 22 个(无元音)
前 1250 年	(中国)已能制作毛笔
105 年	蔡伦(中国)制成"蔡侯纸"
235 年	马钧(中国)制成指南车
876 年左右	印度开始使用"0"(零)记号
1041—1048 年	毕昇(中国)首创活字印刷术
1350 年左右	中国开始应用珠算盘
1837 年	莫尔斯(美国)制成第一个实用电报机
1876 年	贝尔(美国)发明实用电话
1877 年	爱迪生(美国)发明留声机,实用录音技术开始
1913 年	传真机、有线电话网
1920 年	美国建成世界上第一座无线电台、收音机、无线电网
1935 年	美国开始播送彩色电视
1940 年	德国柏林电视台投入运行
1945 年	伊尼亚克(美国)电脑制成,标志着计算机时代的到来
1958 年	集成电路、CRT 显示器、电脑控制火箭发射、猫(modern)
1960 年	高级语言 cobol
1964 年	图形系统、人工智能、网络分组交换
1967 年	半导体存储器、软盘、鼠标
1969—1970 年	Unix 操作系统、关系数据库、arpanet

续表

时间(年)	信息科技重要发明
1971 年	电子选台技术(遥控器)微处理器芯片、NASDAQ 数字化股市、电脑游戏、C 语言
1972 年	电子邮件
1974 年	以及网 TCP/IP 论文
1975 年	液晶显示器、激光打印机、科研网、军事网部署
1976—1977 年	游戏机,苹果个人电脑
1981 年	IBM 个人电脑,超大规模集成电路
1983 年	手机(当时叫大哥大)
1984 年	图形界面微机(windows 窗口)校园网
1989 年	因特网 www
1991 年	Linux 操作系统,多媒体微机
1992—1993 年	微型硬盘(U 盘)数字助理 PDA、java 语言
1994 年	GPS、IPV6
1997 年	MP3 高清电视
2000—2010 年	Ipod 网格研究、普适计算、云端数据库

现代电子计算机不止是一种计算工具了,是一种广义的信息处理机。从此,人类得以跨入信息时代。20 世纪电子技术与数学得到充分的发展,电子技术的改进,为计算机提供了物质上的基础。

第二节 信息工具电子化

题记:计算信息载体从手指到微电子

一、再谈信息

有人近视戴眼镜。某天他到处找眼镜。其妻提醒:"你戴着眼镜呢?"他才幡然大悟,自嘲说:"司空见惯等于没有。"

人类伴随着信息而生息繁衍。可是,人类各民族都没有特别在意信息本身。直到1982年,美国未来学家奈斯比特的《大趋势》始造"信息社会"一词:"我们已经进入了一个以创造和分配信息为基础的经济社会。"

什么是信息?至今没有一个权威的定义。目前统计有100多种信息定义,都说到了一点,都没有说全、说透彻,像"雾里看花"。我们身处信息社会,信息作用益显突出,有必要从哲学、科学、技术三个层面再谈信息。

从宏观的本体看,信息是宇宙的一种性质,它与物质、能量相并列构成客观世界的三大要素。信息是对客观世界及其变化的反映、刻画、标识和度量。仰望星空,闪烁的星光传来宇宙空间的信息,俯察于地,亿万年的沧海桑田表达历史的演迁。一切存在都发出信息,都是信息的源泉。信息就是一切。(杨思基《系统之窗》语)

但是,信息不是存在事物的本身(实在),而是一种虚在,间接地、虚拟地表示事物的可能存在状态。如居民身份证、人事档案、法律合同、风声、雨声等等。它依赖客观存在而间接存在,依赖于客观变化,联系与作用而有了变化、联系与作用。本体论的信息是自在信息。

从认识的角度考察,人言为信:告诉对方,我的存在。有些场合"你不开口说话表态就等于不存在"。没人注意你。"息"是"自"加"心",鼻子的呼吸和心脏的跳动是生命之"息",表明主体的存在。对人而言,信息是自为、再生的,是主体获得的与客观事物存在及变化有关的有意义的新异刺激。信息哲学命题是"我"为观察点的"心物与物"关系。信息以实有、实在、实得三种方式存在。

以人为中心 自我意识之 光!　实得信息(认知)　实在信息(感觉)　实有信息(不知不觉)

人在信息的汪洋中

主观要反映客观世界的运动变化、发展规律。规律的信息概念本质是序位。序位的近义词有——道、理、法。人加工处理信息包含意——人脑的机能、文——符号形象、义——概念涵义,三个基本范畴。意、文、义是信息概念的外延;物的时空序位、文的数码序位、义的类列序位是信息概念的内涵。

人对于信息,从实有信息的不知不觉到实在信息的感觉有一个感觉器官阈值问题:比如肉眼看不到细胞,借助于工具是否能无限感觉呢? 从实在信息的感知到实得信息的认知有一个理解问题:信号不等于信息,密码的破译更要智慧。

从信息科学的角度看:信息的功能性——对不确定性的消除。信息是心理学特别是智力理论中的一个基本概念。信息不是物质,也不是能量,信息就是信息比如你收到家人一条短信"吃饭"。它是信息,不是实物饭,也非动作吃。信息就是对不确定性的消除(维纳语)。手机上"吃饭"两个字符映射你们家吃饭的实物场景。其信息实验模型为:信源(母亲)、信道(电信服务)信缩(孩子)之间的不对称。以三者之间的不对称为基础,可以给信息下三个定义:

以信源为主的定义:信息是被反映的差异(吃饭时少了一个人);是有序性的度量(拟写短信);是系统的复杂性(时间、地点、人物、事件原因、过程、结果等);是通知孩子回家吃饭——发信息。

从信道为主的定义:通信论的符号、交互信息研究,信息是通信传输的内容,是人与外界相互作用的过程中所交换的内容的名称。信道功能:母亲手机发出的符号"吃饭"通过电信服务传到孩子的手机生成显示"吃饭"两个符号——传信息。

以信缩为主的定义:决策论、控制论、智能论研究信缩为主。仙农说:"信息是用以消除随机不定性的东西。信息是作用于主体感觉器官的东西。信息是存在对象同态映射的间接存在。如音影像、文字等。它告诉孩子以前不知道的东西——收信息。

信息的其他解释:信息是报导、加工知识的原材料,控制的指令、消息信号、数据、情报、知识;信息是用语言、文字、数字、符号、图像、声音、情景、表情状态等方式传递的内容。按从物到人,由低级到高级的信息:机械信息、物理信息、化学信息、生物信息、意识信息。电脑目前处在物理信息层,距生物信息、意识信息还有很遥远的距离。电脑的嗅觉、味觉、功能还有待开发。

二、信息的可靠性

当今社会经常有"天上掉馅饼"的消息。判断信息的真实可靠性很重要。

1. 时间蕴涵快慢;空间蕴涵大小;物质蕴涵轻重;能量蕴涵强弱;信息蕴涵真伪。信息客观到主观之间的映射:客观←信息→ 主观。映射就是以一事物属性为形式表达另一事物的属性。如饼→画饼,人→照片,名字,马→小儿骑的竹马。映射作为虚物,虚则有真与伪,真伪可测度。依据不同事物性质真伪度可有不同描述:信息是不定度的减少到逼真度的增加。

混杂度	纯净度
模糊	清晰
未知	认知
无序	有序
疑义	置信

2. 真伪的相对性,信息的真伪是相对的,照片很逼真却不是真人;糖精很甜却没有糖的能量。信息真伪相对性的参考系就是我们认识的客体——客观世界的真实。信息相对性的基本含义:知识信息所反映的客观世界属性与相对客观世界的真实程度。事实表明人对客观世界的认识很难完全符合客观世界的真实。人类知识信息即自为信息和再生信息所反映的客观世界只具有相对的真实性。

信息相对性产生的原因:①客观世界的复杂性;②认识主体的局限性,包括人认识能力的局限性(感觉器官、大脑思维、个体生命)和信息技术工具的局限。

信息系统可分为:①人智力系统和②人工智能系统。人智力是人类认识客观世界的主体。人工智能是人智力发明创造的,它极大地扩展和增强了人的自然信息功能。智能信息系统之间可以联系起来,集成一个更大信息系统,进而极大地增强人类认知世界的能力,提高知识信息的真实性。但是,今天我们人类主体的认识能力对于客观世界的复杂性仍然有局限,是相对的真实。智慧的光圈;已知和未知同步放大原理。你知道的越多,你不知道的会更多。

社会共享知识和个人获取知识具有互补作用,当今社会,我们应该充分利用计算机互联网更新大脑中的信息和知识。

3. 信息相对性的度量指标

①正确性。正确性是度量信息相对性第一指标。如八达岭长城在中国北方。信息没有正确地反映客观的真实,就会发生错误的信息,如从地心说到日心说,创世论到进化论。

②准确性。信息正确,但不够准确,有误差。如火车到站,时刻表显示上午8点到站,实际8点过5分钟进站,误差5分钟。误差越大,信息的正确程度越低。

③全面性。信息没有全面、完整的反映客观事实,可能产生片面的信息。片面的信息可以部分正确,另一部分错误。如气象预报某城市晴天,结果是东边太

阳,西边雨。

④本质性,信息没有反映客观事物的本质。可能产生肤浅,表面的信息,如我国古代的五行说,认为金木水火土是构成万物的基本元素。如俗语云:落地秀才笑是哭,出嫁新娘哭是笑。

不哭

一新嫁者途中哭泣甚哀。轿夫不忍,曰:"小娘子,且抬你转去何如?"女应曰:"如今不哭了。"

——(明)冯梦龙《笑府选》

⑤可靠性。信息可靠性是个概率统计问题。如天气预报、股市分析、未来预测等都像掷骰子一样可以用概率来表达。下雨可用降水概率表达,以免个别人来跟气象播报员较真。

信息正确性、准确性、全面性、本质性、可靠性等度量信息相对性的指标都是从不同方面来度量知识信息反映客观事物的真实程度。计算机等信息处理系统的可靠性极为重要,不可靠的信息可能会造成信息计算和处理结果的错误,导致灾难性后果,如控制宇宙飞船的指令信息差错。全球定位的时空测量标准系统对现代社会生产、生活极其重要。

三、信息技术

人脑是加工信息的器官,它深藏在脑腔之内,通过五官接收传达信息。其中主要靠视觉和听觉。听觉以空气等为介质,通过口——脑的途径传输信息,口语等有声音符号系统。视觉以光为介质,通过手——眼——脑途径传输信息。文字等有形象符号系统。语言和文字是人类加工处理信息的最直接主要工具。现今的数字化电脑是在语言文字工具基础上再衍生出来的工具。电脑与人脑的信息交互仍然依靠视、听、触媒介。

电脑的数字化是从计算技术发展而来的。

现代计算机是从历史上的计算工具演变而来的。计算工具是计算时所用的器具或辅助计算的实物。从数学诞生之日起,人类便不断寻找能方便进行和加速计算的工具。计算与计算工具是息息相关的。

知识结晶:

什么是信息技术?

凡是能扩展人的信息功能的技术,都是信息技术。主要指电子计算机和现代通信手段。

具体指:感测与识别技术

　　　　信息传递技术

　　　　信息处理与再生技术

　　　　信息处理施用技术

信息科学:由信息论、控制论、计算机科学、仿生学、系统工程与人工智能等学科互相渗透,互相结合而形成的。

计算机工具的演化

第一阶段,人类手动计算工具开发史。

1. 石块、贝壳计数:远古人类智力启蒙时,把石块或贝壳等身边小物聚集"一一对应"计数狩获猎物或部落氏族人口。

2. 结绳计数或记事,早期记事与记数联系在一起:"事大,大结其绳,事小,小结期绳,结之多少,随物纵寡。"

3. 手指计数,人类的十个手指是天生的"计数器"再加上十个足趾,计数的范围就更大了。成语"屈指可数"可以佐证。迄今部分民族还用"手"表示"五",用"人"表示"二十"。十进制被广泛应用与手指不无关系。

4. 小棒记数

利用木、竹、骨制或小棒记数,在中国称为"算筹"。算筹最早出现于春秋时代。筹棍在当时是一种方便的先进工具,按照一定的规则,灵活地布于地上或盘中。筹棍是硬件,算筹记数分为纵横两种形式。如图。纵式和横式相当于两套筹算操作系统。布棍时有一套算法语言。《夏侯阳算经》:"一纵十横、百位千僵、千十相望,万百相当。满位以上,五在上方,六不积算,五不单张。"意思是:纵式表示个、百、万位,横式表示十、千、十万位……空位表示零。对于每个数学问题先要编出相应的程序或算法来才能进行筹算。这些算法常常编成歌诀的形式,很像现代计算机的软件。春秋时,乘法"九九"口诀已经很流行了。此后又制定了多位乘法、除法、开平方法的计算程序。念歌诀布算时产生了软硬件发展的矛盾:往往"心到"而手不能到。算筹向算盘发展成为必然。

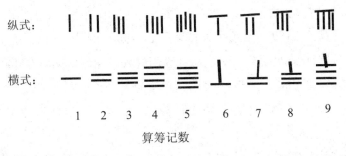

算筹记数

5. 珠算。珠算起源于中国元代未年,以圆珠代替"算筹",并将其连成整体,简化了操作过程,运用时更加"得心应手"。算盘作为一种计算工具,可以看作最简单的数字计算机。如图:

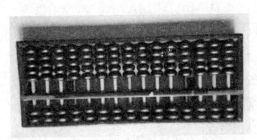

算盘结构有四个基本部分:框、架、档、珠。梁上一小黑点叫定位点,梁上的珠叫上珠,每个珠表示5;梁下的算珠叫下珠,每个珠表示1。在算盘上同一档上算珠的不同组合构成不同的数字;数的排列构成不同数位的数,珠算系统也由硬件——算盘和软件——珠算口诀两部分构成。

6. 计算尺。公元1520年,甘特(英国)发明了计算尺,运用到一些特殊计算中,快速省时。

7. 手摇计算机。1642年法国物理学家帕斯卡发明了第一台手摇计算机。它是长一米的大盒子,用一个个齿轮表示数字,以齿轮间的咬合装置实现进位,低位齿轮转十圈,高位齿轮转一圈。后来逐步改进完善,它既能做加、减法,又能做乘、除法。由于技术限制,手摇机械方式计算速度和精度有限。

第二阶段,自动机械计算的开发史。

1. 蒸汽动力计算,人类一直梦想用自动进行的过程代替人工实施的复杂计算。19世纪三四十年代查里斯·巴贝齐(英国数学家1834年Charles Babbage)设计的差分机和分析机就是在追求自动化与计算的结合尝试。它由蒸汽动力来操作,是当时尖端的技术。但蒸汽动力之后很快出现了电动力。

2. 电机式计算机,由于电力技术有了很大发展,电动式计算机逐步取代手摇、蒸汽动力的计算机。1890 年,美国人霍勒里斯(Hollerith)发明了电动穿孔卡片式计算机,能够机械化地处理数据。它将计算用的程序和数据存储在穿孔卡片上进行控制。它较快地完成了 1890 年美国人口普查数据统计计算(由 7 年缩短为 2 年时间)。后来他开了第一家制造电子计算机的公司——国际商业机器公司,简称 IBM。

3. 机电式计算机进入 20 世纪上半叶,机电技术迅速发展,人们开始利用电器元件来制造计算机,机电式超越电机式的关键在于使用电路的开关来表示信息。从硬件材料的改进看电子计算机经历了真空管、晶体管、集成电路、电子计算机、微处理器。①1941 年,德国人楚泽采用了继电器、制成了第一部通用程序控制计算机。它突现了 100 多年前巴贝奇的理想。在当时继电器开关元件虽然较理想,但它的开合至少要推动舌簧上重约 10 毫克的银触点移动 0.2 毫米,根据力学定律这是不可能很快的。②用电真空器件——电子管作为开关元件相当于用质量只有 100 亿分之一毫克的电子来取代继电器的银触点,速度大为提高。从此,开始了真正的电子计算机时代。

第一代电子计算机用真空电子管存储单个数据。真空管是一种能够在真空中控制电子流动的电子设备。早在 1883 年,爱迪生做电灯泡试验时,在电灯泡内壁靠近连接电源正极的灯壁一侧,出现了灯丝的阴影并在玻璃上留下痕迹。爱迪生把这阴影和痕迹叫作"分子的影子"1897 年,约·汤姆逊进一步研究发现了电子。从加热的阴极会发射出带负电的电子。每个真

空管都可以设置成两处状态之一:一个状态赋值为 0,另一个则赋值为 1。由于二次世界大战的迫切军事需求,美国宾夕法尼亚大学在 1946 年制成了第一台电子计算机——ENIAC 全称叫电子数字积分仪与计算机。ENIAC 使用了 18000 个真空电子管,占地 170 平方米,功率 150 千瓦。真空管消耗电能大,易烧坏,ENIAC 在第一年里每个真空管至少更换过一次。

第二代电子计算机用晶体管替代了真空管。1947年12月,世界上第一支晶体管在贝尔实验室诞生。晶体管可以控制电流和电压,成为电信号的开关。晶体管比真空管更小,更便宜,耗电更低(真空管的几十分之一)、更可靠,寿命延长上千倍。

第三代电子计算机使用集成电路技术。1961年美国仙童公司的诺依斯发明了第一块硅平面集成电路。单个小型芯片上可集成相当于几千个晶体管。这极大减小了设备的物理尺寸。重量和能耗。电子工业从此跨入了微电子时代。

第四代电子计算机使用超大规模集成电路20世纪50年代电子工业开始用印刷电路板取代导线焊接。极大地提高了产品质量和劳动生产率。以超大规模集成电路为标志的微电子产品,是有高速度、可靠、小型化、低成本的显著优点。电路集成到手指甲大的半导体芯片上,省掉了分立电路中在各元件间迂回的长导线,大大缩短了电信号在各元件间传播的时间,工作速度达到微少水平即每秒100万次。

人类通过空气、光等介质传递信息。人类计算数据信息的载体从手指、木棍、石子等演变到电子、微电子。

知识小结:

我国古代数学是一种计算数学,当时的人们创造了许多独特的计算工具及与工具配套的计算程序(口诀)。最早在公元前5世纪,我们的先人开始用算筹作为计算工具,一直沿用了二千多年。1350年元末明初,中国人发明了珠算盘,并在15世纪得到普遍采用。珠算盘是在算筹基础上发明的,比算筹更加方便实用,同时还把计算程序编成口诀,心手相应,加快了计算速度。珠算或珠心算对儿童有较好的数学教育功能,因此流传到海外沿用至今。

纵观人类计算工具的发展历史,可将其分为5个阶段:算筹、算盘、机械式计算机、数字式电子计算机、电子计算机。随着材料科技的发展,未来还将出现:光子计算机、生物计算机等。

第三节 信息数字化

人们常混淆"数据"和"信息"。计算机专业人士必须明确两者的区别与联系。数据是表示人、事件、事物和思想的一组符号。计算机用 0 和 1 组成的数字系统来存储数据。每个 0 或 1 称为 1 位,8 个位称为 1 个字节,1 个字节通常用来表示一个字符,即一个字母、数字或标点。一个汉字需用 2 个字节来表示。当数据用人能够理解和使用的形式表现出来即数的序位,它就变成了信息。

数据和信息是紧密联系的一体。

计算机本质上是运行数据的工具。神奇的电脑魔力来自软件程序,而程序最终表示为机器认识的 0 和 1 两个信号数。

一、关于数

数,人们生活中习以为常,问题太简单了三岁孩童都会数数;又太复杂了流浪汉与比尔·盖茨的差异关键在银行户头上的数位不同,数承载着一切。我们生活在数字化的时代,不能不深究"数"的含义。

(一)数的语用分析

"早上 7 点钟起来,7 点半出门,8 点进办公室,沏上一壶茶……"生活中,我们总离不开数。比如说:"8 是能被 2 整除的偶数";"我家门前一条小河,河里有 5 个动物,其中 2 头水牛,3 只鸭。"这里 8、2、1、5、2、3 的用法是不同的。可分为两类:8、2 作为专用名;1、5、2、3 作为修饰词,但有别于"小""水""重""绿色"之类形容词。著名逻辑学家弗雷格指出:数与颜色、重量、形状等是不同的。数直接修饰的不是实存对象的性质,而是概念的性质。如"一群大水牛",一是界定"牛"这种动物概念。数是对"类"的限定,数的承载者是"概念""河里有 5 个动物其中,一头牛,4 只鸭"这句话里"5"对动物这个"类"做出限定描述。"动物"是人抽象出来的概念,5 修饰动物概念,而不是其动物本身。因为概念的内涵和外延不同,所以对动物、牛、鸭三个概念才有 5、2、3 等不同限定。

由此,我们看到弗雷格关于数的思想极其重要,他将人类的概念划分出等级层次:

$$物质 \xleftrightarrow[\text{具体}]{\text{抽象}} 概念 \xrightarrow{\text{再抽象}} 数$$

可想而知:人类原始时期的抽象力也是很发达的,他们开始自由地使用数字表达事物。在概念的基础上抽象出"数"是人文化的又一次进步,又一次超越动物本能。

（二）数概念与符号及进制

用数修饰物概念，似乎有自然数1、2、3等就够用了。但除了自然外，还有一个奇怪的数"0"。"0"的发现晚于自然数，是数字发展的巨大进步。"0"这个数既可表示无，也可表示有。这个数的意义很丰富。以后人类对数的认识加深：

人类是动物进化的产物，最初没有数量的概念。在漫长的生活实践中，由于记事和分配生活用品等方面的需要，才逐步产生了数的概念。数的概念最初都是1、2、3、4、5……这样的自然数开始的。比如原始人狩猎捕获到一头野兽，就用一块石子或小木棒代表。"结绳记事"是许多地区原始人都做过的事。我国古书《易经》中有"结绳而治"的记载。用利器在树皮上，兽皮上或洞穴岩壁上刻痕也是原始人常用的办法。这样就逐渐形成了数的概念和记数的符号。世界各地记数的符号大不相同。如古罗马数字 I 代表1、V 代表5、X 代表10、L 代表50；中国的算筹摆法成为计数符号一、二、三……现在世界通用的数码1、2、3、4、5、6、7、8、9、0人们称为阿拉伯数字。实际上它们是古代印度人最早使用的。

数的概念、数码的写法、十进制的形成都是人类长期实践的活动结果。

（三）数的本质

要回答"什么是数"确实很困难。难点在于数很抽象。《现代汉语词典》解释数："数学上表示事物的量的基本概念；"《维基百科》说："数是一种抽象的概念，用作表达数量"。有人从行为学解释："数源于数数"。显然它们都是循环定义的解释。我们必须解困，跳出数学圈；结合现代物理学来找答案，把数与物联系起来考察。毕达哥拉斯说："万物都是数，数是一切事物的本质。"《老子》："一生二、二生三、三生万物"，物质具有"粒子"属性，也就具有"数"的自然本性。物质是由四种基本粒子：光子、电子、质子、中子组成。光子的速度最大，其静止质量为零；质子与中子组成原子核、电子与原子核组成原子；原子与原子组成分子；分子与分子组成大小不一的小到一个单分子、大到星系的整个宇宙和多样化的物质世界。

不管无限小，还是无限大，都有一个本质：哲学的概念叫"存在"；现代物理学称谓叫"粒子"。物质所具有的"粒子属性"，就是"数"的本质。数源于物质的粒子属性，粒子是客观存在的。换句话说：数是自然物质的，第一位的；数数是人的行为，第二位的；数字是人脑抽象出来的概念，第三位的。数与存在在逻辑上有直接关系。人类认识自然数信息的历史非常久远。数是人类最早产生的范畴之一。

（四）数量的关系

欲食半饼喻

譬如有人，因其饥故，食七枚煎饼。食六枚半已，便得饱满。其人恚悔，以手自打，而作是言："我今饱足，由此半饼。然前六饼唐自捐弃。设知半饼能充足者，应先食之。"

——《百喻经》

（有人十分饥饿，走到店里买饼吃，吃完了六个半，就觉得吃饱了。于是这人非常后悔，给自己打了几个耳光说："我现在饱了，是由于吃了这半个饼的缘故。这样看来，前面六个饼白吃了，如果早知这半个饼就能吃饱，就应该先吃这半个饼啊！"）

这一则寓言启示我们：数和量是不能割裂的。此人的胃就有一个量。我们常说食量大小。量是与空间相异的存在个体的抽象，是1，它有主体的特征。饼、饭、水、原子、山、地球、太阳等都有量，占一定空间。同一主体不能同时占据第二个空间，也就是不能自己装载自己，容纳主体的只能是主体外在的客体。不同主体只能是在客体中实现它们的集合，这是量的聚集，也就是数。比如：1个人在路上，全世界人口60多亿，吃了6个半饼。因而数具有客体的特征。

可见，量是构成数的始基，为基量。提到胃，饼必须有个量，无论大小。一切事物都有量的规定性。

当数也可以具有量的意义时，我们把它叫作为量。比如问你一餐能吃多少？答：10个包子。这里10个包子就是你的食量：数转化成了量。为量聚集的结果是合数。

于是我们发现：既没有量聚集不了的数，如：人在地球，地球在太阳系。也没有什么数不是量的聚集。比如1个包子有2两重，这就是数的基量原理。换成哲学语言：数量关系就是事物与时空的关系。物在时空中，时空由物来体现，比如购房的实质即买的空间和时间。

由数量我们可以进一步理解数的成因。作为排列，数表达的是顺序。与序号对应的是一个个独立的个体，每一个体都有量，并占据一定的空间。排列体现的意义在于有序，我们称之为序数。

$$0 \quad 0 \quad 0 \quad 0 \quad 0 \quad 0 \quad 0\cdots\cdots$$
$$1 \quad 2 \quad 3 \quad 4 \quad 5 \quad 6 \quad 7\cdots\cdots$$

作为数时,它表达的是量的聚集,此时的意义则在于多少。由于量是以存在的独立个体为本,因此量的聚集实际上是不同存在个体的集合。

×	× ×	× × ×	× × × ×	……
1	2	3	4	……

寓言中人吃饼是饼数的集合,而不宜理解为饼序列的"排队"。

基数理论:数量→基数

皮亚杰的序数理论:次序→序数

（五）数的客观性与量的主观性

在客体世界中,物占据时空而存在,如果视物的存在为实,则空间为虚;如果视物的存在为有,则空间为无。凡占据时空的独立存在的个体都可以是量,如小到光子、电子、大到地球、天体。代表实在的独立个体的"量"在客体世界中具有普适性。物、时、空永恒共存。

当某物体完全占据着自己相当的时空,就意味着此物在此存在的可能性的丧失。我们观察到的不同主体总是以并列的方式存在于客体中而形成多样。并列的实现须有容纳它们的外在客体的前提。这一客体便是时空。量的不同聚集总是在它们的客体:时空中实现表达。这些量聚集的数成了客体的产物——如寓言中的 7 个饼为实物。于是量具有主体特征:如不同的胃大小不一样;数具有的是客体特征,实实在在,7 个饼就是 7 个饼。我们把数量的特征称作量的主观性和数的客观性。由此推导出:量的相对性和数的绝对性。

（六）数的绝对性与量的相对性

用相同量的聚集表示不同个体的集合,表达这一聚集的数是不变的。3 个鸡蛋与 3 个天体的相同聚集都是 3,在太平洋上 2 艘航母与 2 只海鸟的相同聚集都为 2。即使它们的量差异悬殊,然而数却对等。这说明数具有绝对性。量是由数聚集的主体,有人为主观的选择,量的相对性不言而喻。

二、数字化

数字化就是把信息转换成数学计算工具能够表达的数制。计算工具有阴阳八卦、筹策、算盘、计算机等。数制有阴阳、十进制、六进制、二进制等。现今"数字化"一般指将信息转变成计算机能够识别的二进制编码电子信号。如把相片扫描进电脑并显示出来。

数数是人们一项基本的生活技能。计数方式促进了计算技术的发展,最终生产出现代电子计算机。几千年计算科技史,经历了梦想、理想、实现的艰辛。对数的认识和计数方式一直在不断变化着,这一切都要归功于菜布尼茨发明的二进制。

(一)数字化梦想时代

早期人类已猜测到数与物的关系,东方的老子,字老聃,生活在春秋战国时代(公元前 770 – 公元前 221 年);西方的毕达哥拉斯(公元前 570 年左右)都提出了:万物生于数的思想和"数即万物"的数本主义哲学。显然这一类思想是不准确的猜想。由于没能界定物质、能量、信息,把数信息直接等同于物质本身当然是荒谬的。但事物所遵循的规律是数学的,数可以表达事物则相当正确,是天才思想的萌芽。

《老子》:"天下之物生于有,有生于无。道生一,一生二,二生三,三生万物。万物负阳而抱阴,中气以为和。"

《易经》:"无极生太极,太极生两仪,两仪生四象、四象生八卦" 伏羲氏,原始畜牧业发明者,也始创了八卦易经。《易经》被人们说成是中国最难读懂的书,也许因为它离我们的时代太久远。公元前 2600 多年八卦的时代还没有文字注释。商朝最早有文字记载——甲骨文。

上古时期,人类文明最初的一千年就是三皇五帝时期,如人类最美好的孩提时光。那个时代,人淳,情志未惑,日出而作,日落而息;随浩然天地之变,和瑟瑟天地之声。人神共处而不相杂,互敬而不相渎。人们过着原始共产主义生活。伏羲氏观物取象,始创八卦,以解释自然现象,解说万物衍生之因,通神明之德,类万物之情,再衍生为六十四卦。在人类幼年时代,这是我们的祖先对自然的朦胧探索,可以情景再现:距今 5000 年前的伏羲们随手折下身边的小木枝不就是筹策吗? 这些小棍除了计数工具(算筹)之外,当然也可以用于记事,解释模拟事物——也就是"取象"象征意义。这就是"策",筹策是不分离的,小木棍布放于地的形状就是爻(yao)卦,用于计算或象征事物的变化。古代八卦学说是朴实的人类蒙昧时代的梦想,犹如幼儿启蒙初期的梦幻,魔语,加之后人的牵强附会也就难读懂了。

《易经》也像一个小姑娘,怎么打扮怎么漂亮。它随时代的变迁而不停地获得新的喻义和解说。夏曰《连山》,殷商曰《归藏》,周文王作卦辞,谓《周易》,周公旦文作爻辞。孔子为《彖》《象》等。周敦颐著《太极图像》。因为模棱两可,似是而非,被用来算命骗钱,这是不好的应用。可取的思想启蒙在于:棍子如今换成电子,阴阳二爻换成集成电路板的门电路:开关。

　　我们的先人们没有现代网络世界精神享受,但仍不缺少想象→八卦虚拟→封神演义。

　　对事物的发展进行预测、谋划、设想我们今天仍叫"策",如策划(驾驭掌控)、策效(谋划效力)、策驭(谋划掌握)、策选(谋划选取)、策动、策源地等。至于怎么策? 也就要用到小木棍的布放——八卦。现在我们还说:"八卦新闻",网络世界也挺"八卦"的,也就是无中生有。

　　古代八卦学说的几个基本概念:筹策(小棍)布放于地的形状就是爻(yao),《易经》卦形符号体系中:①"阳"用"▅▅"(一节长棍表示),"阴"用"▅ ▅"表示(二节短棍表示)称为两仪。

　　　　　　太阴　　少阴　　太阳　　少阳

两根爻共有四种组合,称为四象。

三根爻共有八种组合:

　　"无极"没有爻的概念,它的数为0,"太极"只需要0根爻来表示,如"▅▅"或"▅ ▅"。它的数为$2^0 = 1$;"两仪"需要1根爻来表示,如"▅ ▅"和"- -",它的变化数$2^1 = 2$;"四象"需要2根爻来表示,它的变化数为$2^2 = 4$;"八卦"需要3根爻来表示,它的变化数为$2^3 = 8$。

相传八卦是伏羲发明的。《周易·系辞传》说:"古者包牺氏之王天下也,仰则观象于天,俯则观法于地,观鸟兽之文,与地之宜,近取诸身,远取诸物,于是始作八卦,以通神明之德,以类万物之情。"《卦形记忆口诀》如右:

乾　坤

震　艮

离　坎

兑　巽

"万物生于有"的道理关键在于万物生于八卦的两两组合,而八卦不可拆散。八卦两两组合推演出从"乾"卦到"未济"卦的六十四卦。这六十四卦又有无穷变化,相应于万物。整个体系当时称之为易(后人称之为《周易》或《易经》),之所以称为易,因为它包含简单易、变易、不易三个道理。

简易　"易"字在甲骨文中象形——双手捧一杯向另一杯中倾注水的形状。古代"易"指阴阳变代消长的现象。大道要被百姓所认识,只有简单,容易的道,百姓才理解和遵从。易学易用的道理才能得到人民群众的拥护,才能广泛流行。《易经》的核心八卦学说当初就是教化百姓理解大道的工具。天地之间,万物众生,俱源于大道,因此《易经》必须简单、容易。当今高科技产品要赢得市场,就必须"平易近人"市俗化。信息化科技产品使用功能的多样化,操作的"傻瓜化"正是简易的要求。李政道教授语:原理越简单,应用越广泛,科学就越深刻。

易变　几条简单的道理怎么能够阐述天地万物呢? 玄妙关键在于变易:物理的运动,化学的变化、生物的进化、社会的发展。无极生太极,太极虽为一体(数1),但已内含阴阳,且阴中有阳,阳中有阴。易变从一开始就是不可避免的。在《易经》中,爻和卦的排列、组合、次序有无限变化。"爻也者,效天下之动者之。"六十四卦以乾卦始,以未济卦终,其含义"物不可穷也,故受之以未济终焉。"此暗喻变化可以循环往复,永无止境。

不易　《易经》还有不易之理。孔子解释"易穷则变,变则通,通则久。"变化本身是永恒不变的,"万物生于有,有生于无"的道理是不变的,《易经》中万物生长规律是不变的。

不易还意味着对大道,对事业的追求要执着、坚忍,要有恒心和信心。《易经》说:"天行健,君子以自强不息,地势坤,君子以厚德载物。"

《易经》最大的贡献就是在人类的"蒙童"时代摸索到了"万物生于有,有生于无”的道理。它为后人寻找信息科学与技术的曙光指明了方向。

（二）数字化理想时代

1. 莱布尼茨的二进制

人类对数的探索灵感是相通的。《易经》对电脑信息数字化的影响，最明显的是阴阳二值逻辑和二进制的类比。把它们牵到一起的是英国哲学家、数学家莱布尼茨（1646—1716）。二进制与八卦没有直接关系，纯属偶然巧合。第一，中国使用十进制数字系统。第二，汉、秦以上，中国还没有二进制意义上的"0"概念。《易经》体系中的重要概念"无"与莱布尼茨的 0 没有任何直接关系。《易经》在十进制体系内演义阴、阳化生万物：无生有，有就是 1，1 生 2（阴、阳），2 生 3（天、地、人）现在又有人附会出（物质、能量、信息）。在中国传教的法国耶稣士会牧师布维是莱布尼茨的好友，他向莱布尼茨介绍了《易经》和八卦系统。照此比赋，莱布尼茨也解释了西方的创世纪学说：第一天的伊始是 1，也就是上帝。第二天的伊始是 2，……到了第七天，一切万物都有了，是最完美的一天。7 的二进制表示"111"是对圣父、圣母、圣子三位一体的关联，7 是神圣的数字。

莱布尼茨还没有完全梦醒，但他首创了二进制。德国图灵根著名的郭塔王宫图书馆（schlossbililthke zu Gotha）保存着莱布尼茨的手迹，其标题为："1 与 0，一切数字的神奇渊源。这是造物的秘密美妙的典范，因为，一切无非来自上帝。"对于二进制数字系统，莱布尼茨只有几页异常精练的描述。二进制数字系统只有两个数字：0 和 1。在二进制中，逢二就要进一位，因此在这个系统中不存在"2"以上的这样的数字符号。0 表示为 0，一表示为 1；二表示为 10（不是数字10，而是 1 和 0 两个数字）；三表示为 11。类似地，要表示下一个数，需要用"0"作占位符。

显然，二进制数字系统允许计算工具简单地用 0 和 1 表示数字，而 0 和 1 能方便地转换为"开"（断开，没电流就是 0）和"关"（接通，有电流就是 1）的电子信号。你花费十元钱（10）转换为二进制是 1010，它就可以用"开""关""开""关"来表示。莱布尼茨发明二进制 250 多年后，电子计算机诞生了。

十进制（以10为基）	二进制（以2为基）
0	0
1	1
2	10
3	11
4	100
5	101
6	110
7	111
8	1000
9	1001
10	1010
11	1011
1000	1111101000

2. 布尔代数逻辑学、数理逻辑

计算机俗称"电脑"还有一层含义:模拟人脑的思维。

英国小学教师出身的乔治·布尔(1815—1854)发表了一部数学杰作《思维规律》,发明了逻辑代数,后人称布尔代数。他把思维逻辑问题简化成极为容易和简单的一种代数。

布尔代数是一个集合 A,提供了两个二元运算:逻辑与(and)、逻辑或(or);一个一元运算:逻辑非(not);两个元素:逻辑假(False)、逻辑真(True)。对于集合 A 的所有元素 a,b,c,下列公理成立:

a 或(b 或 c) =(a 或 b)或 c
a 与(b 与 c) =(c 与 b)与 c 　结合律

a 或 b = b 或 a
a 与 b = b 与 a 　交换律

a 或(a 与 b) = a
a 与(a 或 b) = a 　吸收律

a 或(b 与 c) =(a 或 b)与(a 或 c)
a 与(b 或 c) =(a 与 b)或(a 与 c) 　分配律

a 或 ā(非 a) = 1(真)
a 与 ā = 0(假) $\Big\}$ 互补律

由于逻辑门和电子电路的代数在形式上是一样的,所以布尔逻辑也在计算机科学研究中应用。两元素的布尔代数用于电子工程中的电路设计:0 和 1 代表数字电路中一个位的两种不同状态——高电压和低电压。电路通过包含变量的表达式来描述,两个元素这种表达式对变量的所有值是等价的,当且仅当对应的电路有相同的输入.输出行为。反之亦然,所有可能的输入.输出行为都可以使用合适的布尔表达式来建模。由于缺乏物理背景,在当时布尔代数几乎没什么用,研究缓慢。到现代,布尔代数在自动化技术,电子计算机的逻辑设计等领域中有重要的应用。

最早的计算机原型——图灵机

现代计算机的原型,当推 1936 年英国数学家图灵设计的理想计算机为最早。图灵主要是把人们在进行计算时的动作分解为比较简单的动作。设想一个人在一张纸上做计算,他需要:①一种储存计算结果的存储器,即纸张;②一种语言,表示加减乘除等操作和数字的符号。③扫描区,在计算过程中,看到的上下左右几个方格中的数字;④计算意向,即在计算的每一阶段打算下一步做什么,例如看到 6 + 9 就要准备进位等;⑤执行下一步计算。至于每一步计算,无非是;<a>改变数字或符号;<b>扫描区的改变,往左进位或往右添位等;<c>计算的意向改变等。

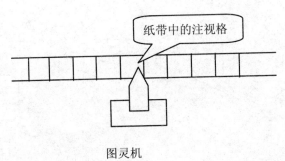

纸带中的注视格

图灵机

图灵把问题设想得更简单一些,把 26×32 的竖式演算穿在纸带上:$26 \times 32 = 52 + 780 = 832$,如果每个数字都用二进制位数表示,加减乘除等号也用二进制数码表示,那么一个计算就到一条纸带上的由 0 和 1 组成的数串。设有如图的一架机器,读写头解释带子上的输入和给出意向机器的输出。注视格的内容经读写头

传给机器,由子机器决定下一步操作交读写头去执行。读写头要做的动作无非是三类:

　　<1>在注视格中写或不写(即改变或不改变内容)

　　<2>将读写头向左或向右移动一格

　　<3>停止

　　这样,图灵成功地把人的计算活动机械化了。从理论上说,解方程,搞近似计算,无非是按照某种算法,告诉机器在遇到注视格中出现什么情况时,按什么计算意向去执行下一步动作。因此,凡是人或者其它机器能执行的算法,图灵设计的机器都可以做到。

　　3.图灵机(1936年提出的理想计算机)

　　图灵的基本思想是机器模拟人用笔在纸上进行数学运算的过程。他把这样的过程看作两种简单的动作:①在纸上写上或擦除某个符号;②把注意力从纸的一个位置移到另一个位置。而在每个阶段,人要决定下一步的动作,依赖于(a)此人当前所关注的纸上某个位置的符号和(b)此人当前思维的状态。

　　模拟上述:人的这种数学运算过程,图灵构造出一台假想的机器。

　　埃克科1945年研制成功 ENIAC 计算机,人类机器计算梦想实现。

　　(三)数字化的实现

　　物理学电子技术和数学二进制,布尔代数的结合,终于使机器计算的理想成为现实。

离散数据设备

模拟数据设备

　　1.怎么样数字化?用数描述世间万物是人类远古以来的追求。将外界输入的信息转换成机器能够识别的二进制编码就是数字化。数字设备处理的是 0 和 1 这样的离散数据。相比而言,模拟设备处理的是连续的数据。形象比喻,普通电灯开关只有开和关两个离散状态,所以它是数字设备;调光器可以通过可旋转的刻度盘控制连续范围的光亮度,调光器就是模拟设备。

计算机是数字设备,它更像一个普通的电灯开关,而不是调光器。计算机运用数字技术的最简单形式,即电路中两种可能的状态:"开"(接通)代表1,"关"(切断)代表0。我们从二进制数字的英文单词中得到"位"等数字化信息单位。计算机用一串位来表示数字、字母、标点符号、音乐、图片和视频。

2. 数字化信息计量单位

"位"(bit)是"二进制数字"(binary digit)的缩写,读"比特"它还可进一步简写为小写字母"b"。1个字节由8个位组成,缩写为大写字母"B"。传输速率一般用位表示。如56kbps——每秒56千位;存储空间一般用字节表示如40GB——40gigabytes。

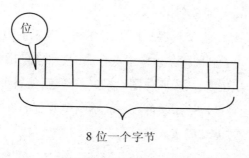

8 位一个字节

数字化的信息度量

位 Bit	一位二进制数字
字节 Byte	8个位
千位 Ki loloit	1024或2^{10}位
千字节 kilobyte	1024或2^{10}字节
兆字节 Megabyte	1048576或2^{20}字节
千兆位 Gigabit	2^{30}位
千兆字节 Gigabyte	2^{30}字节
兆兆字节 Terabyte	2^{40}字节
千兆兆字节 Petabyte	2^{50}字节
兆兆兆字节 Exabyte	2^{60}字节

3. 数字数据是可用在算术运算中的数字

比如货币、年龄等。这些数字数据是基于二进制数字系统的,在数字范畴内应用。数字还可作字符用,此时,它不在数字范畴内比,如 NBA 球衣号码"11"。

4. 字符数据由字母、符号和不用在算术运算中的数字组成

例如地址、名称、颜色等。计算机用一系列的位表示字母、字符和数字。

如图:A   B   7   a

    01000001   01000010   00110111   01100001

计算机把"A B 7 a"中的字母和符号当成字符数据,用一串 0 和 1 来表示

计算机使用不同的编码来表示字符型数据,如 ASCII、EBCDIC、Unicode 码。常用的是 ASCII 码(American standard code for Imformation Imterchange 美国信息交换标准码)用 7 位二进制数表示每个字符。ASCII 为 128 个字符提供了编码,这些字符包括大小写英文字母、标点符号和数字。

5. 声音、音影和图片的数字化

数字化就是把原始的模拟数据转换为由 0 和 1 表示的数字化形式。你把数码照片尽量放大,就可看到图像是由像素点拼成的。照片和图画被当成有颜色的点来处理,点占据一定位置,所以叫位图。根据其颜色,给每个点分配一个二进制数字。数字图像就这样简单地用颜色数字表示图中所有的点的图像。相类似,音乐为每个音符分配二进制编码来数字化。

6. 文件头

数字化的一切都归于简单的 0 和 1,当你用电脑做数学计算或绘画时,它们不是混淆了吗?为了避免乱码现象。计算机文件都包含一个文件头。文件头包含了关于用来表示文件数据的编码信息。不同的软件使用不同的文件头,如字处理软件 word 头文件". doc"txt bmp 等文件头与文件一起存储,并且可以由计算机读出来,通过读文件头信息,计算机就能知道文件的内容是如何编码的了。如计算器与图画本,记事本等。

数字电子技术部分地实现了人类古老梦想:一生二,二生三,三生万物。电子设备就像电灯开关打开后,电在电线中流动一样,位以电脉冲的形式在电路里传送。计算机中所有的电路、芯片、机械元件等部件都能处理"位"。计算机用二进制门电路成功地模拟了人类的视、听、触感觉,实现了人脑数理化逻辑思维的功能。

第五章互动话题

1. 人类称霸地球与恐龙主宰地球有什么不同之处?

2. 你是否赞同"人定胜天"这一说法?

3. 工具是什么? 谈谈你的理解。

4. 从手指、棍子到电子,数概念的载体还可以更先进吗?

5. 阴阳二值与布尔代数有联系吗?

6. 有人买小菜带计算器,你认为电脑促进了人的智力,还是退化了人的智力?

第六章

人类信息交流之网

题记:有鸟将来,张罗待之,得鸟者一目也。今为一目之罗,无时得鸟矣。

——《申鉴·时事》

用行为主义研究思维,控制论创始人维纳认为:思维的本质与信息负反馈联系在一起。大脑是一个存贮和加工信息的器官,电脑和人脑思维过程的本质在于信息交流。通信将全世界的大脑联系起来,实现了信息共有、共产、共享。

人脑操控着电脑,电脑插着一条网线和网卡。今天我们就从这根网线或网卡讲开去,因为有了网络,计算机不再是单一的计算工具,而是具备了信息交互和协同的功能。计算机与通信技术的结合开创了互联网信息时代。

信息的传输,接受和处理过程是一个社会的基本运行方式之一,计算机网络对人类社会生活正发挥越来越大的作用。

第一节 信息在于交流

一、通信是概念的运动

通信与人类相伴而生从亘古到永远。

通信又叫通讯,即通达信息,是指由一地向另一地进行的信息传输交换,其目的是传输消息。如同风是空气的流动一样,信息是概念的流动。信息的价值在于流动,只有流动,信息才能产生其功效。信息的流动性已成为人们易感知的常识。

一个完整的信息系统由信源、信道、信宿三部分构成。人类通信史上著名的马拉松故事：

公元前490年,希腊人在离雅典40余公里的马拉松小镇上与强悍的波斯军交战。战斗异常惨烈,结果古希腊人获得胜利。菲利彼斯,马拉松镇长的一个信使,奉命立即带着这个消息跑向雅典。路途漫长并且崎岖,为了让雅典人民尽早知道这一喜讯,他竭尽全力不停地跑。当他跑到雅典时,只说了一句话:"我们胜利了!"由于过度的疲劳,他跌倒在地,再也没有爬起来。

故事中马拉松镇是信息的源头,叫信源;雅典是信息的归宿地,叫信宿;两地之间的信息传输通道叫信道;信使菲利彼斯是信息的载体。在信息系统三要素中,信源与信宿可以互相易位,也就是双向交流。A、B两个人打电话,A讲话时传出的信息是信源,B接受A传来的信息是信宿;B根据A传来的信息作出回话时,B就成了信源,A接受B反馈的信息,此时就转变成了信宿,如此反复。作为信源与信宿之间流通的桥梁:信道,则是相对不变的。

信息是可以流通的,但信息的内容(概念)必须通过一定的形式反映出来,这就是"信号"。信源发出信息时,一般是以某种信号表现出来:有以空气为媒介的语音信号,有以电流为载体的电信号,有以光为载体的光信号等。信息是通过一定的信号传递的,信号起着信息载体的作用。

二、人类信息(交流)危机

宇宙世界由物质、能量、信息三态构成。伴随着宇宙的演化,直到地球上进化出现人类生命,信息也经历了自在、自为、再生三个层次。人类的出现并成为世界的主宰,以人为中心,进入了一个社会文化进化阶段。站在人的角度,人不仅能适应环境,认识周围事物获得自为信息,而且能够利用信息改造客观世界,再生出新的信息。

信息分类表

分类	特点	内容
宇宙信息	自在性(人类触及有限)	在宇宙空间,恒星不断发出的各种电磁波信号和行星、卫星通过反射发出的信息,形成了直接传播的信息和反射传播的信息。2016年9月,在贵州平塘,中国天眼FAST启用。

分类	特点	内容
地球自然信息	自在性 + 自为性；有生物、生命智能；人类已知许多	地球上的生物为繁衍生息而表现出来的各种行动和形态，生物运动的各种信息，如"春江水暖鸭先知"即鸭子感受水温信号。
人类社会信息	自在性 + 自为性 + 再生性，人类创造出许多地球自然进化不出的事物如塑料、水泥、城市等。	人类通过手势、眼神、语言、文字、图形、图表、图画等所表示的关于客观世界的间接性信息，如镜子、录音、录像，模型等。

作为生物的人类，我们交流信息的本能来自大脑神经系统控制指挥下的五大感觉器官：眼——视觉，耳——听觉，鼻——嗅觉，舌——味觉，皮肤——触觉。它们接收信息传递到大脑。大脑发出信息主要有两条途径：①嘴语——发出语言信号；②表情肢体行动等——制造发出视觉、味觉、嗅觉、触觉信号。

人的五官本能是有限的，为了拓展五官的功能，扩大信息的范围，人类发明了各种科学仪器和通信手段及工具。

1. 人与物的信息交流

人类与自然物的信息交流获得的是自然知识，它主要是人类骄子一代一代的科学家馈赠给我们的。人类的生物感官本能是有限的。人能够无限认知自然吗？这就产生了信息来源不足的危机。人获取信息主要靠眼睛观察。我们以视觉为例，人类总在努力延伸眼睛的功能。钱学森提出"五观"是宇宙物质结构的大层次：涨观、宇观、宏观、微观、渺观。医生肉眼看不见骨骼，通过 X 光透视却能穿透皮肤肉体；子弹飞行我们看不清，通过高速摄像后，我们可以慢放出子弹飞行的轨迹。

从宏观方向发展，光学望远镜把人类视野延伸到了银河系。1940 年雷伯尔发明射电望远镜。射电望远镜能像使用光学望远镜那样用来"观看"天体，它只是一种接受和分析空间无线电波的装置。使用射电望远镜。科学家取得了 60 年代天文学四大发现：①宇宙微波背景辐射，②类星体，③脉冲星，④星际有机分子。它们的信息来自离地球更遥远的宇宙空间。

从微观方向发展，人类研制出了放大镜、光学显微镜到电子显微镜等，努力去"观察"更小的"粒子"。高能物理又叫粒子物理。它研究的对象基本粒子太小了，人看不见又摸不着。科学家只好想出办法：让"粒子"们相互冲撞，通过观察

"粒子"冲撞而引起的物理反应来了解它们。要让粒子相互冲撞,必须使粒子带上很高的能量,这就需要建造高能粒子加速器。既然如此,粒子冲撞而引起物理反应,人还是不能直接感觉得到,必须制造各种灵敏的探测仪器。用这类方法,科学家发现了许多寿命只有千万亿亿分之一秒的粒子。

无论天文射电望远镜,还是高能粒子物理,人类对复杂运动的研究都离不开计算机。实证科学令人信服、魅力无限的特点就是"理论预言在先,实验检验在后"。虽然人们做不到通常意义的"眼见为实",但是科学家可以通过计算机实验来认识世界,再通过其他可感知现象证实认识的正误。用计算机来创造信息、实现人与自然的信息交流。这是信息技术最大的进步之一。人类好奇的"心"永无止境地探索自然奥秘。

2. 人与人的信息交流

人对人的信息交流属于社会知识的层面。人是社会性动物,人的本质是社会关系。人类社会三大基本资源中,信息资源最特殊。材料和能源不可共享。一块蛋糕张三吃完了,李四就吃不成。但信息可以共享、共生,除非人为限定,一幅名画,不论多少人参观,绝对不会"看"坏了。相反,信息的交流有增智的作用,即信息功能放大。"三个臭皮匠赛过诸葛亮"正是从信息互补增智角度说的。

因为人的主观能动性,人类信息交流具有自为性和再生性,这导致了信息资源爆炸的危机。自为信息以人为中心认知周边客观事物,特别计算机人工识别的研究将认知科学研究推上了一个新的里程。

> 凤凰生诞,百鸟朝贺,唯蝙蝠不至。凤凰责之曰:"汝居吾下,何自傲乎?"蝠曰:"吾有足,属兽,贺汝何也?"一日,麒麟生诞,蝠亦不至。麒麟责曰:"汝何如不贺"蝠曰:"吾有翼,属禽,何以贺欤?"后麟凤相会,语及蝙蝠之事,乃叹曰:"世间有此尔诈之徒,真乃没奈他何。"

——《华筵趣乐谈笑酒令》

20世纪60年代,美籍日本学者渡边慧证明了"丑小鸭定理":丑小鸭与白天鹅之间的区别和两只白天鹅之间的区别一样大。①丑小鸭是白天鹅的幼雏,在画家眼里,丑小鸭和白天鹅的区别大于两只白天鹅的区别;但是在遗传学家的眼里,丑小鸭与其父亲或母亲的差别小于父母之间的差别。②渡边慧举例说明这个定理:按照生物学的分类方法,鲸鱼属于哺乳类的偶蹄目,和牛是一类;但是在产业界,捕鲸与捕鱼都要出海行船,鲸和鱼同属于水产业,而不属于牛的畜牧业。如此

"公说公有理,婆说婆有理"的故事你永远说不完;一坨屎你觉得很臭,狗闻起来就挺香。一个事物因为永远说不完道不尽,也就产生了"知识信息爆炸论"。分类的主观性,是说任何一种分类都必须以某种"偏见"作为依据。世界上所有事物之间的相似性程度是一样的。从这条定理可以得出一个推论:选择什么准则进行分类则纯属主观评价问题。

二人评王

昔吴有二人,共评王者。一人曰:"好。"一人曰:"丑。"久之不决。二人各曰:"尔可来吾目中,则好丑分矣。"

王有定形,二人察之有得失,非苟相反,眼睛异耳。

——(三国魏)蒋济《万机论》

因分类标准的主观性,一个常识问题消耗的认识资源可以很快趋于无穷,在认知科学中这叫指数爆炸。对指数爆炸问题,绝不能采用无限搜索和穷举的办法。生物认知系统天生了一套"智能化"的投机取巧方式,以规避指数爆炸。这种投机取巧方式就是限制分类深度,将某些近似的东西看作一类,如青蛙眼睛只对运动虫子起反应,对眼前静止的蛾子却视而不能见。这意味着对青蛙而言,世界只分两类:运动的是食物或天敌,静止的是另一类事物。

信息资源爆炸危机的第二个原因:再生信息的重复累积。信息再生是人类主观创造力,想象力的成果,特别是有了数字信息技术,信息再生成为轻而易举。如你建了一栋小洋房旁边有一小洼水,用数码相机照一张广告相,通过 PS 图片你把小水洼换成游泳池……八卦新闻的制造;垃圾邮件的泛滥……类似雷同的娱乐信息没完没了。

三、人类通信发展

整个人类的进化史,也是一部人类信息活动的演进史,人类信息活动经历了六次巨大变革。每一次信息变革都对人类社会的发展产生巨大的推动,带来飞跃式的进步。

人类通信以电的出现为标志,分为古代和近现代两个时段。

源自生物本能,在身体接触或近距离的情况下,远古人类用表情和动作进行直接、具体通信交流。

①语言的产生标志着人类信息活动的范围、效率飞跃性地提高,人的信息活

动从具体走向抽象。经过声波传递,A 必须近距离与 B 才能表达自己的意图。

②文字打破了时间和空间的限制,实现了异度时空的信息交流。文字带来了副产品:信件。巴比伦的国王用泥巴和成大泥团,刻上文字内容晾干,又用湿泥包裹后晒干(最早的信封)由特使送到各地总督。

③纸的发明(公元 105 年东汉时期蔡伦)降低了信息载体的重量,提高了信息存储能力,节约了信息传递、传承的成本。

④印刷术的发明加快了信息生产的速度。进一步提高了信息存储能力,初步实现了广泛的信息共享。宋朝庆历年间,毕昇发明活字印刷。

古代通信使用人力和蓄力传递送话、送信或实物。古罗马城里有 700 多专职送话奴隶,一个机灵的奴隶要负责传递 100 多个口信。古代中国、波斯和罗马都修了大规模的驿道,每隔一定距离设有驿站,形成了完善的邮驿制度。此外人们还使用各种自然载体进行通信,如烽火台、孔明灯、信鸽、漂流瓶、旗语等。

⑤电信革命是人类划时代的进步。近现代意义上的信息技术是电力的发明使用之后。以电磁波的利用或模拟信号为主,相继出现了电报、电话、电影、电视、传真等近代通信技术。

⑥电子计算机的出现并与通信技术结合,信息加工处理和交换第一次实现了一体化、自动化、数字化。

总之,现代通信技术以电为动能,采用声波、光波、电波为载体,采取有线、无线通道,以模拟信号与数字信号相互转换,从陆、海、空、外太空为我们居住的蓝色星球编织了一张无缝隙、高密度的通信网。

第二节　人·机·网共生

一、电信技术与信息计量

现代信息技术是研究信息的获取、传输和处理的技术,由计算机技术、通信技术、微电子技术结合而成。具体而言,就是利用计算机进行信息处理,利用现代电子通信技术从事信息采集、存储、传输、加工、利用以及相关产品制造、技术开发,信息服务。

信息技术与人类认识客观世界和认识自身科学的发展息息相关。

在众多通信方式中,利用"电"来传递消息的通信方式称为电信。它属于近现代通信范围。

1. 电信技术的起源与发展

1837 年,莫尔斯发明电报。电报(包括有线电报和无线电报)的发明使人类第一次借助科技的翅膀实现了远距离通信。

1876 年美国人贝尔发明了电话。电话的发明则使信息即时的双方交流得到实现。今天,电报衰微,电话从有线、无线移动到海事卫星;样式品牌众多,服务内容丰富。同时,电话线路也衍生成为联通传真机和计算机的管道。

1963 年第一颗同步卫星入轨,无线电通信再发生"天上人间"的变化。现在卫星通信已覆盖全球。

1969 年,美国高级研究计划署(Advanced Research Prajects Agency ARPA)发起,为帮助科学家们交流、共享有价值的计算机资源,架设起 ARRANET 网,译称:阿帕奇网。该网连接了加州大学洛杉矶分校,斯坦福研究所,优他州立大学和加州大学圣巴巴拉分校等四个地方的计算机。

1970 年,人类制造了世界上第一根光导纤维,又吹响了光通信时代的号角。

1985 年,美国国家科学基金会使用 ARRANET 技术架设了一个类似的但更大的网络,它连接了多个地方的所有局域网。这个网络就叫"互联网络"(internetwork)或互联网(internet)小写"i"开头技术名字。早期因特网用户是教育和科技工作者,他们只能依靠口头或电子邮件来获得新资料及存放的位置。同事间交换资料常说:"你要的资料在某某大学的计算机中,存储在名为 MY·txt 的文件中。"

随着这种网络在世界范围内的发展,它的名字逐渐演变或"因特网"(Internet),大写"I"开头,成为专用名词。

2. 电信息形态及通信分类

电信系统同样由信息源、内容、载体、传输通道和接受者(信宿)五个部分组成。目前,电信息形态有数据、文本、声音、图像。各种形态之间可以相互转化,如照片被传送到计算机,就把图像转化成了数字。电信可直接沟通人的视觉、听觉、实现了视听人机共生。但是味觉、嗅觉、触觉信息的传递,人机沟通还有待探索。

电信的分类

(1)按传输媒质分类:①有线通信:传输媒质为导线、电线、电缆、光缆波导,纳米材料等形成的通信。特点是媒质能看得见,摸得着。②无线通信:传媒质看不见、摸不着的一种通信形式,如电磁波。(微波通信、短波通信、移动通信、卫星通

信、散射通信）

（2）按信道中传输的信号分类：①模拟信号，凡信号的某一参量（如连续波的振幅，频率、脉冲波的振幅、宽度、位置等）可以取无限多个数值，且直接与消息相对应，因此，模拟信号有时也称连续信号。这个连续是指信号的某一参量可以连续变化。②数字信号：凡信号的某一参量只能取有限个数值，并且常常不直接与消息相对应的，也称离散信号。

（3）按工作频段分类：长波通信，中波　短波　微波通信

（4）按调制方式分类：①基带传输：指信号没有经过调制而直接送到信道上去传输的通信方式：②频带传输：指信号经过调制后送到信道中传输，接收端再相应解调的通信方式。

（5）接通信双方的分工及数据传输方向分类：

对于点对点之间的通信，按消息传送的方向，通信方式可分为单工通信、半双工通信、全双工通信。①单工通信：指消息只能单方向进行传输的一种通信工作方式，单工通信的例子很多，如广播、遥控、无线寻呼等。BP 机、电视。

②半双工通信方式：指通信双方都能收发信息，但不能同时进行收和发的工作方式。如收发报机、传真机。

③全双工通信：指通信双方可同时进行双向传输消息的工作方式。如电话机、对讲机等。

3. 信息可以度量

随着通信事业，特别是电信技术的发展，信息的计量问题研究提上了日程。1948 年仙农和韦弗出版了合著《通信的数字理论》。它标志着狭义信息论终于诞生了。

在仙农以前，科学家把消息看作一种能展开或三角级数或傅立叶积分的时间函数。一个非正弦函数可以表示一个直流分量与一系列不同频率的正强量的叠加——谐波分析。这是一种模拟信号的数字分析。通信过程与电力过程的区别，都是通电，只是弱电与强电的不同而已。

狭义信息论只研究语形问题，它撇开信息的语义和语用问题，从而简化了信息的定量研究。仙农在电通信的基础上，引用统计学的观点，考查通信过程，把消息看作随机序列，从而抓住了通信的本质特征。

信息的基本作用就是消除人们对事物的不确定性。同学们考试后会向老师刺探消息："及格不及格?"老师透露："好像及格了。"学生又问"一般还是优良"

……由此可操作,信息就是多数粒子(选项)组合之后,在它们似像非像的形态上押上有价值的数码,具体地说就是混乱现象中的不断博弈对局。例如一个筹概率的二中选一事件,如抛硬币:正面朝上或反面朝上两者必居其一,概率都为 0.5。由仙农公式可求得平均信息量等于 1 比特(bit)。"比特"是信息量的最小单位,字面上的意思是指二进制的"位元"——口,在计算机内就是一个电子"门"只有开或关两种状态。由 8 个位元组成的信息单位叫作"字节"(byte)

再举一个例子:你们公司 32 个人参加羽毛球比赛。因你外出旅游一周,等到回来比赛已经结束,你问同桌"谁拿了冠军?"他不愿直接告诉你,而要让你"猜猜看",并且你每猜一次要收你一块钱。你想怎样才能出钱最少呢? 你可以把全班参赛人编上 1—32 号,然后提问:"冠军在 1—16 号中吗?"假如猜对了,你会问:"冠军在 1—8 号中吗?"……每次折来,如此反复,最后二者排一。5 次提问,你就能知道谁是你们公司的羽毛球冠军了。所以谁是冠军这一消息的信息量值 5 块钱。

当然,香农不是用 5 块钱来表示,他用比特(bit)这个概念来度量信息多少。一个比特是一位二进制数。"你们公司谁是羽毛球赛冠军?"这条消息的信息量是 5 比特。用数学语言表达:信息量的比特数和所有可能情况的对象函数 log 有关。

$Log32 = 5$ 　　即 $2^5 = 2 \times 2 \times 2 \times 2 \times 2$

据此香农指出:它的准确信息量应是 $= (P1 * LogP1 + PP2 * LogPP2 + \cdots\cdots + PP32 * LogPP32)$

其中 P1、P2……P32 分别是你们公司 32 个人夺冠军的概率。一般用等号 1 +表示,单位是比特。32 个人夺冠军概率相同,对应的信息熵等于 5 比特,不可能大于五比特。具体而言,你们公司某人连胜 5 场就肯定得冠军。对于任意一个随机变量 X,它的熵定义如下:

$$H = - \sum PPi * LogPPi$$

信息熵是系统有序性,组织性的量度。热力学熵是系统无序性的量度。由上公式看出:信息和负熵等价。平均信息量公式和热力学熵公式形式上完全一样,两者只差一个负号。

4. 信息传递

与交通运输系统中的车辆一样,信息传输系统也有一个"装"和"卸"的问题。"装"就是要将传道的信息变成适合信息传输的信号形式;如文字、图画、电信号等;"卸"是指将从信道上送来的信号转成信宿能够接收的形式。在信息系统中,

"装"叫作"编码","卸"称作"译码"。

以电报为例,信源(发报人)先把自己要表达的意思拟写成电文,交报务员把电文通过机器或按键转换成电码,这就是"编码"。这里的"码"是指按照一定的规则排列起来的符号序列,通过编码,信息就演变成了信号。在实际信息传递过程中,信息往往要经过多次编码才被送入信道以最简单的电码信号传递。电码信号通过信道传送到接收端,然后,收报员先接电信号接收下来,并将电码还原成电文,就是"译码"。译码是编码的反向操作。经过反向操作变换,收报人(信宿)得到发报人的"电文"。这就是电报传递信息的过程。

一切电信传递过程都采用这种模式,只是具体的信源、信道、信宿以及编码、译码方式有可能不同。

二、人机关系:从分裂到共生

人使用工具的模式问题是我们日常生活中遇到的。如搬运物品,有手提、肩挑、后背、前抱、头顶、两个人抬等等。我们今天操作电脑并非从来就如此,将来还要发生进化。如何使用计算机的问题,即人机关系问题又叫布什问题。1960年利克莱德发表了论文《Man—Computer Symbiosis》(人机共生)提出电脑使用模式的科学问题。他得出"人机共生"的深刻见解,引导了交互式计算技术。

第一代计算机(以 ENIAC 为例)是这样操作的:为了计算机专家或程序员执行某一特定的计算任务,不得不使用 0 和 1 的序列来编写指令。这种外插型的计算程序要花很多时间事先将程序准备好。程序和输入数据打印在一叠穿孔卡片上交给操作员。操作员将"作业"卡片依次放入读卡机,输入 ENIAC 计算机,计算出结果,最后打印到另一叠卡片上。第一代计算机只能做数字计算,人机操作时空分裂响应速度慢,运行成本高。电脑的运行与人脑的思维不能即时相应。打一个比方:你用算盘计算数据之前,你先必须编写好珠算口诀,然后按事先编写的口诀去拨弄算珠子。

第一代真空管电子计算机淘汰之前,程序员发明了编译程序,他们使用汇编语言操作码编写指令。汇编语言虽然超越了机器语言 0 和 1,但都是因机器不同而不同的。针对不同的计算机,程序员必须学习不同的指令集。

总之,第一代"计算机"不具有我们今天的"电脑"操作系统。

利克莱德超越当时单一的线性思维框框,提出"人机共生、促进动态建模,从而增强创造性"的思路。他的人机共生思想有 3 个要点,经历近五十年发展,今天已基本实现。

1. 人机要共生。计算机不是一般工具,而是人的助手,伙伴。今天,我们操纵电脑不需要编程打卡片。数字计算功能简化为附件里的一个计算器就可以完成,人机之间通过连续地交互,通过探索、动态地建立解决问题的模型。现实中,只要安装不同的软件,配置不同的硬件,我们就可用"电脑"解决不同的问题。下棋、听歌、视频聊天、做数学题、建筑设计、网上购物等等,几乎无所不能。难怪有一小学生作文说:电脑比他父母还可爱。

2. 人机要交互。人机共生还体现在"人脑"与"电脑"信息交互上,心手相应,手与机相连,实现了人脑与电脑心心相印。人机之间即时的,连续的,双向通信,实时指挥与控制成为可能,实现了实时合作思考,从而大大增强了人类的创造性。

人机交互功能是这样进化而来的。1946 年冯·诺依曼提出了将程序存贮起来,使运算的全过程均由电子自动控制。这是现代电子计算机的构想之一。

第二代晶体管计算机采用了专用操作系统。操作系统(Operating System 缩写为 OS)是系统软件,主要控制计算机系统中发生的一切活动。操作系统从根本上决定人如何使计算机。操作系统与应用软件、设备驱动程序和硬件间的交互来管理计算机。计算机内部的命令类似军队的指挥系统逐级传达。以 word 打印一篇纸质文档为例:当你运行字处理应用软件 word,打印了一篇文档。你发出打印命令(ctrl + p)后,应用软件就会命令操作系统该做什么,操作系统再命令设备驱动打印机程序,最后由设备驱动程序驱动硬件,硬件就会开始工作。

用户界面是用来帮助用户与计算机相互通信的软件与硬件的结合。计算机用户界面包括能够帮助观察和操作计算机的显示器、鼠标和键盘。

用户界面的软件方面,包括显示器桌面的发展:分为命令行界面和图形用户界面。

操作系统大致可分为单用户,多用户,网络、多任务、桌面操作系统等。现在全世界 80 万以上的个人计算机安装了 Microsoft Windows 桌面操作系统。

基本输入输出系统(Basic Input Output System)缩写为 BIOS,为电脑提供最低级,最直接的硬件控制与支持,保存着 CPU、显卡、内存、硬盘、键盘、鼠标等重要的部件信息。它存储在一块可读写的 CMOS、RAM 芯片中,RAM(Read—Only Memory)只读存储器是一种存放计算机启动程序的存储器电路。这种指令被固化在电路里,永久性地成为电路的一部。就算突然停电也不会消失。CMOS 存储器(complementary Metal Oxide Seomiconductor memory 互补金属氧化物半导体内存)

一种只需极少电量就能存放数据的芯片。它依赖内置纽扣电池供电,包含有关存储器、内存和显示器配置的基本信息。当更改计算机系统配置后,如换了液晶显示器,CMOS 中的数据必须更新。某些操作系统会识别新硬件自动更新,你也可以手动更改 CMOS 设置。

系统每次开机都要调用 CMOS 中保存的 BIOS 信息,才能正常使用。

与此对应,硬件也在完善。输入设备包括键盘、鼠标、摄像头、扫描仪、光笔、手写输入板、游戏杆、语音输入装置等也不断被发明出来。它们是用户与计算机通信的桥梁。如美国人道格·恩格尔巴特(Douy—Lngelbart)1964 年发明的一个木质小盒子鼠标,极大地改善了人机关系。

输出设备有显示器、打印机、绘图仪、语音输出系统等,将计算机中的数据或信息输出给用户。显示器由电视机演变而来,打印机的原型是机械打字机。现今我们的电脑已实现了多媒体化,所见所闻即所得。人机共生程度已达到相当高的水平。

3. 人机要分工。虽然我们今天已实现了人机共生、互动,但电脑比人脑还有很大差异。电脑可以做有数理、逻辑思维的事,比如记忆、计算等,它比一般人脑强千万倍。在直觉灵感,哲学辩证思维、假设、发明、创造等方面。电脑远不如人脑,甚至无能为力。

人脑的作用是全盘把握思维过程:确定目标和动机;提出假设、问题;提出判定准则,解决问题思路;构思操作过程和模型,最后作出判断和决策。当然,人脑还必须操控电脑。电脑的作用则是在人脑的指挥下运行处理执行琐碎的细节。如将假设转换成可执行的模型,使用数据测试模型,回答问题,显示结果。

三、人机网的关系:"地球村"的通信

1. 通信商品的使用价值,有用性是商品价值的基础。

信息商品的使用价值与物质、能量商品不同。它不是独享消耗,而是共享放大。信息可以一个人占有,但是通信必须两个人以上。以电话为例:假设世界上只有你一人拥有手机,你的手机毫无使用价值,也谈不上价值。当你家人也有手机时,你就可以与家人通话,手机有了使用价值。当你的所有关系都拥有手机时,你就会感觉手机太重要了,生活一刻也离不开。

无论何种通信产品都一样,随着消费者的增多而使用价值提高,这就是网络效应(networkeffect)。对于电脑网络而言,麦特考夫定律指出:"电脑网络的价值正比于用户数的平方。"理解这一定律要抓住三个关键点:①网络普及,不仅要有

物理层面的连通(无线或有线)而且必须是用户感知的到。使用起来方便的联通(声音、文字、图片等)。仅把电脑用网线连起来还不够。必须用多媒体的应用层面联通起来,用户获得到高质量的信息享受服务。②网络通信的使用随用户数的增多而直线增长。最理想的状态是全世界的用户包括生活在地球外的宇航太空人,都连在一张大网里,彻底消灭信息孤岛。人们获得信息比呼吸空气更容易。③信息的使用价值正比于共享程度。网络效应的根本原因在于信息共享。在安全、合法的范围内,人们鼓励"广而告之"。

　　注意:信息的保密、专利价值是另外一回事,它超出了通信的范围。

　　2. Internet 与 Web 常识

　　今天我们的电脑在硬件上可以看到一根网线或无线网卡;在软件方面可以看到操作系统桌面上有浏览器,搜索引擎,网上邻居等与 Web 相关的应用软件。前面我们讲了互联网的起源。我们周围的因特网包含本地电话系统、电缆电视线路,手机系统和碟形个人卫星接收器。它们都连接着因特网主干线。因特网主干类似于国家高速公路,是由相互连接的通信线路组成的网络,形成数据传输的高速通道系统。形象地讲:因特网是从你的电脑网线出发,走向本地区、国家、国际区域,覆盖全球的计算机网络组成的集合,它们连接在一起交换数据和分布处理任务。这些电脑链路由大型的电信公司(如中国电信、移动、联通、铁通、中国电视有线网)建造和维护,它能够以惊人的速度移动大量的数据。

　　因特网上的数据主要存储在服务器里,各类服务器归政府部门、大型企业、小型企业、学校、组织机构甚至个人所有。服务器使用专门的软件对来访的用户进行数据查找和分发。因特网上的"信息材料"种类繁多,数量极大,包括政府、企业网页、个人日志、软件、音乐、视频等不胜枚举。

　　上网是简单而愉悦心灵的活动,因为可以访问网络世界,获得无限信息,如同在海洋上"冲浪"每一刻都新奇刺激。在网上,我可以进行信息交流,主要方式有:下载和上传、电子邮件、博客、网络电话、电子商务、播客、对等文件共享、远程访问与控制、视频聊天等。Web(Word Wide Web 的缩写)是指通 HTTP 连接和访问的文件集合。超文本传输协议(HTTP 即 Hyper Text Transfer Protocol 的缩写)是 Web 文档能在因特网上传输的通信标准。Web 文件生成我们上网看到的网页文档,网页文档中整合安装或超链接着图片、视频、动画、声音小游戏等。一系列的网页集合起来就构成网站:网络中的虚拟"空间"。存储和发布网页的计算机就叫 Web 服务器。它们是遍布世界的计算机主机。

上网操作要明确三个最基本知识:①Web 浏览器:一种在计算机上运行的能协助进行网页访问的软件。如微软公司的 InternetExplerer 俗称 IE 浏览器。②网址:每个网页都有唯一的地址,称为统一资源定位符(URL Uniform Resource Locator)如 http://WWW. cctv. com。③搜索引擎:指能够提供多种工具以协助用户查找信息的网站。如著名门户网站:百度、Google hao123 等。

通过电脑、手机等互联上网,人类通信实时,地球如同一个大村庄。

3. 互联网的进化规律

迄今,互联网通信走过 40 余年历程。回顾它的诞生、成长、我们发现人·机·网不断趋向共生、自然进化的规律。

①连接规律:互联网接驳设备的进化不断延伸人脑与互联网的连接,人类大脑越来越依赖互联网信息。互联网连接进化已经走过了四个阶段:

人——服务器——互联网

人——台式机(固定)——服务器——互联网(有线)

人——笔记本(移动)——服务器——互联网(有线或无线)

人——手机(移动)——服务器——互联网(无线)

人类总在努力延长自身感觉器官,《封神演义》中的千里眼、顺风耳神话已成为今日百姓生活的真实。

②映射规律:在应用层面上,人脑的功能被逐步映射到互联网中形成以个人空间为代表的大脑映射,这种形式实现了人脑思维与互联网内容的对应。

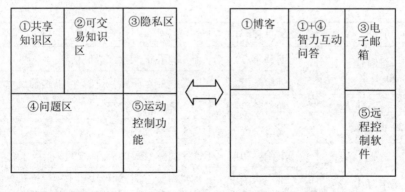

人脑的功能区　　　　　互联网个人空间的应用

大脑映射网络示意图

③信用规律:为了保证互联网虚拟世界有序和安全运行,用户在虚拟空间中

的身份验证将会越来越严格,信用体系会越来越完善。

互联网沟通人类生活的方方面面,新闻、娱乐、交友、金融、购物、学习、工作、政治活动等。现实生活大多可移植到网络世界中。互联网虚拟世界的信用安全问题日益突显。从完全没有信用体系发展到网络实名制,互联网信用体制进化经历了:科研人员直接登录到互联网服务器;互联网服务器管理员分配用户名和密码;互联网用户自由注册用户信息、管理员审核通过;互联网用户实名注册、权威身份验证机构审核通过。

④维度规律:互联网信息的输入输出由初级阶段的一维数字符号自然进化到现阶段的三维多媒体。

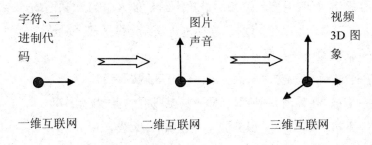

互联网维度进化图

互联网中的信息以二进制的电子信号形式进行存储和传输;但是在服务器和终端机显示出来的结果却经历了从低维到高维的进化。互联网维度进化过程如下:

时间	进程	内容
一维时代 20 世纪	萌芽阶段	使用打孔机阅读二进制信息
	创始阶段	以二进制电子信号进行存贮、传输展示
二维时代 20 世纪末	初级阶段	输入输出文字符号
	高级阶段	文字符号加图片
三维时代 21 世纪初	三维阶段初期	文字符号、图片、声音、视频
	三维中级阶段	网络游戏、部分软件应用出现三维化界面
	三维高级阶段	操作系统界面、浏览器界面、软件应用全面三维化

第三节   人机网社会

一、电脑发展趋势

2016 年,我们正处于这样一个电脑使用时期:大中小城市处处是网吧,农村乡镇集市有网吧,网吧替代了从前的录像厅;街头粘贴散发着计算机操作培训的广告;中国政府为扩大内需的家电下乡活动中包括了电脑,同时电视台播放了一条新闻说——某农民大爷购了电脑回家不会使用,电话问城里的技术员。技术说:"打开桌面上的文件夹"回答:"我桌子上只有口杯没有文件夹。"

回顾计算机诞生至今,电脑生命周期走出一条 S 曲线。可分为 4 个阶段:专家使用、早期流行、公众认识、全民普及如下图:

专家使用阶段——大型机时代 ①1945 年伊尼亚克(ENIAC)的研制成功是电脑使用 S 曲线的起点。②LBMS/360 通用计算家族(俗称大型机)的推出标志着计算机进入了专家使用阶段。使用模式:电脑安装在特定的机房内,技术人员穿白大褂操作。用户将需要计算机处理的程序和数据由编程人员事先准备成穿孔卡片,交给技术人员通过计算机按批处理。终端设备发明后,多个用户才能通过各自的终端共享一台计算机资源。这一阶段又称大型机——终端模式时代。

早期流行阶段——微机时代 1981 年,IBM 公司开始销售一种基于 8088 处理器的叫作"个人计算机"或者"PC"的计算机。如下图的 PC 机售价 3000 美元。微机比大型计算机便宜得多,允许用户有一定的自主控制权。桌面上的电脑可以运行我们自己安装的应用程序,如个人的文字处理。本部门的数据,我的小游戏等。局域网的架设,用户可以使用微机访问企业的大型机。用户的电脑变成了企业系统的客户端设备,即客户机。企业的大型机成为满足客户端请求的服务器。20 世纪 80 年代是客户机——服务器模式的高峰期。

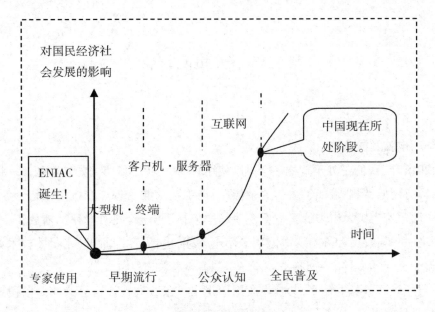

电脑生命周期曲线图

公众认识阶段——因特网时代　20 世纪 90 年代初,软件开放者发明了用户界面友好的新式因特网接入工具,只要缴纳月费用,即可获得因特网账户。电脑因因特网扩展到大众百姓家庭。①电脑和网络终端设备的价格降到了公众能够接受的程度。②用户可以很方便地"上网"去访问互联网服务器上丰富的资源。互联网服务内容由科学、教育,扩展到政务公开、商业购物、网络游戏。用户成本低、使用方便、主机服务和资源共享。电脑进入了公众认识阶段。电脑的高科技神秘面纱渐渐揭开,成为前卫的时尚消费品。

全面普及阶段——网络计算时代　现今 2010 年应该是电脑全面普及的最初阶段,电脑不再是昂贵的奢侈品,但还没有成为人们生活的必需品。与电力、电视、手机比较,百姓生活可以没有电脑,英文"Utilify computing"即电脑的普及平民化任重道远。

未来 5—10 年是网络计算时代。依历史轨迹推测:"机"不再叫电脑,叫信息终端机;"网"不再叫因特网,叫网格或云。

二、KISS 原理

为什么电脑难以全面普及? 用户说:电脑虽好,操作起来还有点麻烦。电脑的麻烦有四条。①多数只能在固定场所使用,拖着一根长长的网线。②键盘、鼠标挂在主机上有点累赘。信息的输入尤其是中文汉字的输入是特困难的一件事。③网络设备硬件、软件的安装必得专业技术人员,拨号上网长长的数字等都令人生畏。④上网之后,不同语言的网页阻碍了人们对信息的交互。

"KISS"是"keep it simple ,stupid"的缩写。意指"将事情简单化""KISS"原理源于奥卡姆剃刀原理。14 世纪逻辑学家奥卡姆的威廉(William of Occam)提出一个原理,其实质是:"如无必要,勿增实体"(Emtifies should not be multiplied unnessarily)计算机发明的初衷就是要让复杂的数字运算机械化简单化。设计一个计算机系统时,一定要保持简单、傻瓜。沃伦·巴菲特说:"比尔·盖茨最聪明的地方不是他做了什么,而是他没做什么。正是 KISS 原理成就了今天的世界名人。"未来的人机网关系追求老庄哲学的一种境界:无为而无不为,尽量保持用户做事简单,但不是信息化智能工具设计思想的简单。

从人机关系考察,现在的台式机,笔记本显然太复杂。平板电脑应该是最近几年 PC 机发展的方向。微软提出的平板电脑是无须翻盖,没有键盘,小到足以放在女士手袋中,但却功能完整的 PC。比尔·盖茨经常强调:"自然界面将会改变人们的计算方式"。触摸式的人机交互技术实现了两个理想:显示器与主机的空间一体化;输入和输出信息的一体化。触控板(TouchPad)是一种触摸敏感的指示设备。第一代触控板实现了一般鼠标的功能。现在第三代触控板功能已经扩展为手写板,可以直接用于手写汉字输入。键盘、鼠标将退出电脑的市场,成为历史遗迹。

比尔·盖茨的第二个预测:"动口不动手将成为今后电脑输入的发展趋势。"用语音输入文字是微软公司正在努力奋斗的目标之一。电脑识别人的语音并将之转换为文字的技术叫语音识别技术。2009 年 7 月 10 日下午谷歌软件工程师发表消息:高级翻译功能尽在谷歌工具栏。最新版谷歌 IE 工具栏的翻译功可以立即完成外文网页的翻译。供你阅读。手机可以做到语音拨号呼叫了。

人类生产、生活信息化、数字化的具体模式是嵌入式计算机。嵌入式有两个极端的发展趋势:巨型机和微型机。巨型机是运算速度更高、存储数量更大、功能更强的计算机。目前巨型机运算速度可达每秒百亿次。微型化是指计算机进入仪器、仪表、家用电器等小型设备中,工农等各行业生产控制过程中,微型机使仪器设备实现"智能化"。电脑不一定是单独的存在,它嵌入到各种生产、生活工具中,成为工具的"灵魂"。

电脑将彻底改变我们的生存方式,也改变着电脑自己:智能手机就是手机电脑化、相机化、网络化。

三、人机网社会

电力改变了人类生活。电源插座后面是庞大的供电系统。信息将再次创造人类美好生活，"信息插座"后面是高密度的海量信息网。

未来的"机"不单指我们今天的 PC 机，而是指一切可以信息化，智能化的机器设备。人机网社会是一个多人多机组成的动态开放的网络社会。与现今人机网关系有三个方面的进步：

①多人多机。我们已走过多人一机的大型机和一人一机的微型机时代，即将迈入 1 人多机或多人多机的网络时代。未来的巨型计算机意味着很多，大规模，如同今天我们的三峡电站、核电站，再不用一家一村发电了。人们更关注的是可扩展性和过载保护、负载平衡等问题。从微型机看，多意味着微机嵌入式安装在生产生活的设施中，人机网形成交互、协同关系。计算机不仅是科学计算的工具，而且成为交互协同的工具。现在的短信、游戏、万维网服务中显露出未来生活的端倪。

②深度交互。未来人机网社会交互范围和深度远超过今日的手机通信、上网QQ、微信互动、视频之类通信。多个用户，人机之间，甚至机与机之间沟通，简洁易用的界面，实现即时性、同步或异步的对电脑网格（网络）的读、写、操作类交互。深度交互的本质特征是交互贡献、交互增智，最终实现交互创造。

目前人机网交互，主要是指通过上网人机交互、增强人的智能。网络时代，人机网社会将进化到交互增智。交互不仅可以为人增智，也能为机增智。那时，电脑网络不再只是执行事先编好及部署好算法的计算机，而是能够不断进化，不断从人们的使用中变得更加智能。人机网社会意味着多向通信、多向增智。今天计算机进化升级为电脑了，将来电脑升级进化智能信息终端。人机网社会增智将成为人人增智、机机增智，最终出现社会智能的涌现。

③开放社会，人机网社会强调开放、动态，就像现在的人类社会人与人之间关系一样，将来人机网社会，多了一层人与机的关系。人与机之间既有共同目标，又有分工；既有共性，统一的规范，又有自主性和个体的空间，社会主体与客体的关系在目前一人一机，人机网共生系统中并不突显重要性。未来人机网开放社会意味着主体和客体不是封闭的，不是事先确定的。这样情形下，信任、上下文、隐私、政策法规等将突显其重要性。

虚拟,意味着一个社会活动的成分并不一定事先可用,甚至事先不知,程序员可以创造新生事物。开放、动态具有成长性,据近年来"小世界"和"网络论"相关问题的研究:一个开放社会并不一定是完全随机的网络,而是具有结构的系统。

人机网社会虚拟开放,深度交互必须突破现在的 Internet 和 Web 模式。

统一规律:互联网将会从硬件、软件、高端应用软件等各方面从分裂走向统一,这种统一将促使互联网进化成一种虚拟大脑结果。

目前互联网的技术和组织架构很不完善。分裂现象大量存在:网络协议、计算机操作系统、数据库应用都存在不同版本;应用上,大量相互独立的网站,导致用户不得不登录不同的网站接受服务。

分裂现象增加了建设互联网的成本,降低信息沟通的效率,浪费用户上网时间,阻碍了新商业模式的出现如信用体系的建立,虚拟社交圈子的创建等。

社会技术的进步,分裂必须统一。互联网进化的曙光就是"网格"和"云计算"。

网络协议,操作系统、数据库、网络编程语言应用会逐步规范和统一;互联网服务器将会逐步减少,越来越多的软件系统会统一到巨型服务器中;商业运营将会通过联合,兼并等形式实现提供内容和服务的统一。

1. 网格(Grid)

网格被认为是继传统互联网,Web 网之后的第三次浪潮。计算机通信科学家比照电力网提出通信网格构想。网格属于"后因特网"的一种新兴技术,目前尚无精确定义和内容定位。但也有一些共识:网格要把地理上广泛分散的各种资源(计算存储、带宽、软件、数据、信息、知识等)连成一个逻辑整体,就像一台超级计算机一样,为用户提供一体化信息和应用服务(访问、计算、存储等),虚拟组织最终实现在这个虚拟环境中进行资源共享和协同工作,彻底消除信息资源"孤岛",最充分地实现信息共享。比如以视觉为例,你坐在家中通过视频网格你可以看到地球上任何一处你想去"旅游参观"的地方。这种遥距近视技术,在今天的"谷歌地球"已初现端倪。只不过前面提到的连接规律还要进化;人——眼镜式接驳设备(或眼睛晶状体接驳设备)——服务器——互联网。从现在的3G 手机视频发展到眼镜式接驳设备。人们可以通过设备上的开关在现实和虚拟世界之间快速切换。眼镜影响视力又不美观。将纳米等电子设备植入到人的眼睛,连接入互联网,互联网三维信息直接投射到眼内视网膜。从逻辑上讲,连接进化可导致网络信息直接接驳大脑。这有待计算机材料科学、脑神经科学,人脑思维机理,生物信息传递等科学技术的进步。此例何以看出未来社会的人机网关系。

网格服务的内容不胜枚举,网格系统技术极其复杂。它类似于今日之电力网。服务简单、傻瓜化:需要信息服务时,接上"信息插座",按下"信息开关"即可,请读者展开科学幻想的翅膀。

网格运行的关键技术是将信息产业资源看成一个虚拟的资源池,然后向外提供相应的服务。当初网格计算构想者提出"使用 IT 资源像水电一样简单"。如同电力,自来水调度一样,网格作业的核心价值是作业调度。网格系统要尽可能地利用各种资源,将一个庞大的项目分解为无数个相互独立的、不太相关的子任务,然后交由个计算节点进行计算。即使某个节点出现问题,不能返回计算机结果,作业调度系统也能够把计算任务分配给其它的节点继续完成。

网格作业调度系统自动搜寻与某一任务匹配的资源,然后寻找出空闲的物理节点,将任务分配过去直至完成。网格能够实现跨物理机进行作业处理,(类似将某大型电厂的电能调往某城市)但是需要用户先将并行算法写好,再通过调度系统作业分解到各个不同的物理节点进行。这是一个复杂的过程,国家教育网格项目组负责人金海教授表示:现阶段的教育网格还只能实现将某一特定任务派往特定的某一个节点。

网格计算有不足,科学家们提出云计算的构想。

2. 云计算

云计算机比网格更前卫。目前有 20 多个关于云的定义或说法,是个热度很高的名词。和网格一样,云计算提出计算池的概念:"把分散在各地的高性能计算机用高速网络连接起来,用专门设计的中间软件有机地粘合在一起,以虚拟界面接受各地科学工作者提出的计算请求,并将之分配到合适的信点去运行。计算池能提高资源的服务质量和利用率,同时避免跨结点划分应用程序所带来的低效性和复杂性。"

云计算超越网格的地方在于:通过虚拟化将物理机的资源进行切割,来实现资源的随需分配和自动增长,并且资源的自动分配和增减不能超过物理节点本身的物理上限。

云计算与网格计算有很多的相似之处,两者都能够被看成是分布式计算所衍生出来的概念,都是为了让信息产业资源能够对用户透明、更好更方便地使用信息。

"网格"或"云"概念的提出,将再次改变人类生存模式,我们即将进入人机网社会。

从 Google 的现实出发去设想未的人机网关系。今天我们用 PC 处理信息、通过电子邮件,U 盘 MP4 等与人共享信息。硬件一旦损坏或丢失,数据再难找回。"云计算"时代,你的数据资料存储在"云"中,如同钱存储在银行,安全性大为提高。"云"是包括几十、上百万台的计算机群,它可以随时更新,保持长生不老。搜索引擎 Google 之所以拥有海量信息资源,极强的搜索能力就在于它有好几朵"云"——让几十万台计算机一起发挥作用,组成强大的数据中心。Google 中国 CEO 李开复说:Google 真正的竞争力就在于这几朵云,它们有无与伦比的存储和计算全球数据的能力。

从因特网、web 网的历史现实,到网格,云计算概念的提出,我们还发现一条网络进化规律:互联网对人类大脑的仿真。当初计算机被俗称为"电脑"就蕴含了人类追求模仿大脑思维神奇的理想。

本书第一部分天然智力阐述了人脑进化,人脑发育,这两种过程都是由低级到高级,由简单到复杂。电脑网络同样仿真人类大脑结构进化发育的历程,从电话线到光纤,电子公告牌的功能分离、搜索引擎的崛起,分布式计算的设想,云计算资源池概念的萌生,互联网网站之间的兼并等,表面上看这一切都是人类在经济利益驱动后的成果。实质上则是互联网正从一个结构分散、功能成熟的组织架构向着完善美妙的人脑结构方向进行着仿真进化。

信息工具智能仿真最理想的生物靶标应该是人脑神经系统。电脑网络虚拟大脑结构,虚拟现实社会关系交流。

人工智能发展趋势推想。工具论是以人为本、为中心提出来的。"我"之外的一切皆为工具。人工智能从天然智力衍生而来,经历了"偃师造人"、算盘……图灵计算机、电子计算机、互联网、web 网、网格到云计算;人机网关系走过了从梦想、到理想、到现实,又从分裂,到人机网共生,人机网社会,下一步会怎么样呢? 我的推想是人机网共体,即天然智力和人之智能的合一。未来天然智力和人工智能的研究进一步深入,现实与虚拟进一步融合(如高速公路上的虚拟光墙)

信息工具的进化最终实现主体和客体的统一。

第六章互动话题

1. 什么是信息？谈谈你对信息社会的感受？

2. 你上网吗？上网时刻与下线以后你有什么不一样的感觉？

3. 简述人机关系的历史,你幻想过未来的人机关系吗？

4. 书中提出"信息枯竭说"和"信息爆炸说"是从哪两个角度说的？联系现实谈谈你的看法。

5. 你认为将来会有味觉、嗅觉智能机的诞生吗？为什么？

第七章

虚拟世界

题记：智慧出,有大伪。

——《老子》

计算机及网络通信技术改变了我们的生活,创造了一个虚拟世界。本章我将引导读者参观、思考虚拟世界问题。虚拟世界不全等于网络世界,网络世界有现实的部分;网络世界没有涵盖全部虚拟世界,虚拟世界有过去无需电子网络的历史。目前,网络虚拟世界日显突出,因为它是虚拟技术的最新成果:模拟现实事物、甚至创造出现实世界中不可能的事物。网络虚拟世界被人们称之为"小世界",以对应于客观物质大世界。

第一节　虚　物

——小世界本体论

一、人走出自然多远

依流行的信仰:达尔文进化论,自然进化出人类、人类组成社会发展到今天,还要走向未来。我们把这种进化,发展的历程划分出标界。标界是人为的概念——语言抽象。它是人类超脱自然的起点。

1. 第一次前行:从自然到人为,人类与自然的分离与和谐。

①初始的"自然"概念。自然是什么? 自然就是宇宙玄黄、天地万物本来就在那自己生产、生长、灭亡。三国魏王弼《老子注·五章》"天地任自然,无为无造,万物自相治理。"中文"自然"的原始含义即"自然而然。"老子说的"道法自然"就是

自然生产。生命的诞生、成长没有理由,没有原因,完全是自然的。地球围绕太阳转,月亮围绕地球转,岁月循环周而复始,月季花儿开,因为花儿开;因为爱,所以爱。古代希腊"自然"一词即天然、天真、没有人的干扰的生产。

②"自然"概念扩张到"自然物"。面之所向,行之所达,人的"注意力"必得有对象。思考"自然"离不开自然物。因为人们思考自然时,有一个预定的感知对象框架:自然首先是某些事物的集合。如你埋下一粒种子,观察到它发了芽。发芽过程是自然,种子和芽是自然物。现代"自然"概念最有名的当属穆勒的定义:"自然一词有两个主要的含义:它或者是指事物及其所有属性的集合所构成的整个系统;或者是指未受到人类干预按其本来应是的样子所是的事物。"

"自然"一词由具体的生产、生长、到万物抽象的本源,再到自然物的本性,一切"自然物之集合"——大自然。自然概念内涵不断丰富,外延不断拓展,反映了人类认识的深化过程。

③从自然到人为,人是自然产物。因为人由人生长出来,属于自然物的行列。人类吃、喝、拉、撒、醒思、睡梦、生老病死等一切的本能都属自然,只有被迫去做本能之外的事情时,人的行为才是非自然的。比如河水自然流淌,被人筑坝发电就不是自然;人应该自然生产,剖宫产是人为的非自然;人要死亡是自然的,吃仙丹则是反自然的。

人因为有了智慧,而超越了自然。以人类为中心,于是提出"自然界"这一概念,对应的也就是高一层次的"人类社会。"人的活动有本能自然部分,更多是心智控制下的人为,人工或技艺。人类产生之后,首先对自然进行模仿,如农耕、畜牧、体育、狼顺化成了狗,野稻培育成了水稻,杂交水稻。模仿就会失真,人工与自然之间存在差异。《说文》徐锴曰:"伪者,人为之,非天真也。"最初古人崇尚自然,认为人工不如天工,人为是对自然的破坏,进而反对人工机械。

庄子讲述关于机械危害的故事:

抱瓮老人

子贡南游于楚。反于晋,过汉阴。见一丈人,方将为圃畦,凿隧而入井,抱瓮而出灌,滑滑然,用力甚多,而见功寡。

子贡曰:"有械于此,一日浸百畦。用力甚寡而见功多。夫子不欲乎?"圃者卬而视之,曰:"奈何?"曰:"凿木为机,后重前轻,挈水若抽,数如泆汤,其名为槔。"为圃者忿然作色而笑曰:"吾闻之吾师,为机械者必有机事;有机事者必有机心。机心存于胸中,则纯白不备,则神生不定。神生不定者,道之所不载也。吾非不知,羞而不为也。"子贡瞒惭,俯而不对。

——《外篇·天地》

智慧的力量终究不可阻挡。机械的发明和使用极大地改变了自然界的面貌,同时近代科技也发现了自然机械规律如牛顿力学、伽利略观察到天体运动;炼金术开启了化学实验的步伐。人类不仅改变自然物的外部形状,而且能改变自然物的内部成分和结构,制造出与自然界没有差别的东西,如硫酸盐、转基因食品、狮虎兽等。人类可以加速自然物的生长过程。

自然与人为的二分界线被打破,机械自然观的形成消弭了人工物与自然物之间的差别。机械自然观把整个宇宙自然界看成一台机械,实现了人工与自然的和谐统一。

2. 第二次前行:从人为到人造,人类与自然界的对立统一。

伴随着工业革命对自然界的大规模改造,人类当作制造、支配、统治征服者,自然界被看成制造、支配、统治、征服的对象。人类与自然界二分矛盾突显。弗兰西斯·培根提出了人类中心论:自然界的一切都是为人类服务的。理性认识能力使人类胜过了动物,知识成了人类高贵,力量的标志。凭着科学和技术人类可以支配和统治自然。培根的名言:"知识就是力量。"为现代人们所悉知。这种"力量"支配、控制自然表现为实际操作实践。如人造地球卫星、登月工程,截流长江筑三峡大坝,高分子聚合材料等等。这不是简单地改变一下自然面貌,而是"革命"性的人造,单靠自然进化绝无自生这类东西的可能,因而叫第二自然或人化自然。科学的目的在于为人类服务,以种种新的发明创造来丰富人的生活。工业革命以机械能源的运用,物质的制造为显著特征。科技的发展使人类再次远离自然,凌驾于自然之上,成为自然界的旁观者。我们成了"改变地球的一代人"。

自然的数字化、人与自然的二元关系是牛顿自然概念的两个主要特征。人类仿佛置身于自然界之外。成为"我在你的对面也即你在我的对面"把自然界对象化、空间化。于是科学描绘了这样一幅宇宙图景:宇宙世界是按质分类的一种等级结构,银河系→太阳系→地球→无机界→有机界→生物界→人类社会→我;与质对应是量的差异。研究量的方法是数字运算,大到天体运行,小到分子结构、原子、电子的组成,一切都有数字特征。自然界是有数字结构的,比如我们常见的日历,时钟。自然是按照数学设计运行的一件作品。2009 年 7 月 22 日上午,我们观测日全食现象,从网络、电视看直播,听解说,深感自然现象的奇观壮丽;同时也感叹人类科技的伟大:天地玄黄在科学的计算之中,月球早已被人类登攀成功。在自然面前我们少了迷信、顺服，多了理性、自信。人与自然的二分给我们造成一个假象或错觉：人构造了自然，而不是自然创造了人。

然而，人类终究不可度外于自然，事实上，在巨大的时空背景下，人只是宇宙之中沧海一粟。人类支配自然是有限度的，支配到达某一程度时，人类反成了被支配者，我们对自然的支配不在有效。人类大规模支配自然从工业化开始。百来年的工业化后果导致能源危机和生态危机。这两大危机关乎人类的"发展"和"生存"问题。

这种危机根源于人类支配、统治和征服自然的观念。热力学第一定律：能量转化和物质不灭，预示着一切皆有可能，成为工业革命的科学理论基础。于是，从瓦特蒸汽机到石油、核电等能源的开发，人类可任意使用能量，无需"扬帆起航，顺水推舟"了；从茅屋农舍到钢筋水泥的城市丛林，无处不在的高分子塑料用品，人类可以恣意"修理"着地球。

然而，热力学第二定律却告诉人们：一切作为孤立个体的物质系统，全部处于耗损、衰退的过程中。一切物的东西都有一个由新转旧的过程。繁华的城市终将成为考古对象。牛顿力学下构筑的世界只是一个理想世界。在现实世界中进化的生命流向与退化的物质流向相互交织，相互渗透。生与死的故事每时每刻都在进行中。海滩上的沙雕无论多么雄伟精美，终究将回归于大海。

由于自然科学的发达，传统的自然哲学不得不让位给科学哲学——一门关于科学认识和科学知识的学问。现今人们更关注科学发展与人类生存的关系。个体人是一种生命的存在，有生有死；整个人类作为一个物种也是一种生命的存在，有始有终。这是一个无法究诘的终极命题。我们人类是否与宇宙共存永生，现今判断没有结论。但是，我们必须承认是自然孕育了人类，而非人类构造了自然。人与自然和谐是科学发展观理论的重要内容。也是科学哲学探究的基本问题。

3. 第三次前行：从现实到虚拟，主观世界与客观世界的分离与融合。

人为是人适应、利用自然；人造是人征服、控制自然；虚拟则完全超越、脱离自然。

"现实"这一概念隐含了"人的主观感知。"现即时间上的现在，行为的呈现，实即客观实在。现实是从"我"的主观存在出发判定客观实在。人类起源的初期就像人的婴幼儿时代，心智没有开化，处于物我一体的混沌蒙昧状态。伴随着智力的进化，自我意识的觉醒，人类首先意识到身心的不同，形成了"自我"概念：有了灵魂之说。然后意识到"自我"与"非我"的差别，形成了主观存在与客观实在两个世界。

现实包括自然实在和人类实在。自然实在又分为未被人类影响的纯自然实在和已受到人类干扰的自然实在。后者我叫它伪世界。人类实在包括人的身体及行为,肉体所承载的意识、思维、情感等。由人类从实在转变而成的现实,可以是本真现实,也可以是伪现实——人为的现实。伪现实是人类活动过程中,学习、模仿,改造自然的结果。

"虚拟"这个词最早来源于光学,用于理解镜子里面的物体。也许原始人类正是从静静的水面上发现了自己的影子,这才找到了"自我"。镜子外面的是实,镜子里面的是虚,射影,没有镜子前面的本源实,也就不会有本源在镜子里的射影虚。拟:度也,从手以声,本义是揣度、比画、打比方、比划,是人类表达主观存在(思想)的一种手段。虚拟在本质上是人类主观存在(思想)现之于客观实在的行为。通俗讲,虚拟就是"做样子"。

人类意识能动作用的加强,智力的进化,私有观念的形成,促使身与心分裂,人与物相去。自然与人以及物质对应着心灵,是两个相互联系的独立体。主观与客观的分界越来越明晰。联系主观与客观的是虚拟。人类的文化艺术包括生产、生活实践前期的构思、草拟、演练等都包含有虚拟的成分。如建房的草图、军事演习的假想敌。虚拟技术(艺术)发展到今天,经历了绘画、文字、戏剧、电影、电视、电脑等以视觉为主,也有听觉(口技拟声)、味觉(如糖精调味品)和嗅觉(芳香剂,牛肉膏让母猪肉变牛肉味)等的虚拟。今天,电子信息技术的发展,计算机网络构成了一个虚拟现实世界。

二、网络虚拟世界

把分裂的客观物质世界与主观精神糅合到一起的是虚拟世界。虚拟是事物存在的一种信息状态。与"现实"相对,它源于现实,高于现实;与"主观"相对,它是主观的外显、物化。虚拟技术由简单到复杂,粗伪到逼真,静态到动态,目前的最新成果就是互联网电子虚拟世界。

1. 虚拟世界的界定。虚拟世界(Virtual world)最广义的虚拟世界应该是一个不同于现实世界的由人工技术(如文学、童话、绘画、雕塑、世界之窗、计算机网络)所创造的一个人工世界。现今人们普遍认同它为计算机网络电子虚拟世界。

狭义的虚拟世界是一种"模拟的世界",由人工智能、计算机图形学,人机接口技术、传感器技术和高度并行的实时计算技术等集成起来所生成的一种交互式人工现实。它是一种能够高度逼真地模拟人在现实世界中的视、听、触等行为的高级人机界面。通过计算机模拟环境，以虚拟的人物化身为载体，用户在其中生活，交流。如目前流行于办公室的网上种菜游戏，玩家常常被称为"居民，"可以选择虚拟的 3D 模型作为自己的化身，模仿现实生活的各种活动：农夫挖地、栽种、施肥……并通过文字、图像、声音、视频等媒介交流。尽管施的肥无气味，收获的菜不能吃，一切都是虚幻的，但它又是客观的存在，因为它来源于计算机内部软件的运行，只要不关机，玩家离开后，"地里的菜"依然生长。虚拟技术做到了：真实的人类虚幻地存在，时间与空间真实地交融。

广义的虚拟世界除狭义虚拟窗口世界外，还指随着计算机网络技术的发展和相应的人类网络行为的显现而产生出来的一种人类交流信息、知识、思想和情感的新型行动空间，如 4G 手机视频通话，"抱抱装"（有情人拥抱的感觉）等。它包含了信息技术交流系统、信息交流平台、新型经济模式和社会文化生活空间等广泛的内容。总之，广义的虚拟世界是一种动态的网络社会生存空间。

未来的虚拟世界运用计算机技术，各种通信技术和人类的意识潜能开发视听等感受传导器官，形成独立于现实世界，又与现实世界有联系，人们通过虚拟头盔和营养舱以意识的形式进入类似于地球、宇宙的时空。

2. 虚拟世界的分类。面对计算机网络窗口（Windows）呈现在我们面前的网页、视频、音频、游戏等；你通过键盘、鼠标、摄像头等可以上传信息。人机之间通过界面交换无限流量的信息，以时间换取了空间，我们称之为虚拟空间、赛伯空间或虚拟世界。

①按构成内容的真实程度分为"虚拟的现实世界"和"虚拟的幻想世界"。虚拟的现实世界与现实较接近，其内容与现实世界的政治、经济、文化、教育等方面有着千丝万缕的联系；部分素材直接采用自然真实生活中的摄影、录音。比如嬉戏型游戏，益智型游戏，网上娱乐下棋、打牌等，在现实世界中都能找到原型。

虚拟的幻想世界多数是大型 3D 网络游戏。它只是一个预定主题的幻想世界，如《传奇》《魔兽世界》是两个典型代表。MMORPG（Massive Multiplayer Online Rok Playing Game）游戏构造的虚拟世界，多是神话和幻想作品的网络互动版本。游戏为玩家提供了预先内置场景和工具。玩家扮演自选的一个角色进入幻想世界中，通过游戏不断提升自身等级从而获得更高的技能、赚取更多的游戏钱币来购买更强大的装备和道具。虚拟幻想世界本质上与现实世界没有关联。

②按软件使用功能分类，目前的虚拟世界主要有：虚拟社会：用高科技的网络

信息,把意识形态中的社会结构以数字化形式展示出来。它对现实的实体生产不能产生帮助,但在人文服务等方面的却有独到的魅力。如政府网站、学术网站、社交网站、网上淘宝、个人网页、博客、微信等。

虚拟城市:综合地运用 GIS、遥感、遥测、网络、多媒体及虚拟仿真等技术,对城市内的基础设施、功能机制进行自动采集、动态太监测管理、辅助决策的数字化城市。

虚拟漫游:虚拟现实(VR)技术在建筑、游戏、航天航空、医学、旅游等多种行业的应用。由于采用 3D 技术,虚拟漫游是有沉浸感、交互性、构想性,效果远好于固定漫游路径技术。以虚拟建筑场景漫游为例,包括虚拟建筑场景建立技术和虚拟漫游技术。这种漫游软件又可分为两大类:A、真实建筑场景的虚拟漫游(真实名胜景观的虚拟旅游北京故宫博物院的 SGI Realkty center,真实地形地景虚拟漫游)。B、虚拟建筑场景的虚拟漫游(建筑设计、城乡规划、新型房地产等的虚拟宣传广告;3D 电脑游戏:虚拟战争演练场和作战指挥模拟训练)。

虚拟主持人:2010 年世界上第一个虚拟主持人——阿娜诺娃(Ananova)诞生在英国。

虚拟婚姻

虚拟试衣

虚拟公司

虚拟财产

虚拟货币

虚拟墙壁

三、虚拟世界的虚态特征

1. 事物存在从实态向虚态转变

传统哲学本体论以物质和意识为两极世界。它的一极是观察中的物理世界,是一种现实性哲学。虚拟世界存在的是虚态物质,针对的是一个具有虚拟含义的逻辑世界,因此它是一种虚拟性哲学。虚拟世界诞生突破了主观与客观的界限,呈现出第三种状态。哲学必须对虚拟现象做出解释。

哲学是关于自然、社会和思维发展的一般规律的科学。近代科学技术(主要是细胞学说、能量转化与守恒定律、进化论)促使了唯物主义和辩证法的结合,产生了马克思主义哲学。现代科技的信息论,控制论和系统论在微电子技术的基础上,建立起一个虚拟世界,再次改变了人与自然的互动关系,改变了社会生存方式,深刻影响着人们的内心世界。

面对电脑、电视、4G、5G 手机等窗口界面,虚拟是一种数字化方式的构成。这种构成包括两个层次:第一层是电子虚拟物本身的存在方式文字、图片、声音等。第二层次是电子虚拟物的存在空间,一维、二维或三维空间。在人与物的关系方面,虚拟空间与现实空间存在着直接的区别。现实时空中,所见即所得。看见面包可买来吃;虚拟通过数字化方式为"事物"提供一个间接空间,眼见不一定为实,视窗内的数码电子面包不能充饥。这种间接的虚拟空间与电脑、网络、手机、卫星等信息高科技构成了一个数字化世界。

前一章讲了人类信息媒介发展,语言文字的巨大作用。从实态到虚拟是人类信息媒介系统又一次提质升级:一场深刻的数字化变革。数字化方式比语言文字更虚幻、快捷、经济、丰富、逼真。语言文字创造了一个现实符号空间;虚拟则在符号空间上(二进制的 0 和 1)再创造了虚拟数字空间。在虚拟数字空间,一切可能性得以实现;现实中不可能的东西,也可以虚拟成"真实":变幻时空,创造了实态与虚态,现在与未来、历史的统一。有限窗口空间引领我们走进无限变幻的虚拟可能。

2. 虚拟化的度量

电子虚拟世界作为一种数字化的存在,它对客观现实的超越是不完全的,它根植于现实,与现实是一种再现模仿关系。这种模拟再现与超越有着三种形式。

第一,合理虚拟世界。对实存事物的数字化虚拟,如数码照相、扫描、文字录入等。通过计算机语言将原有的自然语言加以转化成为一种电子数据的虚拟存在。人机交互、特别是计算机软件编程人员(程序员)使用计算机语言将行为过程和对象编写成计算机运行程序,经过层层编译方式或解释方式,成为一串串简单的 0 和 1 组成的二进制代码指令集合,指令计算机运行,操作加工对象。

程序是为解决特定的问题而为计算机编制的一系列指令的序列。比如我们现实中建一栋房子,要有一套建筑流程。

指令是机器能够接受的一组编排成特定格式的二进制代码串,它规定了机器按照指定的时间顺序应当完成的一组特定的操作。指令用一串二进制编码组成,称为指令码。

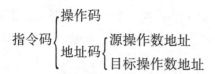

以上对于非 IT 人士来说有点复杂、抽象。但你可以抓住一点本质：无论怎样多变而复杂的世界，都可以通过简单的 0 与 1 再现于显示器等输出设备。这就是"数生万物"的魔力。数字化虚拟就是把现实或思想转换成数位形式的信息表达。这种数位信息便宜、易于复制，用之不竭，可快速传播。

这一层次是后面两个层次虚拟的基础。虚拟是借用电子计算机系统，对事物信息的间接表达，属于人类活动的高级形态。

第二，夸张虚拟世界。人类不可能到达的环境，但又有一定现实或科学依据。对现实历史的一种扭曲变形，如动画相声《关公战秦琼》（关公战与秦琼是两个不同朝代的人）。有科学依据，但不可实践操作的虚拟环境：温室效应两极冰雪消融后地球环境的模拟；高空飞行事故模拟；案件情景再现等。这是一种对可能性的虚拟，它与现实相关，但又不是现实。客观事物的发展有多种可能性，但发展的结果只能选择一种可能性。没有成为现实的各种可能性则成了不可能性。这种不可能性也是我们虚拟世界的对象。

为什么可以夸张？技术层面上就是传统信息的物理存在方式转变成了数字逻辑存在方式。网络电脑内的信息存在方式类似于我们大脑中的信息方式：人脑可以想象，电脑可以 P 图（photoshop 图像处理加工软件）。总之，记忆在大脑中，电子数据在计算机网络中，但我们无法说出看到它的具体位置，它确实存在，并按照不同的逻辑命令自由组合在一起。这种自由组合信息，可以使我们对现实关系进行各种各样可能性尝试：如模拟主演、试衣、旅游等。

虚拟是更高层次的现实性，它对现实社会发展具有助进作用。如虚拟可看到史前恐龙，坐家中上网可观宇宙星空。

第三，魔幻虚拟世界。对现实中全无可能性的东西进行数字化虚拟，构造纯粹虚构的环境。如大型 3D 游戏和玄怪小说之类。游戏设计编造的乌托邦和反乌托邦。

3. 数字化虚拟空间　虚拟空间（Vitural space or cyberspace）计算机网络为基础。

通信网络将各个不同节点连接起来，让分散各地的电脑相互关联进行远距离信号传递。数位形式的信号永不止息地流动于网络的各节点之间。网络与信息就像河流与水一样依存一体。信息没有网络是僵死的,网络没有信息是空洞的。众多的网络服务商、网上居民运行着众多的服务器或终端机,共同创造了网络空间。数字化虚拟网络空间实践了"整体大于部分之总和"这一系统论思想。

4. 虚拟物 Internet

是一种象征,它虚拟再现人们的心理与社会状态,冲击着既存的社会结构,改变了我们这个现实世界。

传统哲学的基本问题是物质与精神的关系问题。唯物与唯心是非此即彼的选择,进入信息时代,哲学本体论遇到了"信息"问题。信息既不能划归物质范畴,也不能划归精神范畴。信息是介于物质与精神之间的象征。

$$物质 \underset{物化}{\overset{虚化}{\rightleftharpoons}} 信息 \underset{过程}{\overset{过程}{\rightleftharpoons}} 精神$$

本真　　　象征　　　影射

广义的物质应该包括宇宙间一切客观实在:实物和虚物。信息是"物",但它必须借着它物来作象征功能,所以是"虚物":望梅不能真止渴,画饼也不能真充机。这种象征材料物经历了语言、声音、符号象征、文字、图形符号象征,电子数位符号象征三个阶段。

从物理角度考察,信息具有低能耗性,遵循客观自然规律,信息传递比本真实物传递省能的多。以货币流通为例,电子货币比纸币方便快捷,纸币比金属货币轻好携带。从社会精神层面(虚)考察:信息具有高能量、自增值性,精神的力量是伟大的。宗教竖一根木头就可以让人跪拜,唱一首流行歌曲,电视台选一个明星就可迷倒一片。信息对社会存在及其发展的作用:①进化作用。人类脱颖于自然动物的标志就是思维及其工具语言、文字的产生。从狩猎到农牧,从工业社会到信息社会,信息工具进步的作用一再突显。信息虚物的进化根源于它的有序性和省能。②媒介作用。信息的共振性决定了它是自然、社会主要的沟通方式。如同空气和水,它们本性是流动的。③放大作用。信息虚物在社会运动中常常产生自行增殖现象,尤其表现在网络上的跟帖现象。④控制作用。信息虚物的省能和有序性突呈出控制作用。大脑以极小的能量控制身体;电脑用极少的能量操纵火车、飞机。现代信息战主要是推毁敌方的指挥控制信息系统。美国 2009 年 9 月就宣布成立网络信息战司令部。

四、虚拟世界的实态特征(真实性)

虚拟空间通过电子数字化的方式真实地存在着,虚拟并没有完全脱离现实。

从虚拟世界的建造过程看,它必须具备两个关键材料。

第一,网络世界是电子运动的结果。电子运动是构筑虚拟世界的"砖瓦、水泥等"物质基础。电子是一种运动着的物质,人们虽然不能直接看到它们,但它们确实具有物质形态。虚拟世界的形成和再现就是将现实的图像、数据、文字、声音等信息转化成为电信号记录在电子储存设备上(内存、硬盘、软盘、U 盘或光盘等),在输出时,又将电信号转化成可视、可听的信息。这一过程是电子运动的过程。虚拟世界的建造和运动过程具有客观实在的物质属性。计算机及网络的硬件、电能作用下的电子运动,是虚拟世界的物质、能量基础。无论虚拟世界多么精彩、魔幻,虚拟与现实两个世界的"对接"点是电源开关(Power)。. 切断电源也就控制了"魔瓶"的口子,虚拟的妖怪就出不来。

第二,虚拟世界是计算机语言的产物。语言系统工具使人类从动物界超越出来。人类首先发明的是口头语,简称口语或嘴语。口语是一种初始语言方式,它利用人体自然器官:嘴和耳的功能,自然空气的声波传递信号,没有借助人工制造的工具帮助。口语是人类语言的第一个维度,具有即时性,不可留存。

随后发明的文字——书面语言,把声音转换成各类符号。不同民族的语言系统相应创造了不同的文字符号系统,主要可分两大类:拼音文字和象形文字。书面语言是人类语言的第二个维度,具有长久性,可留存久远,跨越时空传递。因此,文字的发明标志着人类文明时代的开启。

口头语言、书面语言附加一些身体姿态语言构成了人们日常信息交流的现实语言。现实语言已经具有信息的虚物性。口语是人类精神的显像,书面语是主观现之于客观的"印记世界"。古代的神话传说,文字资料、诗词典赋等都可看成是虚物,阅读它们都可产生精神时空。这种单纯的人类"自然语言"有很多的局限性。

为消除自然语言的局限,人类努力拓展具有虚拟性的语言工具,如旗语、古代皮影、近代电影、现代电视、以表达和传播主观意图。

计算机信息技术创造了人类"自然语言"相对应的"人工语言"——各种代码、形式语言。人工语言是人类语言的第三个维度,它是人类探索自然的结晶。人语——人与人的语言,物语——人与物的语言。人工语同自然语言一样有产生、发展和逐步完善的过程。迄今,人工语言经历了三个阶段:数学语言(产生)、科学语言(发展)、数理语言(现代形式)。现代人工语言主要是指计算机语言——一种在机器翻译发明之后,人们经过电子传输技术将自然语言辗转翻译成二进制机器语言,通过机器二进制运算加工之后,结果又经过机器翻译输出,成为人类能够感知的视听"自然语言"。计算机语言是专业人员为了一定的任务而人为地规定和编制的应用于指令机器运行的语言。它是人机沟通的桥梁,创造虚拟世界的工具。计算机语言为专业人士创制使用,不是公众语言。它只有通过计算机运行,才能成为一种隐形的大众化的语言。

洛扎克(美)这样描述虚拟世界的生成机制:"计算机内部有三个和谐共存的工作面:其一是由半导体元件控制的电子开关;其二是电子开关基础上的二进制数码;其三是二进制数码基础上的有效程序。这是一幅人类知觉活动与肉眼看不到的物理现象彼此交融的景象。"计算机语言体系(如图)与我们的日常信息交流无关,它们隐形或虚拟于计算机内部,而显现于计算机屏幕或多媒体界面上的是人们可以直接感知的自然语言。

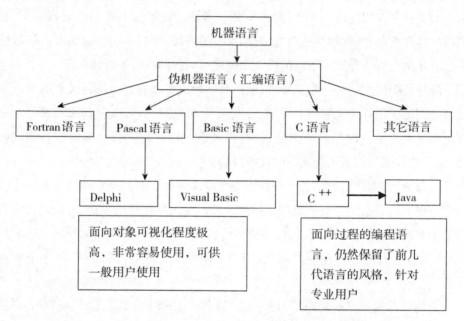

电子元器件、电能、电子运动是虚拟世界的物质基础——"肉身";创造在二进制数理基础上的各级计算机语言、算法逻辑、程序软件是虚拟世界的精神源泉——"灵魂"。

结束语

虚拟世界的虚物是人类生产力与文化力综合的产物。生产力已经达到这样的水平:操控微电子技术;文化力方面,人类认识到了:数生万物的深刻道理,并发明了二进制数理语言。通过二进制数理语言操控门电路微电子运动,产生虚拟世界,实现了人类意念的表达和对现实的控制、模仿。

　　人类智力的发展已使人类走离了自然很远:人走出了地球到达太空,制造了自然进化不可能产生的电子虚物。然而大自然是人类赖以生存和发展的基础,无论智力如何发达,人类(小世界)之根还在于自然,我们要把以人为本与珍爱自然、延续自然结合起来,建设和谐信息社会。

第二节　虚　拟

　　敬爱的读者,面对网络信息界面(如电脑、手机等窗口),你感受或传递信息。这种信息无论视觉画面还是听觉声音,都不是直接真实的,而是间接虚拟的。这一节,我们就来谈一谈虚拟物的运动。先给大家讲一则寓言:

　　唐朝有个和尚叫惠能)至广州法性寺,值印宗法师讲涅槃经。时有风吹幡动,一僧曰:'风动。"一僧曰:"幡动。"议论不已。惠能进曰:"不是风动,不是幡动,仁者心动。"——《六祖坛径·行由品第一》。

　　在一分为二的思维模式中,判断不是唯物,就是唯心。可现今信息社会,人类超出自然,又创造出了一个虚拟世界。这个世界是物与心结合的产物。它是怎样联系,运动、变化、发展的呢? 我们借用此寓言来说明。

一、幡动

　　地球真正进入文明人类时代只不过几千年,凭借智慧,人类改变着地球的面貌。由人类从自然实在转变而成的现实,可以是本真现实,也可以是伪现实。网络虚拟世界是当代最先进、影响最广泛的伪现实。使用 Flash 软件,我们可以把这则寓言故事做成动画片。动画里飘动的"幡"是真实的吗? 虚和实的关系是一个古老而有时刻伴随着我们的哲学问题。我们是处于真实的客观世界中,还是处于自己感觉的世界中,是唯物论和唯心论争论的焦点之一。以视觉为例,所谓看到的一切就是客观实在物在人视网膜上投射的影像,再传递给大脑。视觉是有限度的,有不可见和视而不见的部分。不用工具时,视网膜上的影像都是真实世界的反映,这时客观的真实世界同主观的感觉世界是一致的。使用工具后,特别是虚拟技术成像,导致了二重性、虚拟现实的景物对人感官来说是实实在在的实在,但它又的的确确是虚构的东西。现场观看→现场直播→录像→录像剪辑……其真实度是不一样的。动画里的"幡动"你看得见却摸不着,即便互动游戏,你"摸"的着,但是你绝对拿不出来。这就是虚拟。

1. 影像、映像、回声——物理的虚现象

人们常说:实有虚无。虚并不等于无,而恰恰是有的表现,但虚与实是有本质差别的。这就是虚的现象。影是一种光学现象,光线在同种均匀介质中沿直线传播,不能穿过不透明物体而形成较暗区域。影子不是实体,而是实体的投影。影子分为本影和半影两种。影像则是光线被物体挡住而形成阴影产生的图像。现代摄影或录像技术支持下,拍摄对象留在胶片上的正像或负像都叫影像。影像又称图像,目前有两种技术产生。一是光学→机械化学摄影术;二是光学→电子数码成像术。广义影像包括摄影影像、扫描影像、数字影像。数字影像又叫数字图像即数字化的影像,由二维矩阵点构成,每个点称为像元或像素。

映像是因光线的反射作用而显现的物像。镜像是映像的一种。回声(或音)是声波的反射而引起的声音的重复。

大自然存在大量虚的现象。有天文的日食、月食现象,有阳光下的投影、雨后的彩虹,炫丽的极地之光;有阳光被月球折射到地球成为月光,月光映照在平静的水面,而衍生出猴子捞月的童话。无论天光云影,湖光山映,还是空谷回声等都是物理的虚拟声光现象。

2. 拟态——生物的模仿现象

自然进化到生物层次产生了一种特殊的行为:拟态。拟态通常指某些生物在进化过程中形成的外表形状,色泽斑纹或行为,与其他生物或非生物异常相似的状态。为了在复杂多变严酷的环境中求生存,逃避敌害、捕捉猎物、帮助传粉和繁殖后代等。拟态是生物适应环境的一种智慧本能。拟态包括三方面:模仿者、被模仿者和受骗者。生物的拟态多种多样:有的模仿周边环境中的非生物,如叶蝶像一片枯叶;有的模仿环境中的生物,如竹节虫像几节绿色竹枝。拟态是生物的一种欺骗行为。植物模拟动物,以达到传粉的目的,如蝇兰、蜘蛛兰等的唇瓣形似雌蝇、雌蛛,可诱使雄体交配从而将花粉带走传递。光的拟态,如有一种萤火虫能模仿别的种类萤火虫发光方式,诱骗另类萤火虫过来,然后抓住对方吃掉。气味的拟态,一些动物能模拟其他动物的性激素,招引对方过来,并将其捕食,如投索蜘蛛会分泌一种和雌娥一样的性激素,引诱雄蛾闻"香"而来,然后轻松捕食,形状拟态,如食虫植物猪笼草、瓶儿小草能模拟花朵诱捕来采蜜的昆虫。

在自然界中,动植物拟态的本能是千奇百怪的,技艺最高明的当属变色龙和

"伪装大师"章鱼。然而,它们根本无法跟人类比。因为人类拟态不是改变自身本能,而是通过智慧改造环境。

偃师造人

周穆王西巡狩道,有献 2 人名偃师。偃师所道倡者,趣步俯仰,领其颐歌合律,捧其手则舞应节,千变万化,惟意所适。王以为实人也,与盛姬功御并观之。伎将终,倡者瞬其目,而招主之左右侍妾。王大怒,欲杀偃师。偃师大慑,立剖散倡者以示王,皆傅会革木胶漆白、黑丹青之所为……

——《列子·汤问》

3. 拟态环境

拟态环境又叫假环境,是一种与现实环境并存的拷贝世界或象征世界。虚拟世界是一种典型的高科技拟态环境。但计算机网络并不是唯一虚拟时空的手段。远古时期,先祖们便构造出了各种各样的传说、寓言故事等,如偃师造倡。这些神话、传说、寓言,描绘出一个个理想的世界、智慧的遐想。后来,这些故事被记录在纸上,印刷出来以供他人传闻,又做成皮影、木偶等寓教于乐;到现代,人们在电影、电视、广播中"看到""听到"更多的虚拟故事。

拟态环境有两个特点:第一,它不是现实环境"镜子式"的摹写,不是"真实"的客观环境,与现实环境存在偏差。第二,它并非与现实环境完全割裂,而是以现实环境为原始蓝本。现代信息社会,我们生活在三个密切联系的世界:一是实际存在着的不以人的意志为转移的客观实在世界,包括人的衣食住行,生命物质能量代谢,延存;二是人们意识中的主观世界即关于外部世界的图像、反映、复写;三是传播媒介经过有选择地加工后构建的象征性世界即拟态环境。

拟态环境,现实客观环境和主观世界三者对举成为一组概念,它们既相联系,又相区别。联系:现实世界与主观世界是传统哲学讲到的两极。拟态环境是人工世界的一部分,属于主观世界的物化、具体化。拟态环境又是从现实环境中抽取出来的一部分,现实环境是全貌、拟态环境是局部,现实环境是母本,拟态环境是模本、副本。不同点:现实环境是实实在在的物质化,拟态环境是通过媒介有主观选择性地揭示现实环境中的客观变动而建构出一个符号化的信息环境。拟态环境因主观或客观成分的比例不一样,而分为客观型拟态环境(如网上自然风光照片)和主观型拟态环境(如《反恐》游戏画面)。

我们生活在自然存在和人工的环境中,这是一种能够清晰感觉到的现实环境。由于计算机通信技术的来临,我们得以在感受外部世界方面自我扩张。我们不知不觉中,习惯了接受和理解来自地球村的各种媒介信息,生存于大大超出自身可以亲身感受的"拟态环境"中。俗语云:"秀才不出门,全知天下事"早已实现。现代传媒及时迅速、无所不传,图文并茂、视听结合、双向互动,人们可以轻易获得大量信息。现代"秀才",网络语言称"宅男宅女"心甘情愿地将网络、传媒所营造的信息环境作为自己了解世界的"窗口"和自身行为的参照体系。宅男宅女们早已失去了选择的能力:闭塞视听意味着"无知";开放"五官"你便进入了一个媒体加工后的拟态环境之中。虚拟化的概念生活改造着我们大脑,而我们又时刻在制造着虚拟的东西,如写博客,上传图片等。

单个人的感知能力是有限的。我们无法去直接了解真正的环境总体,因为世界太大,太复杂,变化太快。生活在这个环境中,我们必须了解这个环境。于是我们以一个简单得多的模式来重构真正的环境,然后掌握它。地球仪、地图并不等于地球。真实的影像、录音也不等于真实本身。现代"秀才"们生活在一个与真实世界相差甚远的影像世界中,它是被技术简化,变化和扭曲的世界。

4. 网络环境虚拟技巧

网络环境由个人和群体接触的网络信息及其在网络上的传播活动的总体构成。创造网络环境的技巧有很多。

①制造:登录网络,你可以无中生有出无数的网页,充分满足你的视听需求,没有的东西可以变来,

有的东西可以变多,选择对象,然后复制、粘贴、链接、按钮和热区的操作:只要鼠标变成手指形状,你点击对象,你就可以得到你的所需。

②消失:桌面上的东西,你不需要,都可以删除、粉碎,让它立即消失。

③移位:电脑桌面上的东西,你可以随意移动,改变它们的位置。

④改变:使用软件如光影魔术手,你可以轻易改变虚拟世界物体的形状,大小、颜色。

⑤穿透:在虚拟世界你可以让一个物体毫发无损地穿过另一个物体。现实中的穿墙术在这里轻而易举。

⑥复原:将完全破坏、肢解的东西可以恢复原状。因为虚拟世界里违背热力学第二定律,时光可以倒流,破镜可以重圆,覆水可以回收。

⑦赋予生命:虚拟世界中的一切都可赋予生命灵魂,如石头可以说话,电子宠物狗会问主人要食物。

⑧克服重力漂浮：虚拟世界有物体没有重量，爬树可以登天。九天揽月，五洋捉鳖都不是难事。

⑨反人体自然：幻想的一切神话人物形象都可以实现。通过 P 图人可以返老还童，可以任意变形，整容。

⑩反自然物现象：江水可以倒流，公鸡可以下蛋，自然界一切不可能的事情，虚拟世界都可以成为"现实。"虚物没有质量，也没有能量。

生活在网络虚拟世界，有时我们享受的是一种"被骗"的乐趣，因为这种神奇的"骗术"并没有伤害我们。

5. 虚拟时空

我们的生存离不开时间和空间。人类对时空的探索和讨论一直没有间断：古代的天圆地方说，到日心说的确立，从牛顿的绝对时空观念到物种起源进化、量子力学、爱因斯坦的相对论等，人类对时空的认知不断拓展、深化。

如今计算机网络实现了虚拟社区、聊天室、远程会诊、在线游戏、QQ、微信、VR眼镜……在现实时空之外，穿越界面，我们来到一个虚拟世界。

现实空间在人类出现之前就已客观地存在着：人脑可以构建一个思维空间，它伴随着人类的出现而存在：电脑等可以构造一个虚拟空间，它是人类社会进化到一定阶段的产物。虚拟空间是部分思维空间的数字化显示和局部"现实空间"的图像符号化。它是人类生存空间和思维空间的交集，拓展，在虚拟空间人们可以实现所谓"虚拟生存，"做到现实空间无法完成或者不便于完成的事。

①时间的转置　网络虚拟手段不再被动地"接收"信息（如电视、广播）而更具交互性，深入其中，实时地与网络中的"替身人"进行交流。我们可以体验到一种非线性的，跳跃的时空形式。在网上，我们既可以前行到未来：网页不断地打开，环境内容不断地变换，来到理想国度；也可以回到从前，曾经打开过的网页再次浏览，内容上可以回到远古的恐龙时代。

②空间的转置　虚拟空间只是物理空间中的小小物体与人的感官相互作用产生出来的。小小的电脑加上外围设备——一个物理空间，就可以容纳下无限的文化存在（文字符号、视频画面、语言音乐等。）这种物理存在实现了自然存在的"遥距临镜，"消灭了距离、实现了空间的转置。俗语说："远在天边，近在眼前。"虚拟空间是一种隐喻。打开电脑进入窗口，你就来到了一个非物理的"空间"。有形的是文字符号，无形的是隐喻、精神、象征；有限的是窗口，无限的是网络上的数据信息。空间概念是基于对体积的"长、宽、高"的理解，因为实有而产生的空无，

比如房子有了墙体的实,才产生了房间的虚空。虚拟空间与一般物理空间的区别在于物理的空间框架不变,而非物理形式的隐喻意义上的空间无限——页面内容的动态链接,无数的聚合与分离,在线与离线,创建与删除,形成一个永恒的动态过程。这个空间同样没有最终的边界。

二、风动

我们通过眼睛、耳朵、手指、鼻子等器官来实现对周边环境的感知。视觉观看到色彩斑斓的外部环境,听觉感知丰富多彩的音响世界,触觉了解物体的形状和特性。嗅觉知道周围的气味。通过各种各样的感觉和行为,我们能够与环境交流。据统计,人从外部世界获取信息的80%来自视觉。虚拟世界实现视觉是最基本和最常用的;实现听觉最容易;实现触觉只在某些情况下需要,现还在完善中;实现嗅觉、味觉悟还是梦想。

在现实中,风吹幡飘动;在虚拟世界播放的是一帧帧图像,因为速度快而实现了"对眼睛的欺骗"。从皮影戏、幻灯片、电影、电视、多媒体到虚拟实现,这种欺骗的技术、艺术越来越高明。电脑中图像、声音等的播放实质是计算机网络中的电子运动,相当于"风"的功能。这种电子运动是信息技术的一部分,在物理世界层面上,与炼钢技术、纺织技术等是一样的。电子计算机是其基础设施、各种软件是技术思想保证、电脑网络和其他通信手段是基本的信通设备。

1. 多媒体简介

多媒体(Multimedia)顾名思义就是多重媒体的综合,是指能够同时采集、处理、编辑、存储和展示两个或两个以上不同类型信息媒体的技术。这些信息媒体包括文字、声音、图形、图像、动画、网络电视、视频等。多媒体依靠数字技术得以实现,标志着数字控制和数字媒体的汇合:电脑是数字控制系统、数字媒体是当今音频、视频最先进的存储和传播形式。计算机超越了单纯的数字计算就叫电脑;电脑跨过文字处理的界限就可叫多媒体。当电脑能够实时地处理电视画面和声音数据流时,真正的多媒体就诞生了。

多媒体技术的特点:①控制性。以计算机为中心,综合处理、控制信息,并按操作者要求以多种媒体形式表现出来作用于人的多种感官,如人民网的某些文章可自动朗读。②交互性。网民可以实现对信息的主动选择和控制,并实现双向交流。如回电子邮件。③实时性。当用户给出操作命令时,相应的多媒体信息都能够得到实时控制。④集成性。可以对信息进行多通道统一获取、存储、组织与合成。⑤非线性。改变传统的顺序性读写模式,借助超文本链接技巧和搜索功能,可以更灵活、方便地获职知识。⑥信息使用的方便性。用户可以任意地采用图、文、声等信息表达形式。

动态图形(像)是连续渐变的静态图像或图形序列,沿时间轴顺次更迭显示,从而构成运动视觉感。动态图像包括动画和视频。当序列中图形(像)是由人工或计算机生成时,我们常称作动画;当序列中图像是通过实时摄取自然景象或活动对象时,我们称其为影像视频。

数字音频指的是一个用来表示声音强弱的数据序列,它是由模拟声音经抽样(即每隔一个时间间隔在模拟声音波形上取一个幅度值)量化和编码(即把声音数据写成计算机的数据格式)后得到的。模拟/数字转换器把模拟声音变成数字声音;数字/模拟转换器把数字声音恢复出模拟来的声音。现实计算机语音输出有两种方法:①录音/重放——最简单的音乐合成方法,这种方法相继产生了应用调频(FM)音乐合成技术和波形表(Wavetable)音乐合成技术。②文/语转换——基于声音合成技术的一种声音生产技术,可用于语音合成和音乐合成。

2. 虚拟现实技术

虚拟现实(Virtual realify 简称 VR)是一项在多媒体技术基础上发展出来的边缘技术。它通过综合应用计算机图像处理、模拟与仿真,传感技术、显示系统等技术设备,以模拟仿真的方式,生成一个真实反映操作对象变形变化与相互作用的三维图像环境。虚拟现实技术在视、听、触等方面都超越了多媒体技术。

当前虚拟现实技术研究努力的方向是:实时地生成大规模复杂虚拟环境的立体画面。这项研究追求三个指标:①远程显现的实时性(real time)指虚拟现实系统能按用户当前的视点位置和视线方向,实时地改变呈现在用户眼前的虚拟画面,并在用户耳机(听觉的)和手上、脚上(触觉的)实时产生符合当前情景的视觉、听觉、触觉和听觉响应。②身临其境的沉浸性(Immersion)——用户所感知的虚拟环境是三维的、立体的,其感知的信息是多通道的。③人机界面的交互性——(interactirity)用户可采用现实生活中习以为常的方式来操作虚拟场景中的物体、并改变其方位、属性或当前的运动状态。

虚拟现实系统的核心设备仍然是计算机,其主要功能是生成虚拟境界的图形,因此又叫图形工作站。最早的虚拟现实(VR)显示器是头盔式显示器和音响。头盔将人的视觉、听觉封闭起来,用户产生一种在虚拟环境中的感觉。头盔式显示器的分辨率达 1024×768,可为用户提供清晰的虚拟场景画面。其他外设产品主要有光阀眼镜、三维投影仪、数据手套、三维鼠标、运动跟踪器、力反馈装置、语音识别与合成系统等。

为达到与真实环境一样的视觉感受,获得逼真、浸沉感,生成立体画面是最重要的。在虚拟现实中,要求显示的图像要随观察者眼睛位置的变化而变化。这样就要求能够快速生成画面,虚拟现实生成画面通常为 30 帧/秒。一般动画为 15—20 帧/秒。当然,适当的立体音响也是不可少的。卓越的视听效果才能给人"身临其境"的感受。

虚拟现实技术的应用前景非常广阔。它从军事、航空航天领域起步,现已走进工业、建筑设计、教育培训、文化娱乐等方面。虚拟现实技术是人类拟态环境的最前卫成果,它必将改变我们的生存方式。

3. 虚拟系统工具论

镜子反映一个与真实世界相似的世界;电影、电视等创造了视听两维,单向的世界;电脑网络构成了视听触三维画面,遥距临镜双向甚至多向互动的虚拟世界。虚拟是什么? 我认为就是"假的真实",通俗解释"做样子"。只不过现在使用了高科技工具计算机及通信网络来做样子。

作为工具,我们可以从不同角度考察虚拟技术。从媒介的角度看,虚拟是数字化表达方式和构成方式的总称,是以二进制表达的数字中介。从虚拟技术系统与过程看,它是一个拟态过程,包括合成环境、虚拟环境和远程显示等。虚拟技术模拟论认为:虚拟是对现实的复制和再现。这种模拟有三个层次,计算机对人的思维模拟技术,计算机虚拟现实技术;人工智能和人工生命技术。

作为系统工具,虚拟技术与波普尔"三个世界"的划分有同构性。从技术的物理形态看,虚拟技术实体存在于"世界 1"如家用计算机的五大件、电缆、光纤、通信卫星、电磁波、电信局、软件公司等等都植根于物理世界。从技术的中介手段看,虚拟技术的作用类似于"世界 2"。无论上面列举的硬件,还是 IT 行业编写的五花八门的软件,都不是自然长出来的,而是从脑中"流出来的智慧结晶"。技术是人为的。虚拟技术建构的"场域"属于"世界 3"的一部分。所谓"场域"是指在一定范围内实现某种特定的事物或实物之间相互作用的空间场所。凭借虚拟技术,人类实现了遥距监镜、身临其境的梦想。

4. 横断科学

计算机及网络是一个庞大的人工虚拟系统。虚拟现实是用电子合成的人工世界。系统论、控制论、信息论是虚拟技术的科学理论前提。这"三论"均属于横断科学。横断科学(cross science)是介于具体科学和哲学之间的"桥梁"科学,它从许多物质结构及其运动形式中抽出某一特定的共同方面作为研究对象,其研究对象横贯多个领域甚至一切领域。总之,横断科学是在概括、综合多门学科的基础上形成的一类科学。横断科学的"三论"如下:

系统论、控制论和信息论是 20 世纪 40 年代先后创立的三门系统理论的分支学科。钱学森认为三论的核心问题是系统,其他两论都"总统"在系统论里面。信息论、控制论只在不同侧面研究系统问题。

①系统论——整体不等于部分之和

美籍奥地利生物学家贝塔朗菲是系统论的创始人,1945 年他发表《一般系统论》一文,被战火烧毁。1948 年他在《生命问题》一书中概括论述了一般系统论:系统是由相互作用和相互依赖的若干组成部分结合成的,具有特定功能的有机整体;而系统本身又是它所从属的更大系统的组成部分。他要求把事物作为一个整体或系统来研究,并用数字模型去描述和确定系统的结构和行为;提出要用系统观点,动态观点和等级观点研究世界;最后指出复杂事物功能远大于其组成因果链中各环节的简单总和。至此,人类对自然总体的把握走过了神话形态自然观、朴素的自然观、形而上学(机械)自然观、辩证唯物自然观到系统论自然观。今天,系统论的思维方式已深入各行各业,为大多数民众所接受。比如社会治安问题,牵涉到社会的方方面面,是一个系统工程,所以就叫社会治安综合治理。

②控制论——关于反馈的科学

一战后,飞机的速度越来越快,人工操控高射炮的反应速度跟不上,命中率下降。研制防空火力自动控制装置提上议事日程。维纳和别格罗在研究行列中,在研究过程中,维纳形成了控制论思想。

控制论是研究系统的状态、功能、行为方式及其变化趋势、控制系统的稳定、揭示了不同系统的共同的控制规律,使系统按预定目标运行的技术科学。它超越了牛顿力学和机械决定论,使用新的统计理论研究系统运动状态、行为方式和变化趋势的各种可能性。

具体而言,控制就是通信。比如高射炮打飞机,我们要了解被控制对象(飞机和高射炮)的状态,下达指令并了解指令执行的过程,即始终保持对被控制对象(飞机和高射炮)的动态通信关系。信息是一种普遍通用的联系方式。无论雷达、无线电、光信号、还是肉眼,要控制就必须通信。

控制过程的关键,除信息外,就是反馈。在高射炮火力自动控制系统中,反馈主要表现为负反馈。负反馈把系统输出端的状态信息又送回到输入端,产生控制作用,以减小系统状态与规定状态的偏差。通过信息判断缩小这种偏差,进而达到命中目标。维纳研究总结出负反馈原理,并探讨了反馈系统稳定的条件:一切有效的行为都有某种反馈。于是人们把控制论称为关于反馈的科学。

维纳认为生物神经系统也具有反馈功能。1943 年,他与人合作的论文《行为,目的和目的论》从"随意活动中的一个极端重要因素是反馈作用"这一命题出发,找到了神经系统与自动机器相贯通的共性。该论文引起各领域学术界的关注,许多人参加了维纳主持的控制论研讨班。1949 年维纳写成《控制论》一书,宣告控制论"关于机器和生物的通讯和控制的科学。"这门新科学正式诞生。

③信息论——信息可以度量

信息论由美国数学家香农创立。信息论是用概率论和数理统计方法,从量的方面研究系统的信息如何加工、处理、传递和控制的一门科学。

广义信息论认为:信息是系统保持一定结构、实现其功能的础基础。信息是物质的普遍性之一,自然界,人类社会和思维一切领域都存在信息现象。系统通过获取、传递、加工与处理信息而实现其有目的的运动。对人而言,信息就是消除对事物认识的不确定性。信息论揭示了人类认识活动的实质,有助于探索和研究人类的思维规律,从而推动人类思维功能的进化。

狭义的信息论局限在通信系统领域中,研究信息传递的共同规律。十九世纪下半叶,电报、电话等电讯技术发展很快。电讯技术的发展提出了通信可靠性,效率和计量问题。

1948 年仙农与韦弗合著《通信的数学理论》一书出版,标志着狭义信息论诞生。它撇开信息的语义和语用问题,只研究语形问题。换句话说,就是不管"说话的环境"和"语言的含义"等,只研究作为信号的语形。比如发两条短信:天上掉馅饼与地上有馅井,对电信局而言是等量的信号,同样的收费。这样就简化了信息的定量研究。通信系统出信源、信道、信宿三部分组成。仙农运用统计学的观点考查通信过程,通信的本质就是随机序列的信号传递。信息可以度量,信息计量的最小单位是"比特(bit)"——一个等概率的二中择一事件。比如抛硬币。

5. 唯物辩证法与三论的关系

钱学森说:"只有同全部科学技术相结合的哲学才是马克思主义哲学"。哲学的唯物辩证法是研究自然、社会和思维普遍规律的科学,具有普遍的方法论意义。哲学吸纳当代最新科技思想(本书突出计算机及网络信息技术)是哲学进步的必然要求。

三论的基本概念和原理有很浓的哲学色彩和方法论意义。横断科学和唯物辩证法从不同的侧面,用不同的方法研究揭示了物质运动的一些普遍规律,并用各自领域独特的语言表述。唯物辩证法具有高度概括性和思辨色彩;横断科学具有定量研究的特点。我们用唯物辩证法来理解横断科学,同时用横断科学来丰富唯物辩证法,寻找两者的共通点及对应关系。横断科学可以使唯物辩证法的原理精确化,具体化,贯彻到科学技术层面,直到日常生活;唯物辩证法可以使横断科学的一些概念和原理升华,抽象出技术的名言、生活的哲理。

唯物辩证法这样解释世界:物质是普遍联系和发展的,三大规律具体说明事物的运动,变化和发展;对立统一规律说明事物发展的动力;质量互变规律阐述事物变化的机制,否定之否定规律说明事物发展的方向。联系构成空间、运动形成时间,物质在时空中有规律地运动。

横断科学三论的核心问题是系统,就是一般系统论。系统就是联系和发展,在系统内,你看到信息处理传递的侧面,就是信息问题;你看到控制的侧面,就是控制问题。系统的形成、发展离不开控制,控制又离不开信息的交流。唯物辩证法和一般系统论是贯通融合的。

唯物辩证法与横断科学三论基本原理的对口联系:

①哲学的"物质"概念与系统论的物质系统对应。

②质量互变规律$\xrightarrow{\text{对应}}$系统论认为元素按一定的结构组成系统,系统间的有机联系表现为系统的功能行为。系统的元素和结构的变化必然引起系统功能行为的变化。

③肯定方面和否定方面$\xrightarrow{\text{对应}}$一类变量在系统受到干扰而产生不稳定时,它总是企图使系统重新回到稳定状态(旧事物、保守面);另一类变量则干扰系统的稳定性,在系统受到干扰而产生不稳定时,总是使系统离开稳定状态走向不稳定状态(新事物、革新面)。这两个变理相互作用推动物质系统的变化发展。发展的实质是系统的否定。

信息时代,横断科学是架设在哲学和具体科学之间的桥梁。虚拟世界的"风吹幡动"画面的产生是计算机技术。技术离不开科学理论的支撑,指导;科学理论再升华就是哲学的思考:计算机到底是什么?

6. 虚拟现实的思想源流与实践

虚拟，有时叫欺骗、伪君子，不独属于人类，某些动物、植物也有拟态本能。但人类虚拟现实的本能最先进，发达。虚拟现实的思想历史源远流长。自从有了语言、文字、绘画、舞蹈等工具手段，人可以把不在"现在眼前"的事物表达出来。中国古代神话、寓言、哲理故事都必须虚拟编造，如《愚公移山》、《嫦娥奔月》就是编出来的虚拟现实。在西方，柏拉图的理念论、亚里士多德的艺术观、莱布尼茨虚构的"人类感性知觉虚拟世界"，再有海德格尔的存在论，他们都为虚拟现实提供了哲学思想方面的依据。虚拟现实科技领域的领军人物克鲁格、萨瑟兰等人都承认：他们从先哲那里获得了有益的启示，虚拟现实科技的原创性思想与先哲们的智慧是相通的。现今虚拟现实超越古人的只不过是技术上达到了物理电子数字层级。

自从有了思维、联想能力，人类一直梦想不断：去太空遨游、到海底探险、跨越时空隧道去领略宇宙深处的玄黄，到微观世界探索基本粒子的奥妙……一门新技术的诞生让人类的梦想得以成真。虚拟现实技术把一切"不可能"变成"可能"而呈现在人类的视听触感知阈限之内。有网友说：虚拟现实是圆梦的工厂。

虚拟现实是利用计算机、互联网、立体音响等设备生成一虚拟环境，模仿人的视觉、听觉、触觉、甚至味觉，使用户沉浸在此环境中，并与此环境直接进行自然互动交流。现代电子数字基础上的虚拟现实技术历程如下：

电子数字虚拟现实发展进程

时间	代表人物	构思设想名称	内容及效果
1961 年	海利希 （M. Heilig）	体验剧场	制造了一个外观像电话亭的摩托车仿真器，参观者进入其中，所见是虚拟的美国布鲁克林镇街景：观众有身临街区漫步的真实感觉，不但能体验骑摩托车的振动、风吹，还能闻到大街上所有的种种气味。
1965 年	萨瑟 （L. Suthland）	他作题为《终极显示》的报告，设想如何使计算机生成的图像逼真以至于和真实生活的场景没有区别。	通过电脑显示器这个窗口，人可以看到一个虚拟世界：看起来真实，在其中行动真实、听起来像真的一样、触觉到真实一样。计算机模拟物理世界，操作者可以通过身体感观与计算机交互活动，从而达到虚拟实践，认识对象，形成技能的目标。这种人机界面模型现在已实现了。

时间	代表人物	构思设想名称	内容及效果
1970 年	萨瑟 （L. Suthland）	第一个头盔式交互显示系统。	戴上头盔后，体验者看到一个漂浮在空中的边长 5 厘米的立方体，这是世界上第一个不在实际物理空间中，又看起来"真实"的虚拟物。随后，他设计了一个计算机控制下的具有三维自由度的机械控制设备，不但可以看到，而且可能触碰到虚拟的物体。现在的模具设计就是这样的软件。
1970 年	克路鲁格 （M. Krueger）	人工现实 Artificial Reality，缩写 AR。他认为人类比计算机进化要缓慢得多，人类的特性相对不变，计算机要适应人的生理和心理	根据其构思，计算机应对人体有感觉，并通过人的各种感觉器传递反应。在人制造的三维空间中，物体的控制方法与现实生活中的完全一样，用户的全身动作与计算机生成的图像产生单一的实在场。
1976 年	尼格洛庞帝 （N. Negroponte）	提出具有随机存取的多媒体，建立三维立体仿真环境。	在改进人机交互技术方面做了大量的工作，最终用超媒体系统成功地显示了阿斯彭城的实景。
1985 年	拉尼尔 （J. Lanier） 齐默尔曼 （J. Zimmermn）	发明了"数据手套"	80 年代，虚拟现实技术系统化集成，开始进入实用化阶段。他俩 1985 年发明的"数据手套"是一种在每个活动关节上都装有传感器的特殊的手套，与计算机相联，人用戴手套的手去控制虚拟空间中的虚拟物体。
2010 年		语音识别技术红外遥控	机器进行语音交流，让机器明白我们说什么。现在的绝大多数家电都是用单独的遥控器，各自通过独立的微处理芯片进行控制。智能家庭语音识别系统是一种集成的嵌入式系统，它是一种非接触识别技术，通过用户的声音控制家电的开/关。

三、心动

除了电子设备系统外,实现虚拟的另一个重要方面是软件技术。虚拟的"幡动"是怎样产生的呢? 软件技术是核心问题。当然,"幡动"了,用户的心(思维)也会动。因此,"心动"有两个层次;第一,主动控制层以心动物——软件技术;第二,被动使用层以物动心——虚拟世界中的心灵活动。(第三节 虚拟实践问题)

1. 虚拟计算机 从宏观看,计算机及其网络是一项多层次结构的系统工程,它处处体现着系统论,

控制论、信息论的哲学思想。计算机就是信息控制或控制信息的机器系统。计算机作为一个多层次结构系统(如图),最底层(如图的 0 层)是硬件内核。然后经过不同层次的个性化,走向普通用户。

计算机系统的多层次结构

0 层是真实的机器,包括实现机器指令功能的中央处理器;第 1 层机器语言、第 2 层汇编语言属于面向机器的低级语言。编程人员必须面临和掌握较多的硬件细节,熟知计算机硬件的构成(CPU、寄存器、存储器、外围设备等)并合理地使用和管理它们。在第一层安装了基本的输入和输出操作系统。在第 2 层,系统程序员使用低级语言编制系统软件。第 3 层高级语言属于面向人的语言,编程人员无须面临具体的硬件细节,他们面对的机器已具备第 1、2 层软件提供的功能。他们必须掌握操作系统和语言编译、解释程序这些系统软件的使用方法。在第 3

层,一般程序员使用高级语言编写各种应用程序。第4层一般用户使用各种应用程序,用户不必了解硬件和软件生产和运行的细节。他们面临的机器只是一个能进行文字处理、数据检索,播放声像作品,游戏学习等的工具。

从0到4层,系统每向外扩展一层,功能则更强大,丰富一级,表现为用户离硬件更远,系统功能更加人性化,离普通用户更近。到最外层,系统提供的功能最强,用户了解的计算机内部知识可以最少。人工智能的结构组成越来越复杂精确化,而人工智能计算机的使用趋于简单、容易"傻瓜化。"这是现代信息产业发展中,值得我们思考的哲学问题:天然智力与人工智能的关系。人工智能越先进,使用操作越简易。

综上所述,通过不同层次性质的软件(语言)使用同一台机器的用户会接触到计算机系统的不同层次的功能,会面临具有不同功能形态的计算机。这种由相同物理机器通过不同层次性质的软件表现出来不同功能形态。各种不同功能形态是依靠计算机语言编写的程序虚拟出来的。这种不同形态的计算机称为虚拟计算机。

2. 计算机编程语言　如果珠算口诀列入计算程序语言,那么软件的历史可以追溯到大约公元1200年的中国。迄今为止,世界上约有300多种计算机语言,但只有几种仍然在广泛使用。有些早已完全死亡,有些又复生了,还有一些在不断更新。计算机语言和现实自然语言一样也是有生命的。

计算机——人类开始有了一个可以模拟思维的工具;人工智能的真正实现应从计算机的诞生开始算起,1804年法国的Jaqurd是第一个以实际应用形式进行编程的人。他设计的织布机能够通过读穿孔卡执行预先定义的任务。1843年Ada Lovelace为Charles Babbgge设计的分析机编写了初级程序。

1941年第一台计算机诞生,它没有存储程序的功能,要它处理一件事情(计算),就必须按处理这件事情的程序,把成千上万的电子线路焊接。以后改进为,使用直接指令对计算机编程。通过线路连接或通过开关设置来实现不同逻辑单元的联系,这种编程具体操作就是在面板上反复布线。往往编程布线几天。而运行机器却只需几分钟。

1847年,英国数学家George Boole创立了逻辑代数(又叫布尔代数或二进制逻辑)。Boole证明了逻辑不仅是哲学的一部分,而且与二进制数学的关系密切。将二进制逻辑代数应用于计算机的科学家还有:Zuse他发明了最早的基于继电器的二进制可编程计算机;Atanasov和Berry,他们研制了称为ABC计算机的二进制计算机,这台机器已百分之百电子化。

　　1949 年发明了可以存储程序的计算机。从此程序员编程不用焊接或布线了。编写程序变得十分轻松简单(这种简单对一般用户而言仍是天书一样复杂,要懂英语、会数学,精通逻辑学等。)计算机编程理论的发展终于导致了人工智能的产生。计算机部分地实现了人类的智能。

　　(1)指令和编程　计算机本身不会主动地做任何事,要让计算机为我们"劳动",我们要给它安装运行各种软件程序。各种程序是我们人为"编"出来的。程序是为解决特定任务而为计算机编制的一系列指令的序列。它运用一整套预先定义好的符号、编码、对要处理的对象、数据和处理方法,处理过程做出准确的描述,规定了计算机硬件为完成特定任务而必须有次序地执行的各步动作。打个比方,你照着菜谱去做一道菜,菜谱就相当于程序,你就是"机器",菜谱指令你一道道工序操作,最终制作出一款色香味俱全的菜肴。

　　指令是机器能够接受的一组编制成特定格式的二进制代码串,它规定了机器按照指定的时间顺序应当完成的一组特定的操作。计算机硬件只能接受 0 和 1二进制编码,所以指令规定了一整套计算机的基本操作,如数据的传送、数据的算术运算和逻辑运算,程序的跳转等。

　　指令码包括两部分:一部分编码规定了指令的操作内容,称为操作码,它告诉机器应当执行何种操作;另一部分编码或直接就是操作数的编码,它指定操作对象(操作数)的存放地址,所以称为地址码。指令的这种基本格式如

图: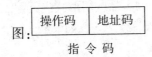

　　　指令码

　　(2)计算机语言,计算机程序由指令序列集合构成。指令符号和编码都具有严格的含义,称为语义;同时它们组合构成也有语法规则。程序的本质是用一种计算机能"听得懂"的语言告诉计算机应当做什么,如何做。这种语言称为程序设计语言,俗称计算机语言。

　　目前,程序设计语言可分为两个层次,四类语言。

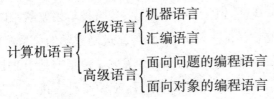

　　1)机器语言是直接面向机器的。用二进制代码(0 和 1)组成,不同的二进制

代码组合表示机器的不同指令。它的每一条指令代表了机器可执行的一个基本操作。用机器语言描述的算法过程称为目标程序。这种程序只由无数的 0 和 1 组成,对机器而言占用内存空间小,运行效率高,但对人而言,难写、难记、难读、容易出错,不易修改。下图显示了不同层次语言的转换关系。

2）汇编语言还是面向机器,只是用一些特定的符号代替机器语言的二进制数代码。这种符号形象,便于记忆称为助记词。用汇编语言编写的程序称为源程序,它必须通过汇编程序翻译成机器语言的目标程序。该过程称为汇编过程,简称汇编。

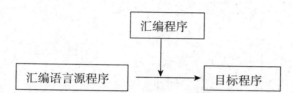

机器语言对人来说不方便,人们设想用简单的英语单词来代表指令中的操作码,如用"move"或"mov"代表数据传送类指令中的操作码;单词"add"代表加法指令中的操作码。这些英语单词能帮助人们理解和记忆指令的功能。用助记词(符号)形式表示的计算机语言称为汇编语言。汇编语言中用助记符号形式表示的指令与机器语言中的二进制代码指令是一一对应的。

3）面向问题的编程语言是接近人们自然语言和十进制数学语言的,面向问题的程序设计语言。它容易学习和掌握,并且通用性强。例如,用语句:L = 5 + 8 表示让变量"L"得到表达式"5 + 8"的运算结果,用语句:Print"Goodbye!"表示向输出设备输出"Goodbye!"。显然,这种语句的语义和功能更浅显,接近于人的自然语言和逻辑思维习惯,因而称为高级语言。

把高级语言编写的源程序,转换成相应的机器语言目标程序有两种方式。①编译方式:将高级语言源程序经过编译程序全部翻译成机器指令后,再将机器指令组成的目标程序交给计算机执行。如上图。

②解释方式,运行高级语言源程序时,由解释器通向翻译,解释一句,执行一句。这种方式边翻译边执行,不产生整个目标程序。

4）面向对象的编程语言,随着多媒体技术,互联网技术的出现和成熟,人类进入面向对象编程语言时代。所谓 OOP 时代就是面向对象的程序设计。在此之前,程序员编写成程序时,经常会遇到程序的不同部分代码需要重写以及大量新程序代码重复的问题。为了减少程序员的重复劳动,编程语言进入了一个崭新的面向对象编程的时代。1979 年由 Smalltalk 的开发而引入面向对象的编程方法。这种编程方法主要采用了可移植性和重用性两个概念,象"黑匣子"一样通用一些共享部件如 VB 编程的"按钮"部件等。目前有 VC、VB、Delpni 等可视化面向对象的程序设计语言。

3. 软件

1)软件(Software)现在比较通用的定义是:计算机程序、规程,以及与远行计算机系统需要的相关文档和数据。

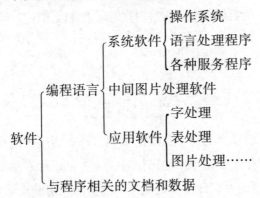

2)软件开发过程的 7 个阶段:

第一阶段:问题定义——了解用户的要求及现实环境,从技术、图片和社会因素等 3 个方面研究并论证软件项目的可行性,写出解决问题方案,制定实施计划。

第 2 阶段:需求分析——回答做什么问题,正确理解客户的需求,建立软件的逻辑模型,编写需求说明书。

第 3 阶段:设计——主要任务就是将软件分解成模块。模块是指能实现某个功能的数据和程序说明,可执行程序的程序单元(函数、过程、子程序等)。

第 4 阶段:开发编码——把软件设计换成计算机可以接受的程序,即写"源程序"。

第 5 阶段:评估/测试——先测试每个单元的功能,再将各单元集成到一起,作为一个整体进行测试。

第 6 阶段:实施——把开发的软件系统安装到客户的计算机上,执行任务,或投放软件市场销售。

第 7 阶段:维护——为客户提供故障排除技术。根据系统的外部变化,对应用程序进行相应的软件升级。

小结:人类使用计算机语言编写程序,程序指令的整体汇集构成软件,软件安装在计算机上运行,我们就可以人机互动,"命令"计算机完成特定工作任务。目前,计算机及其网络的最新成就即人造环境。

第三节 虚 践

明代寓言《看镜》说:

有出外生理者,妻嘱回时须买牙梳。夫问其状,妻指新月示之。夫货毕将归,忽忆妻语。因看月轮正满,逐买一镜回。妻照之,骂曰:"牙梳不买,如何反取一妻?"母闻之,往劝,忽见镜,照云:"我儿有心费钱,如何取个婆子?"遂至讦讼。官差往拘之,见镜慌云:"如何就有提违限的?"及审,置镜于案,官照见,大怒"夫妻不和事,何必央乡宦来讲?"

流行歌曲唱:"都是月亮惹的祸,"其实月亮、镜子本没有过错。问题就在虚拟镜像诱导人的感知思维出了错。

这个故事启发我们去探讨虚拟环境、感觉与思维的哲学问题。

一、虚拟实践及其作用

1. 虚拟实践的本质

虚拟实践是在实践的前面加了修饰词"虚拟"。它是人类实践在当代的一次重要变革和跃进。虚拟技术极大地丰富了实践的内涵和形式。虚拟实践的本质还是实践。只是添加了虚拟特色。

2008 年人教版高中教科书《思想政治》有这样一句:马克思主义哲学第一次对实践作出了科学的说明,认为实践就是人们改造客观世界的一切活动。因为有了虚拟实践特色,我们把马克思主义实践概念精确定义为现实实践,也叫第一实践。第一实践的特色在于主体(人)、客体、中介工具三个基本要素都是客观实实在在物质的。现实实践是质量、能量、信息的统一,凸显出物质性,如农家养牛,工人采矿,武大卖饼,都来不得半点虚假。当今信息社会,实践发展出虚拟形式。我们传统讲的"做"事情不一定实实在在了,可以脱离现实世界,到虚拟世界里面去"做",虚拟实践简称"虚践"。虚践并不等于没有实践,网上可以养牛种菜,只不过网上画饼同样不能充饥。虚拟实践的场域——虚拟世界架设在现实实践的基础之上,具体来说计算机及网络系统,机器语言编程都是第一实践的产物,它们是实实在在的实物。相对于现实实践而言。虚拟实践在人文的场域进行,主观第二性的成分占多,因此,又叫第二实践。第二实践同样是物质、能量、信息的结合,它侧重于信息性。

第一实践,第二实践都是实践都是认识来源。虚拟实践同样遵循:实践、认识、再实践、再认识,这种形式,循环往复以至无穷的知行统一规律。

$$实践\begin{cases}现实实践→简称实践→第一实践\\虚拟实践→简称虚践→第二实践\end{cases}$$

虚拟实践建立在现实实践基础之上;没有现实实践构建的虚拟平台,就不会有虚拟实践;虚拟实践是现实实践的延伸和发展。它们共同组成当代社会人类的实践活动。

综上所述,虚拟实践就是人们改造虚拟世界的一切活动。展开来分析,虚拟实践是主体按照一定的目的在虚拟空间使用数字化手段所进行的,主体与客体双向对象化的感性活动。它是在虚拟世界里所形成的一种新的人类实践活动形式之一,是一种超越现实性的创造性思维实践活动。

$$虚拟实践\begin{cases}原子数量类\begin{cases}实物符号为中介\\文字符号为中介\end{cases}a\ 时代\\电子数字类\begin{cases}象征符号为中介 \qquad E\ 时代\\数字化符号为中介 \quad B\ 时代\end{cases}\end{cases}$$

虚拟是人类描绘现实世界,表达主观想象和情感的手段。虚拟实践伴随着人类起源,成长过程。按物质中介的特征,我们可以把人类全部虚拟实践划分为两大类,四种符号中介。原子是保持物质性质的最小单位,由不同元素原子数量的累积构成分子,形成物质。原子英文单词 atom,人们称原子时代为 A 时代。A 时代,人们在物理空间中进行虚拟实践,最初以实物符号为中介;如动植物的部分代表全部,模仿动作或声音表示事物等;以后又发明了图片、文字符号中介,如人类早期的岩画,中国京剧的脸谱、车旗等。电的发明,人类进入了 E(electny)时代,即电子时代。在物理空间与虚拟空间中,以影像符号为中介,人类发明了电影、模拟电视、广播。它们是模拟信号。计算机、英特网发明人类进入了数字信号时代,因而叫 B 时代(bitye)数字信息时代,我们可以在虚拟空间中,以"数字化符号"为中介进行虚拟实践。现今的数字产品电脑、数字电视、手机、MP4 等等不胜枚举。

2. 虚拟实践的特征

计算机及网络是构成虚拟实践活动必不可少的系统工具。虚拟实践的主体是人,人通过人·机界面,在赛伯空间(控制空间)领域,操纵虚拟实践对象——虚拟客体。与现实实践比虚拟实践活动有下列特征：

（1）虚拟性与客观实在性的统一。虚拟实践是虚（拟）与实（践）的结合。从虚的角度考察，虚拟实践具有虚物性，信息性，是虚拟的感性活动（视听触等）。这种实践的时空环境，对象物都是虚的，人类意识的外显。在虚拟时空对虚物的操作不会对现实的人和事产生直接后果，比如网上游戏杀人，网上婚姻可以不吃饭、不计划生育，如同现实儿童的"过家家"，演戏而已，不必当真。但，"虚拟"不等于虚假，也不等同于虚无，它是另一种特殊形式的实在。这种实在突破了现实的原子数量化存在，不受原子组成的物质时空对人们实践活动的制约；它是主观见之于客观的，电子数字化存在，即以电子为载体，二进制数字为手段生产虚物。电子是客观物质的。总之，虚拟实践三要素中，对象是数字电子虚物，主体人是客观的，手段计算机及网络设备等是原子数量级物质的。虚拟实践在本质上还是实践，不是纯粹的脑内虚思维活动。

（2）主观能动性更强，同一般的人类现实实践活动比，由于虚拟实践是数字电子化的虚物，不受原子级的质量、能量物理规律支配，因而可以充分展示人的主观能动性：①创造性，能够做到无中生有，有变为无，比如合成或绘制图像、模拟或合成电子声乐等。卡通形象就是电子数码的产物。②开放性，虚物可以复制共享，虚拟空间、虚物可重复使用。如果撇开版权制度，在技术层面软件运行可做到全世界的计算机通用，全世界的人可共享。③自主自由性，由于不受现实物理规律的支配，在虚拟世界，你可以自由选择车辆、角色等，发生撞车事故，你不会有真实的生命危险。只要重新开始赛车游戏。此外，在虚拟实践活动中，计算机及网络是人发明创造的；程序软件是人编写的，因而也具有主体功能的作用。广义的虚拟实践还包括人——机系统的耦合，人工智能机器也具有一定的能动性。

（3）感知超经验性　从功能上看，虚拟实践活动突破了现实实践的人类感觉、知觉范围。人们可以让时间倒流、可深入分子，原子和基因内部等无限小的领域探索其中的奥秘；可以在瞬间"走到"地球上任何已经联网的地方，并与那里的情景发生互动。空间上，利用虚拟现实技术，可以"看到"以前看不见的，"听到"以前听不见的、"摸到"以前触摸不到的，比如电子显微手术的操作；对登月航天器的遥距操控。时间上，虚拟现实技术，可以扩大或缩小时间的尺度，加速或延缓自然事件的发生发展过程，如在数分钟时间内欣赏子弹穿破西瓜的瞬间影像；在几秒钟之内观察细胞分裂时的细枝末节，鲜花绽放的动态过程。

（4）广泛联系与自我封闭的两极并存。计算机及网络虚拟系统是高度社会化的,历史性的产物。首先,它是广泛联系的系统工程,虚拟环境的创建、运行、维护、发展都牵涉到社会的各个部门,电脑终端在走进千家万户的同时却减少了人们直接接触的必要性。生产出足不出户的"宅男宅女"。其次,虚拟实践活动中,人们敞开心扉追求无限联系的同时,却用网名之类隐藏着"真我"。这是一种很吊诡的现象:极度的开放与封闭。

3. 虚拟实践的基本形式

虚拟实践是实践的组成部分。虚拟技术渗透到人类实践的各构成要素,各个领域。信息社会,实践的三大基本形式都已电子数字化。

1)信息化生产实践　生产实践是处理人与自然系统的活动。它是最基本的实践活动,决定着其他一切活动产生和发展。生产实践即人类生产力的使用过程。信息化生产力是迄今人类最先进的生产力。信息化是指培养、发展以计算机为主的智能化工具为代表的新生产力,并使之造福于人类社会的历史过程。智能化工具又称信息化的生产工具。它一般必须具备信息获取、信息传递、信息处理、信息再生,信息利用的功能。与智能化工具相适应的生产力,称为信息化生产力。生产力信息化包括四个方面的内涵:①信息网络体系——信息资源、各种信息系统,公用通信网络平台等;②信息产业基础——信息科学技术研究与开发、信息装备制造,信息咨询服务等;③社会运行环境——现代工业农业、管理体制、政策法律、规章制度、文化教育,道德观念等生产关系与上层建筑;④效用积累过程——劳动者素质、国家现代化水平,人民生活质量不断提高、精神文明和物质文明建设不断进步。举个简单例子:语音提示患者服药的瓶子。这就是信息化虚拟实践的成果。

2)处理人与人之间关系的网络交往实践　处理社会关系的实践推动着社会历史的变迁和进步。人类在生产实践基础上结成各式各样社会关系。信息社会人与人之间交往多了一个工具、一个平台空间——计算机网络虚拟空间。当一部一部各自独立的计算机或手机等终端,逐一串连起来后,就形成了一个信息化社会群体。这个社会群体表面上看只是由许多计算机架构起来的物理网络,但是透过物理的结构,却可使每个使用者结集成一个具有生命力的虚拟活动社会群体。网络连接着计算机等终端,也就联系着使用者——人,因而网络也就变成了社会关系的网络。人们在网络上的关系称做网际关系,如 QQ 群。

网际关系是人际关系的一种新的交往方式。网际关系包括网站与网站之间的关系,网络交往实践主要有三个方面:①网络商业活动。它是信息化生产力向商业领域的延伸。网上商品交易与邮购快递业务的结缘,诞生了新的商业模式如中国的淘宝网、美国的亚马逊,更值得注意的是电子商务——企业与企业的网上交易;政府的网上采购等。

网络信息传播。网络是传播信息的渠道,因其多媒体性和互动性平民化,益显其重要性。20世纪90年代后,大型门户网站,各级政府网站、社会学术团体网站、直到个人网站、网页、博客等,雨后春笋般涌现。可以说信息传播实现了零距离、零时差。我们上网可以查阅资料、交流经验、学习知识发表日志、看影视节目,听音乐等等。

③虚拟人际交往。人是社会动物,人们渴望交流。社会的进步与人际交往的密切程度成正比。网络将地球变成了一个村落。古诗"海内存知己,天涯若比邻"美好愿景,今天实现了"海内存知己,天涯在'视窗'"。电子邮件四通八达,无远弗届;视频聊天,想你就在;虚拟社区(Virtual Community)四海之内,谐兄弟姊妹。网络为人际交往带来了极大的方便,正改变着我们的生活方式。

3)虚拟的科学实验。科学实验是社会历史前进的有力杠杆。人类生物体的本能是有限度的。如五官感觉都有阈值,人体适合于地球表面环境生存,但人类的好奇、智慧探索却是无限的。虚拟科学实验在这方面起着极其重要的作用。在微观研究方面,人们利用虚拟现实技术,看到了原子的三维图像,目睹了高分子聚合物化学反应的过程。在宏观方面,有典型实例:美国航天局(NASA)发射的"火星探路者"航天器,携带了一辆火星车对火星进行了实地考察。科学家利用航天器从火星上发回的数据,在地面的实验室内虚拟了一个逼真的火星环境,通过"身临其境"的研究,了解了火星的地质地貌特征,成功地对火星车进行实时控制,使火星车向地球连续75天不间断地发回大量的信息。人要登上遥远的火星还有许多困难,但是,科学家在地球上虚拟一个火星环境,也就缩短了火星与地球之间的空间尺度。虚拟火星实验对将来人类移民火星是有益的探索。

4. 虚拟实践对认识的作用

实践对认识的决定作用:实践是认识的来源,发展的动力、检验认识真理性的唯一标准,认识的目的。虚拟实践,这里特指实践过程中虚拟技术的应用或运用虚拟技术进行的实践活动。作为最前卫的实践形式,虚拟实践对人的认识具有直接的作用。①扩大了人类实践的范围。虚拟实践把人类感知的范围和深度。由原子数量级世界向电子数字级世界延伸扩展。原子→分子构成实物质;数字电子构成虚物质只有形象,没有性质的差异。虚拟实践超出了以往现实的经济、社会、政治、教育、文化等方面的行为模式局限,为人类开辟了一个新的生存空间。它的出现在改变人类生产、生活方式的同时,也引起了人们思维方式的巨大变革,比如我在线,故我存在;利人不损已的共享观念。②增强了人类认识能力。事物的存在和发展方式客观上有多种多样的可能性,但最终实现的只有一种可能性。现实实践(第一实践)只能在狭小的现实时空中选择。虚拟实践则可以超越现实时空和物质条件的限制,自由地模拟探索多种可能性的存在,比如模拟天体撞击地球引起恐龙的灭绝。③改变了人类交往的形式和性质。虚拟实践以新的交往方式丰富了新的社会关系,过去人们的主要关系有地缘关系(空间上)、血缘关系(时间上)等;现在虚拟空间上则产生了一种网缘关系。网络世界的交际活动形成了各类虚拟社区、亚文化团体,如青少年的非主流追求、古怪的网络语言火星文等等。总之,虚拟实践超出了现实物质的诸多限定,可以更充分地发挥人的主观能动性。

二、理性把握虚拟实践

1. 虚拟实践对认识的负向作用

在展现人类创造性,能动性的同时,以电脑及网络为核心的虚拟技术也给人脑(主体)造成巨大的负向作用。

两道数字鸿沟。从历史发展看,人类活动可分为现实实践,实践虚拟、虚拟实践。实践虚拟是构建虚拟世界的活动,包括创建虚拟环境、设计虚拟物质形象,如windows 窗口环境 CAD 制图环境、功夫熊猫、喜羊羊等形象。实践虚拟的思维流程:由客观→主观→虚拟,是一种主观外化的活动。这种活动要求高智能创造性,生产出内部程序极复杂,功能越来越强大,但操作越来越简单便捷的智能系统。从事此类工作的人一般称为白领 IT 人士。

虚拟实践准确表述是虚拟技术成果的使用,包括运用虚拟技术科研、生产管理;虚拟教育、学习,虚拟训练、虚拟游戏等。虚拟实践的思维流程:虚拟→主观→客观,或者虚拟→主观,是一种虚物内化的感性活动。这种活动不要求极高的智商,有一定生存能力和经验即可,如插拔电源,正常视觉,方位感知等。但必须实际从事虚拟实践才能感受到,从而提高、升华其能力。综上所述,按数字电子化操控能力划分,当代社会有三类:现实实践的人、虚拟实践的人、实践虚拟的人。他们之间有道数字鸿沟。数字鸿沟意味着知识能力的差异不平等。

对虚拟技术应用的过分依赖导致一部分人主体性的丧失。虚拟世界建立在计算机及其网络硬件和各种软件运行基础之上。没有人的虚拟实践,计算机网络系统即失去了存在价值;反之,没有计算机网络系统,人无法开展虚拟实践。我们在获得计算机网络带来的便捷、自由、愉悦的同时,意味着放弃、丧失了主体能动性的一部分。一些人沦为机器的附属物、被机器操控、过分依赖计算机网络而生存。大而言之,民航、铁路、银行等离开计算机网络不能运行,小而言之,没有电脑,有人就写不了字、作不了文。近年来,一些被称为"手机控"的人,他们离开了手机就不能生活。

长期生活在虚拟世界,导致人(主体)理性及现实能力退化的危险。虚拟世界是计算机网络技术专家设计编制的,渗透着软件编程人员意志和观念。使用软件的人只能听从"软件"的安排和指挥,心处被动地位。长期依靠别人"软件"进行虚拟活动的人,某些功能被"搁置弃用",会出现退化现象,如手写书法功能的退化;现实交往能力的退化;真实判断识别能力的减弱,认为网上游戏可以砍人,网下也可以砍人等。虚拟世界,没有真实的利益矛盾,不受现实世界自然法则,社会法律规范的约束,几乎可以随心所欲。网络环境决定了网络生活的特点:幻想、情感的东西多一点,现实、理性的东西少一点。

少数人出现的人与机、主与客地位颠倒的危险。从人类总体而言,计算机及网络永远是工具,主体与客体的地位不会动摇,因为再聪明的智能系统都是人制造的。目前,物理层次的电脑与生物、社会层次的人脑比还相差很远。然而就个体人或局部而方。电脑却有优于人脑的地方:①记忆力的数量与精确度超出人脑,而且没有遗忘,②数字计算速度超过人脑。当然,更多的是电脑不如人脑,因为机器人不懂人情世故,不解人间风情。

面对超强功能的工具,一些人就沦落为一个有缺陷的、无能的人;他们完全依赖电脑网络生存,对现实世界不甚了解。对电脑也仅仅是"知其然,而不知其所以然,"人的天然身体和头脑变得越来越原始而简单。人工智能则变得越来越复杂,拟人化。这样必然会出现人机主客地位的颠倒:电脑指挥人的现象。比如现今利用电脑赌博、全自动程序麻将机等就是机器操控人。当然这种人机博弈的背后是人与人之间主体智力差异性的博弈。

2. 虚拟世界的身心问题

1)身处何方? 这是一个极浅显直白的问题,生物躯体只能在物理世界中。但是,我们的身体有感觉、知觉功能。我们可以借助媒介延伸或转移身体的机能。此处我们给一个人为设定:人造环境(舞台)或虚拟环境。

俗语云:世界大舞台,舞台小世界。计算机及网络就是人们搭建的一个"舞台小世界"——称之为网络空间或赛博空间。赛博空间(cyberspace)是哲学与计算机网络领域交会的一个抽象概念,指计算机网络产生出的虚拟现象。赛博空间一词由控制论(Cybernetics)和空间(Space)两个词组合而成。意译为"控制空间"。它是电子数字虚拟的,主要由三维电脑图像,立体音效而产生真实感。赛博空间有不同于现实空间的特性:①虚拟性——由数码图文、声音所构成。②潜在性——它潜伏在原型中,虚拟是人为的,人的主观背后有客观的原型。图文声音背后是实在人物。③互动性——控制图像、符号、声音与软件(数学原型)及人的行为之间互相影响、互相作用。虚拟与现实互动。④共享性——赛博空间在消费过程中不具有排他性,人人可以共享电脑中的信息资源。

知识拓展:

由于信息化的重要性,关于赛博空间,人们提出第五领域和第四种接触的说法。赛博空间是领陆、领空、领水、浮动领土之外的第五领域。为了保卫这一领域,也就有了电子战,网络战,信息战等说道。

与现实社会中人们的交往相比,赛博空间中的交往更广更深。第一种接触:物理接触为主要手段,人类通过身体接触而进行交流。第二种接触:人类发明了语言、文字、通过纸张、书籍、传媒等不同文字形式表达喜、怒、哀、乐七情六欲。第三种接触:心理哲理分析为主体,人类对客观世界形成理性思考。第四种接触:数字化虚拟为工具,人类灵魂以比特的形式载于光纤之上,遨游于广袤的网络空间。

总之,虚拟社区、虚拟医院、虚拟课堂、虚拟战场……数字地球,这些人机互动、虚实相生的特殊物质形态,给我们一个真实体验,如"身"临其境的感知世界。人类已经可以在许多领域通过赛博空间的虚拟实践去操作:现实世界原先的可能或不可能,进而证实可能,变现可能和预演不可能的可能。

2)心想何为? 这是看似玄乎奥秘的心理问题,其实它很简单,就是注意力专注在什么物体上。正常情况下,我们人的身心是合为一体的。身体承载着灵魂(思维、思想等),灵魂指挥控制着身体,在自然现实环境中活动。但是,我们的注意力可以贯注到其它事物身上,变成不是"自己"而是"他人或物"。表演艺术术语称进入角色。虚拟技术可以创造虚拟主体和客体。

虚拟主体或客体 角色置换。俗语又云:人生如戏,戏如人生。主体叫"我自己";在虚拟空间里,主体以虚拟的状态或形象出现。虚拟主体有如下特征:虚拟性,主体可以用一个角色符号出现,不具有现实的生理特征:如 QQ 形象、网名、游戏替身等。这种虚拟可以虚假,也可以与真实身份相符(如淘宝网购物)构造性虚拟主体的构造分为两个部分身份构造和能力构造。如在网络游戏中,玩家可以操作电脑给自己选择一个角色,赋予姓名、性别、外部形象、爱好等特征;能力构造,你可以根据需要与目的,运用虚拟技术、创造出具有一定能力的虚拟主体。多样性,虚拟主体在虚拟实践中可以同时进行不同的虚拟实践活动,也可以用不同身份、形式进行同一类拟实活动。这叫身份多样自由。

虚拟客体 虚拟实践的客体是信息数字化后,再根据需要所得的组合、多维、动态、综合逼真的。数字技术可以虚拟出"以假乱真"的客体(世界),也可以虚拟出过去或未来的客体状况。在网上交往实践时,我们交往的一方相对于另一方而言,也是由数字化技术创设的虚拟实践客体。虚拟客体同样具有虚拟性、构造性、多样性等特征。

虚拟实践中介 虚拟实践中介是一种数字化技术。虚拟主体与客体之间的中介是"数据包"即一连串的 0 与 1 的数字信号。数字化技术衍生和创造着虚拟客体,没有数字化技术就不可能有虚拟客体。

3)心理投射效应与身心分裂

苏东坡和佛印的故事:

苏东坡去拜访佛印,苏东坡与佛印开玩笑说:"我看你像一坨狗屎"。而佛印却微笑着说:"我看你是一尊金佛。"苏东坡自觉占了便宜,得意地回家说给小妹听。苏小妹说:"佛家相信,佛心自现。哥哥你领悟错了,你看别人是什么,就表明你看自己是什么。"

这是一个内部心理态度外显投射的典型实例。

心理投射是一个人将内在生命中的价值观与情感好恶影射到外在世界的人、事、物上的心理现象。常见的心理投射现象如望子成龙,望女成凤"老子当年如何如何"父母将主观愿望与理想强加给孩子。

投射认同:一种透过幻想转译的心理机制。主体在幻想中将自主体全部或部分地导入客体对象内部,以更予加以控制、拥有或危害。

主体的转译:现实主体人转译为虚拟主体,如《反恐》枪战游戏。虚拟世界的投射认同:选择角色,寻找替身。

山鸡舞镜

山鸡爱其毛羽,映水则舞。魏武帝时,南方献之,帝欲其鸣舞而无由。公子仓舒令置大镜其前,鸡鉴形而舞,不知止而死。

——《异苑》

面对显示器,网上游戏到死的人与这只山鸡何其相似啊!

身心分裂　身心分裂的实质是主体将注意力长期转移到身体之外的人事物上面、忽视自然身体的存在,导致产生错觉,不能控制自然身体的行为,处理不好自身与现实社会的关系。人们专注于虚拟世界,尤其是 3D 游戏,心理投射,现实主体转译为虚拟主体,有三种境界。第一种境界——灵魂出窍。因为全神贯注,将身体置之度外,进而可以废寝忘食。这种人称为网痴。求知而成病。第二种境界——借尸还魂,在网游中找到一个虚拟替身,实现境映移情,角色转换,弄假当真忘却了世俗。此刻,心灵没有了现实时空的定位。时空是以视觉、听觉、触觉为主的感觉,用来组成感性世界的框架。作为心灵的"自我",可以在时空关系完全打乱的情况下保持自我认证的一贯性。时空只是感觉的直观形式。"我思故我在""我在线,我存在","我游戏,故我在",感观就是一切。这种人达到了"网迷"的级别,因为走进虚拟世界,忘却了"自然"之身。第三种境界——失魂落魄。"失魂"是灵魂、思维不能自控,超脱了尘世,迷失了虚实的界线,进入了一种幻觉状态。这就是网瘾——网络游戏依赖症。"落魄"魄与体相关,落魄就是对身体造成了伤害,具体讲就是身心严重失衡、身体虚弱、手指发颤、两眼发直,这种人可以称之为"网呆"。

3. 从书呆子到网呆子

呆子表现为头脑迟钝、两眼滞而无神,对生活不谙世故,不善交往。书呆子是指那些只好读书,缺少直接经验,不谙世事的人。计算机及网络诞生后,人们接受知识经验又多了一条渠道。于是,网呆子就炼成了。网呆子是那些沉溺于网络虚拟世界,不能自拔,脱离现实生活的人。

无论书呆子,还是网呆子本质都是一样的,专注于间接知识或第二实践,掌握的是第二手材料,忽视了第一实践的直接知识经验,对鲜活的现实生活不甚了解。他们生活不切实际,行为不合时宜。两种呆子,只是所呆的媒介不同而已,一个本本主义,一个网络主义,反映了时代的变化和发展。

自人类进入有文字记载的文明社会以来,痴迷于文字的书呆子就普遍存在。《儒林外史》中的范进是书呆子的代表人物。书呆子体脑发展不平衡,四体不勤、五谷不分、心地善良、让人心生怜悯。

进入信息时代,承载知识的工具变成了电脑网络,而且内容形式更丰富了。书呆子演变成了网呆子。目前,网呆常见于青少年。网呆子群体中,成为网络技术高手、虚拟世界英雄的人有,但更多的是终日沉溺于网络虚幻世界不能自拔,荒废了学业,耽误了工作,有的还出现了精神疾病,违法犯罪。

	书呆子	网呆子	共性
行为特征	手捧书本、尽信书本	手握鼠标、迷恋网络、"手机控"	都属个人行为
价值取向	书中自有黄金屋、书中自有颜如玉;希望有朝一日能博取功名	逃避现实压力,投身虚拟世界,追求虚拟财富或情感及时行乐;没有现实的理想和抱负	与世无争奋而不斗
从后果来看	一般不妨碍他人和社会,不对社会构成危害	因为有虚拟交往,要交网费,在危害自己的同时,也可能去危害他人和社会	不利于和谐社会建设

【知识感悟之四】

关于机智

查阅《现代汉语词典》,我发现虽有"机智"一词,但仅仅限于"机智勇敢"层面:灵巧,能迅速适应事物的变化。看来教科书的内容永远落后于社会现实的发展。语言的进化、词语的新生、变异、消亡与时俱进,现今"机智"一词衍生出人工智能的含义,并取得全社会的认可。中央电视台第一套节目周五晚上有一档科普栏目《机智过人》,内容即表演人工智能PK人类智力。

"智慧"的远古本意是人在智力的作用下,创造了工具(慧)。一般动物有智力,但还不能"慧"工具。因为工具,人类不仅仅适应环境,而且要改变世界。可以说,最简单的工具劳动,也凝结了人类的智力能量,如木草器时代、旧石器时代、新石器时代……蒸汽时代、电气时代到现在的电子信息时代。在生产力发展历史上,发明创造工具,不断解放人类能力,主要表现在体力的解放。只有计算机的诞生使用,人类被桎梏的智力逐步获得解放。计算机即模仿人脑思维的工具,俗称"电脑",它巨大地解放了人类的脑力劳动,在某些方面甚至超越了人脑的功能。

机智产生于人工后,人工智能是计算机技术的一个分支,利用计算机模拟人类智力活动。说准确点,我脑海中的机智是机械智能,除数字编程外,信息的载体是智能卡——集成电路的电子,未来还有可能是量子、光子。

机智过人无论到何种程度,终究技不如人。因为机智只是人智的影子,再睿智的人工智能起始到终极都要依靠人智:1. 物质和能量(电力)的维持;2. 程序指令的操控。

第七章互动话题

1. 为什么说智慧出,才有大伪?

2. 信息技术课上你学了计算机语言没有? 它与我们平常说的"人话"有什么不一样?

3. 对比游戏过程中和游戏后的感觉,回答:"快乐与幸福是不是一回事?"

4. 你怎样知道:"地球是圆的",怀疑过吗? 你想过去实证一下吗?

5. 网络上的那些事儿你全相信吗? 为什么? 你是否还有其他信息渠道?

第八章

智能新解

题记：*凿破浑沌智慧出。*

钱学森文章《思维科学的未来》中说："当今人类的精神财富的量是极大的，我们现在的困难就是不能很好地利用它。过去我们的老办法是去学习，或者请教，这办法太落后了。"信息社会，人类从沉重的体力劳动中解放出来，又遇到了繁重的脑力劳动，特别是记忆劳动。有人说："现在最苦最累的人是读书的娃娃。"解放脑力劳动生产力是当代社会的重大科研课题。智力进化由天然智力到人工智能，现状怎么样，又将走向何方？

第一节　虚　能

一、智慧的起源

1. 凿破浑沌　智力的发生是自然界奥秘之一。在《天然智力篇》中，我们谈到大脑研究的悖论。同样，在智慧起源问题上，我们又遭遇悖论难题。电脑，有人生产装机、接通电源、安装软件、运行程序……人类智慧或文明起源于何时呢？因为当人类意识到智慧起源之时，已经不是智慧的起源点了，犹如当你想到自己诞生时，你早已诞生了。

尽管"人类一思考上帝就发笑。"；我还是坚信达尔文进化论：距离我们遥远而漫长的生物进化过程中产生了人类大脑的智慧。古老的先人对自己的智慧来源也只能寓言。神话、寓言是人类原始思维方式的记载，一种拟人世界观的反映。

《庄子》记载：

凿七窍

南海之帝为儵,北海之帝为忽,中央之帝为浑沌。

儵与忽时相与遇于浑沌之地,浑沌待之甚善。儵与忽谋报浑沌之德,曰:"人皆有七窍,以视听食息,此独无有,偿试凿之。"

日凿一巧、七日而浑沌死。

——《内篇·应帝王》

这则寓言是古人对智慧起源的揣测,根源于人类幼年时期的朦胧感知回忆。它闪烁着智慧的火花,有深刻的寓意。第一,浑沌是人与自然的化身,凿破浑沌比喻开启智慧人为之门,人类出走超越自然界之时,人类产生了自我意识,发现了"自我"与"自然"之不同,从此,人类进入了社会文化进步阶层。第二,从认知心理学角度考察,浑沌开窍预示着人类感知语言等器官的完善,接收或输出"视听食息",进行物质、能量、信息的交换。人对客观世界产生认识,形成主观世界,内心不再黑暗,而有了文明之光。第三,儵喻有象,忽喻无形,浑沌无孔窍比喻自然,儵与忽都是时间上的快速,突然有一刻发现了"自我",这是每个人都有过的一种顿悟。第四,关于浑沌死的理解,暗示着人智的出现对自然界的破坏,对天道的违背,这是老子、庄子不希望的;现在看来,能毁灭人类的只有人类自己;另一方面,死即蕴育着生,浑沌死的真义是蒙昧无知时代的终结,临来了文化文明的用火时代。总之,人类智慧的产生是自然进化的必然,老庄哲学有怀念上古社会纯朴自然的倾向,希望回去到无知无识寡欲原始平等的浑沌社会。他们认为不顺自然、强开耳目,乖浑沌之淳,顺有无之舍,是经不终天年,中途夭折:为者败之。

2. 从混沌到浑沌　凿破浑沌,有了智慧;人就要去思考现实、过去和未来。这个世界从哪里来? 怎么样? 去向何方?

生活中,人们经常混用"混沌"和"浑沌",其实这两个概念是截然不同的。混沌是指宇宙未形成之前的状态,一种无序、热力学第二定律所指的"熵"现象。混沌首先是物理学层次的,热力学讲"原始混沌""终极混沌";当然,生活中也存在"日常混沌"现象。混表示乱而无序。沌表示漫无边际的一种汪洋状态。混沌没有天、没有地、没有边缘、没有界限,也没有中心、没有阴阳中道。混沌是无极时代。浑沌是指宇宙形成之后的浑然一体,但人类智慧还没有产生(人浑沌开巧是很久以后的事),只有自在、自然。浑表示浑然一体、完整不可分割。浑沌是一种有序、热力学第二定律所指的"负熵"现象。浑沌有了太极，是对立统一的那个"一"，有了两仪、中道。浑沌是太极时代。无极生太极，混沌生浑沌。

在西方，混沌（Chaos）一词是指事物在发展中的不稳定现象。现代科学认为混沌是一种非线性动态现象，如江河奔流的漩涡、乡村升起的炊烟袅袅、构思作文的思维大体则有，具体则无，中国水墨画的神象而形不象等。非线性科学给混沌的定义是：一种确定的，但不可预测的运动状态。确定性是从运动力学上讲的，总体上讲的，如水汽上升，凝聚降雨，地球上"今天下雨！"的判断绝对正确；不可预测性在于运动的不稳定性或者说对初始值的敏感性。长期精确气象预报难度极大，几乎是不可能的。预测将来某地某时刻降雨量的精确度有限。混沌系统有三个关键要素：第一、对初始条件的敏感依赖性如著名的实例"亚马逊热带雨林蝴蝶扇动翅膀引起台风效应"；还有"一粒尘埃也能影响两个星球的轨迹"。第二、对临界水平的敏感性。临界状态是非线性事件的发生点。人们常说："压倒骆驼的最后一根稻草"。第三、是分形维，它表示有序和无序的统一。例如我们现今流行的100 分制，60 分就是及格——分形定性的一条线（维）。59.9 就是不能及格。有人喜欢搞"下不为例"即是对制度和有序的破坏。甲同学 59 分，说情后改 60 分及格，乙同学 58 分……混沌系统是自反馈的，聚散有法，周行而不殆，回复而为闭，非人为所能控制。任何初始值的微小差别都会按指数放大，导致系统内在也不可长期预测。人虽然"有情"；制度必定"无情"，否则你放生了一只蚂蚁，可能导致千里河堤毁于一旦。

3. 思维科学的混沌与浑沌 热力学第二定律认为宇宙间事物的发展方向：不混乱→开始混乱→混沌→杂乱无章。进化论认为宇宙间事物的演化方向：杂乱无章→开始有序→井然有序→浑沌。1978 年，美国康康尔大学物理学家菲根鲍姆（M·Feigenbaum）从水龙头滴水的"滴－哒"声中发现了周期倍增级关联关系，找到了混沌常数：4.6692。这个常数反映了混沌演化过程中的有序性，它显示混沌并非杂乱无章的随机现象，而是源自规则明确、表面却杂乱的随机行为。混沌是经过伪装的秩序。科学家进而猜想它是宇宙常数，并推论出宇宙公式：$P = M + N$。P 值是 4.6692，代表整个宇宙；M 代表浑沌——宇宙有序部分，其数值是 4；N 代表混沌——宇宙中无序，产生随机变化的部分，其数值是 0.6692。这是人类智慧对未知宇宙之谜的猜想。普通人看到混沌现象，而圣人，伟人如老子、庄子、爱因斯坦、霍金等看到的世界是浑沌。在确定系统中，有貌似随机的不规则运动，本来是一个确定性系统，其运行却表现出不确定性，不可重复，不可预测，这导致了人们的迷茫:世界每天都是新的。一般人看到局部、随机、偶然、无规律、不理性、不可重复、不可预测的混沌现象。其实,从整体长远看,一切都井然有序,井井有条,一丝不苟,如地球公转一年误差不超 1 秒。老子说:"天网恢恢,疏而不失"没有任何事物能够逃出"天网"。世界是浑沌的,而不是混沌的。我们认为是混沌的,因为我们的思维还没有上升到浑沌思想的高度,或者说智慧未能达到浑沌的境界。混沌是浑沌的表象,浑沌是混沌的实质。宋代诗人苏轼的《题西林壁》:"横看成岭侧成峰,远近高低各不同﹒不识庐山真面目,只缘身在此山中﹒"在山中,我们只能看到山的迷茫混沌。如果跳出山界,升高到太空,一切尽收你的眼底。航天员看地球,如来佛手心的孙悟空,思维的境界就到了混沌变浑沌的地步。

4. 追索浑沌古义,探求混沌科学定义,人类浑沌早已凿破,现今智慧日益发达。我想,老庄哲学主张"无为",不是教我们什么事都不做,而是要我们顺应自然而为之,运用人类智慧确保人类的生存和繁衍,如探索外太空移民。凿破浑沌的寓言要提醒人类防范"智杀"。曾经,恐龙因其庞大的体形,巨大的体能称霸地球,最终因其太强大而灭亡了。凭借强大复杂的大脑神经系统智能,人类首出庶物,高于万物,主宰地球。如果人类没有智力,便无法生存和发展;但是若没有德性控制,智能滥用过度,如核武器、克隆人、电游脑、邪教、环境污染,生态灾难等,同样危及人类生存。无论体力,还是智力,都不是强者生存,而是适者生存。

二、智能的本质

1. 能与力等几个概念的界定　日常生活中,人们时常混淆智慧、智能、智力、脑力等概念,从而导致问题复杂化。防止语义分歧,复杂问题简单化,办法就是回溯到最低一层次去找本源。

生物的人可分为骨骼、肌肉等构成的躯干四肢和藏于体内的大脑及中枢神经网络系统。前者称为体魄,后者叫做智慧,从身体器官看,智慧源于大脑及神经系统的生物结构机能。智指大脑的思维、情感和意志;慧主要指神经系统的信息输入与输出。耳聪目明,行动敏捷谓之慧。

再回到最初的物理层面界定:能、力与功。我们的思维会更清晰。客观物质世界由质量,能量、信息、运动四面属性组成一体(浑沌)。遵循物质不灭与能量守恒定律:物质总量(质量)不变不生不灭;能的总量也不变,只是形式转换;运动是能、力、功三者的循环。能(Energy)

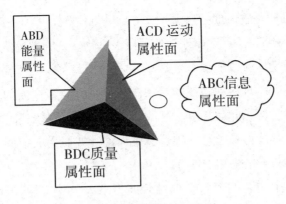

ABD
能量
属性
面

ACD 运动
属性面

ABC信息
属性面

BDC质量
属性面

客观物质世界观的"四象"

是能量的简称,一个物体能够对外做功,则这个物体具有能。物质的不同运动形式对应着不同状态的能。能量释放产生力,力是具有方向的能量效果方式,如汽车烧油,热能转化为机械动力,力使汽车移动位置即做功。功的本质是力效果或者说能量转换,运动的汽车具备了动能。能量守恒定律告诉我们:能量形式的转换离不开力和功。这样,我们从运动过程整体下界定了能、力、功三者的关系。

物质运动形式与能量形态

运动形式	能态
宏观物体的机械运动	动能
细胞生物运动	生物化学能
分子运动	热能
原子运动	化学能
带电粒子运动	电能
生物电子运动	生物电能
光子运动	光能
思维概念运动	信息能

提升到生物→社会→精神层次,在前边加上修饰词"智"组成词汇:智力、智能。这样就容易理解了。智能是存量的概念,智力是流量的(使用)概念。最直接的体验就是人三天不吃喝,结果四肢无力(缺少生物化学能)、头昏眼花(缺少生物电能)、神智不清(缺少生物信息能)。总之,智的器官是大脑,智力的别名是脑力。肚子(食物)决定脑袋。智能的本质是热能。人脑的思维运动——信息(俗称精

神、知识等)说到底是物质的信息。

我们人习惯一日三餐,不断地从外界摄入食物。食物中蕴藏着化学物质及能量。人通过合成代谢吸收能量作为储备,并通过分解代谢——释放能量。人生活过程中进行的各种生理活动消耗能量来源于糖、脂肪、蛋白质的氧化分解。在恒定的体温下,通过一系列酶的催化进行氧化过程而释放能量:①直接以热量的形式散放。②以化学能形式贮存并维持基础体温。③肌肉收缩的机械运动能。④转换为神经冲动传导的生物电能等。

2. 从本能到智能　自然进化的结果演生出人类的本能。十月怀胎,一朝分娩,生物学的"重演规律"揭示:每一个体生命过程均重复演化了整个人类的进化历程。初生婴儿(人之初)即具备了生物人的运行机制——本能,如啼哭、吮吸、耳趋声音、眼寻光感等。人之初,体能力和智能力都非常弱小。

智能力和体能力是后天在本能的基础之上发展起来的。体能——躯干四肢等从自然界获取食物能量,表现为体格苗壮成长、体能力在机械运动中增强;智能——大脑及神经系统生长发育完善机制,在走路、语言交流、书写等思维运动中,智能力发达。大脑"燃烧"也是食物化学热能。我们吃的食物是一种有序化学能。人体通过生物化学反应来吸收或利用所需的物质和能量。这种生物化学反应就是吸进空气,进行有氧代谢,然后呼出二氧化碳,排出水等,并以有机磷酸酯形式来贮存化学能,其中主要的是三磷酸腺苷(AFP)。有机磷酸酯通过全身的细胞线粒体中的呼吸作用,为各种机体组织的正常运行提供能量。人脑内的生物化学反应——有氧代谢,一刻也不会停止,否则就会引起脑组织机体缺氧损坏,导致智障或脑残如脑瘫、失忆等。

智能高于本能,是人脑及神经系统吸收自然界物质能量,逐步成长发育出来的极其复杂精密的结构机能。目前,人脑的复杂精密程度不是人工智力电脑所能企及的。

三、智能的特点:信息虚能

不容置疑,脑及神经系统是人处理信息的复杂器官。智慧表现为人脑处理信息的感知→记忆→思维→情感→意志→言行。智慧不表现出来,只有主体"我"意识到,它是一种隐藏的信息能量(俗语云:"真人不露相")。如果要对"我"之外的客体发生智力作用,必须在意志的操控下,把智慧的结果(思想)转化为语言和行为。智力的结果是做功(智慧成果):主体的信息能传递给客体——交流思想文化。

智能是一种信息化虚能。它有三个特点：第一、信息虚能离不开实体能。人包括大脑神经系统是典型的耗散结构，其内部时刻都在进行着熵增（新陈代谢中无序混乱死亡的一面），为了阻止人体系统向无序化方向变化，必须不断地向系统内输入负熵流（新陈代谢中有序新生的一面），两者达到平衡，实现物质、能量、信息的动态均衡交换，人也就身体健康，心理健康。第二、从心理学角度考察，作为虚能，信息本质上就是有序化，是负熵。人脑可以"从一团乱麻（混沌）"中抽象出条理规律（浑沌）。这一大脑行为俗语叫"理清思路"，也就是排序。有序化虚能实际上就是一种间接的有序化实能。第三、人脑信息可交换、复制、再生及遗忘。人体耗散结构的有序化进程，除物质能量外，信息交换是特色。一切社会性动物如人，蚂蚁等都依赖于大量信息的交换。信息复制的特殊性使得智能可以共享。人常说："一个快乐二个人分享，就变成了两个快乐。"这是情感智能的复制。人们又说："一个人苦恼两个人分担，就变成了半个或没有。"这就是情感信息的删除。信息虚能与信息实能的不同在于：一块圆饼，你给人吃了一口，它就不再完整；一本书你借人看后，并不会有缺损；一道数学题，你教会了他人，自己会做得更好更快。

四、智能的形成机制

智能是怎么样形成的呢？综合智能的本质和特点，我们可以判断光靠"补脑"是长不出智能来的，更重要的是靠用脑——信息虚能（又叫精神财富）的刺激，智能才会长出来。人类十几年，几十年的学校教育就是去给大脑神经系统信息刺激，安装日后工作，生活的软件程序。

1. 智慧是人脑及神经系统的运动，智秀于内，慧显于外。按照其机体和外在行为表现，我们可以将智慧分为：（1）视觉·空间智慧。（2）听觉·声乐艺术智慧。（3）语言·表达演说智慧。（4）人际交往智慧。（5）肢体·运动智慧。（6）自然探索智慧。（7）数学·逻辑智慧。（8）自我·内省智慧。（9）味觉·品尝智慧。（10）嗅觉·调香智慧。

2. 智能系统　智能的构成离不开知识，知识必然与不同的文化（语言文字习惯等）相结合，文化的特征是符号化信息。信息从量的方面考察即数据。数据是对环境事物的描述，载体为第二信号系统的语言文字图像等。现代计算机技术的诞生，将第二信号系统的形成有了一个由具象到抽象的升华过程。（1）文化：与人的地域民族性有关的第二信号系统,主要表现为语言文字和生活方式。文化有差异,但没有优劣之别。同样的知识,不同的民族使用不同的文化来传承。(2)知识 作为动词,它是知道,认识的合称,感觉、知觉、认识的神经系统运动过程,一般高等动物都具有这一本能,如看家护园的狗,感知人来了,马上醒来,认识主人摇头摆尾,不认识的生人汪汪叫发出警戒。作为名词,知识是人类感知认识事物的结果。"实践出真知""吃一堑,长一智"知识作为精神财富,通过记忆存储在人的大脑里;用文字等形式记载于书纸叫书本知识,现在又有了电子书。知识是静态的智能。(3)信息 在《人工智力篇》我们阐述了仙农的通信信息定义,它避开语义,只从语形去定义信息。信息对人而言真正的作用在于语义:"天上掉馅饼"与"地下有陷阱"两条短信,在价值方向上是完全相反的利与害差别。在电信信息量上完全相等,同等收费。(4)数据是信息的量化、具体化表达。它泛指客观事物的数量、属性、位置及其相互关系的抽象表示,以适应于现代用人工或自然的方式进行保存、传递和处理。工业时代,人们用数据对信息进行加工处理,克服了农业时代的模糊经验。比如古代人们只知道热水、温水、凉水,但不会表述为"水温100℃""体温38.5℃"。通过数据描述,大脑对客观世界的知识由模糊经验变得精确清晰。数据要通过约定俗成的语言符号来表示,它与文化是联系在一起的。(5)数字化 数据通过编码录入到计算机中就叫数字化。它是一种计算机信息处理技术。数字化开启了天然智力到人工智能的桥梁。从此,人类社会进入了信息时代。

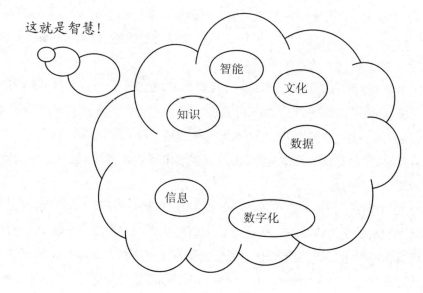

这就是智慧!

智能

文化

知识

数据

信息

数字化

3. 知识体系与智力　智能的释放表现为智力；智能的累积呈现为知识体系。人的智能知识体系具有自组织生长的进化机制。（1）知识靠记忆积累。我们的大脑有记忆能力，记忆了生活的经验包括知识等信息，但脑的记忆机制迄今为止仍然是一个未能彻底解开之谜。生物对外界信息具有固化作用。"记"是外界刺激信息在大脑里的一种转化储存。"忆"是将记住过的信息取出再现。记住的信息不全都可以被再现忆出来，这就叫遗忘。记和忆的微小差别失真与刺激强度、感知深度、思维过程、生物钟、随机性等有关。记忆分为短期记忆和长期记忆。没有记忆就没有知识的累加，文化的传承，也就谈不上智能。为了抗拒遗忘，人类发明了纸文化、计算机文化等工具或载体。总之，人类因为有了记忆，才构建出一个知识的海洋（体系）。（2）智能体系架构　波普尔把人类知识（世界3）分为七大类：第一类常识。日常生活中形成的，人人具备，多在人类社会生活中无意识地获得，无需专门学习。它具有真理性、实用性。常识是其它一切认识的基础，人类生存必备。第二类经验性知识。它是人类分工后，从事专业性活动累迭起来的知识，属于拟规律性知识。它与个人经验有关，可对可错，比如捕鱼、狩猎、采摘野果子的经验；汽车、飞机驾驶经验等。第三类科学知识。它形成于常识和经验之上，是反应事物本质规律的知识。第四类艺术知识。第五类神话故事、传说、寓言、这类知识产生于人类早期蒙昧时代，具有特殊的价值。它们不能实证，却闪烁着人类智慧的火花。第六类宗教。宗教与神话故事，传说、寓言紧密相关。它是现代科学技术诞生之前的"哲学"，因为宗教不允许科学实证。第七类哲学知识。试图探索世界万物终极真理的学问。哲学与科学结缘，哲学为科学指示方向，科学为哲学寻找实证。（3）知识、智力和创造力　知识作为智能的承载形态，其计量应采用信息量单位比特（Byte），因此说，智能是可以计量的。智能量＝知识的信息量。智能必须达到一定的度量才可以释放产生智力，也就是说，智力的作用发生必须达到一个知识量的门槛。这就叫知识阈值理论。比如一小学文化水平的人要理解爱因斯坦的相对论，霍金的天体物理等几乎不可能。也许他从来就没听说过。智能（知识）与智力紧密联系，一体共生，知识产生智力，智力获得知识。智力大小与一个人的知识量成正比关系。我们说："对牛弹琴""启而不发"就是因为知识的量不够，没有达到智力发生的水平。"心有灵犀一点通""顿悟""灵泛"等就是智能（知识存量）累积达到了一个临界状态产生的智力。

智力的最高点就是创造力。智力人人都有，随时可用，有大有小。创造力的发生必须有大量知识更新累积，一般处于某一领域研究的最前沿。创造力的本质是智力中的创新能力。

第二节 智 力

一、生产力中的智力

1. 生产力的本质 广义的生产力是指人类的生存能力,它包括人类的繁殖生产力和人类利用、改造自然获取物质、能量及信息的能力。狭义的生产力是指后者。生产力与劳动紧密相关,人们经常合并称生产劳动。迄今为止,人们劳动多是被动的义务,只有理想的共产主义社会,劳动成为自愿的享受。人类社会时刻都在进行着生产劳动。人的生存和发展所需:一类是不付出劳动即可获得的自然物——空气、阳光等;一类是人类劳动生产出来的产品如衣食住行等生活资料。人有自然属性,和所有生命体一样,要维持生命的存在有序性——负熵即生的因素,就必须与环境交换物质、能量、信息以达到新陈代谢平衡;否则按热力学第二定律的作用——熵增即死的因素,人体代谢失衡就会有至病死的危险。老百姓说:"人是铁,饭是钢,一屯不吃饿得慌。"为了改善生活,人们会相互攀比竞争,促使每一个社会成员都力所能及地努力工作。这也是人们生产劳动的动因之一。社会竞争机制永恒,人们劳动不止。

从人类高度看,物种生存衍续是一种本能,低等到动物、植物、细菌、病毒,高等如人类,生活在这"孤独"的地球上,杞人忧天不为过。科学家考察证明:在地球的演化史上,发生了五次物种大灭亡,其中包括有恐龙的消失。谁能保险不发生第六次呢?大道理讲,从街头擦皮鞋到霍金探索宇宙天体奥秘,劳力者,忙忙碌碌;劳心者,孜孜以求,一切都是为了人类的生存与发展。

2. 生产力的形成 人劳动从开始就是体力和脑力的结合,劳动过程中体力受脑力的支配。马克思说:"单个人如果不在自己的头脑的支配下使自己的肌肉活动起来,就不能对自然发生作用。"(《马克思恩格斯全集》第23卷,第555页)。脑力和体力构成劳动力。人的体力与动物体力没有本质的差异,属于动物性的自然力,还构不成"劳动力"。动物的行为叫活动,没有创造性,属于本能。人的劳动因脑力的能动支配会使用劳动资料(工具等),有明确的劳动对象,富有创造性、目的明确。人脑的能动性是区分人类劳动和动物活动的标志。劳动力与劳动资料、劳动对象相结合才形成生产力。如图：

$$
\left.\begin{array}{l}
人\left\{\begin{array}{l}智力\\体力\end{array}\right\}劳动力\\
生产资料\\
劳动对象
\end{array}\right\}生产力
$$

智力在劳动力的构成中起决定性作用；人的体力是有限度的，而智力可以控制、放大人体力。这是人战胜其它生物的关键。劳动力在生产力中是最活跃的因素；人的智力渗透到劳动资料和劳动对象之中。

3. 脑力劳动与体力劳动　生产力作用过程就是劳动。通俗讲，劳动就是"做事"，劳心劳力，动手动脚……更要动脑。体脑结合应用形成劳动过程，只因体脑所占比重不同，劳动方式的差异，而分为体力劳动和脑力劳动。以身体四肢为主要工作器官，耗费体能为主，运用生产资料，进行直接操作生产物质产品和服务，就叫体力劳动。体力劳动行业主要指农、林、牧、渔业、采矿业、制造业、建筑业、交通运输、仓储及批发零售业、住宿和餐馆业、居民服务及其它。以大脑及神经系统为主要工作器官，耗费大脑信息虚能为主，运用信息、文化、知识创造精神产品和管理，就叫脑力劳动。脑力劳动行业主要有信息传输、计算机服务和软件业、金融业、科学研究、技术服务和地质勘查业、教育、卫生、社会保障和社会福利业、公共管理和社会组织。脑力劳动有时又叫智力活动或智力训练如学生的读书写作业、做实验等；娱乐活动也要使用体力和智力，它们不划归职业的范畴。

4. 劳动力的有限性与无限性　劳动力即人的劳动能力，它包括人的体力和智力。在劳动二要素中，起决定、控制作用的是智力。因为智力，劳动力发展从现实的有限性到无限的可能性。第一，个体的劳动能力是有限的。体力受制于人的身体，决定于体魄；脑力受制于人的大脑神经系统，决定于智慧。一定时期内，人的能力总是有极限的，体力方面，100 米竞赛速度肯定有极限值，但谁也说不准，运动员挑战极限，去靠近极限值，这就是已知到未知的魅力。智力方面，思维运动亦有速度、容量等指标，如记忆力、心算力、理解力、观察力、想象力、视力、听力等均有量值。脑科学证实：大脑神经系统以生物电形式传递信号。大脑极其复杂神秘，它有许多未能解开的谜有待我们去揭示。人是耗散结构体系，消耗的智能、体能可以从环境中获得补充、更新。能量可以恢复、力气可以再生，人们说："挑不完的井水，用不完的力气"，"刀越用越光，脑越用越灵"。人的能力有限中蕴含着无限的可能。

第二，集体协作共事，人类能力有扩张，无限放大的趋势。单个人的能力是有限的，但人类可以集聚体力和智力，使人类的能力得到无限放大。简单合力共事如两个人抬一桶水；复杂系统工程如1969年7月21日美国的"阿波罗登月"成功，它集成了超过2万家来自美国与其他国家的公司，200多所大学，近1000万人直接或间接参与。地球人集成智力和体力终于克服了重力，在月球上留下了脚印。

第三，世代继承垒迭，人类能力可以自力更生，具有无限增长的趋势。个体生命有限，人类生命可以绵延无限。人类的能力可以世代继承累积。体能力累积为物质形态的势能力，如万里长城，它东起渤海湾的山海关，西止于甘肃的嘉峪关，全长4200公里。从战国时代各国自建卫城到秦始皇统一中国后，连接北方各国卫城，以后历代都在此基础之上重新修缮，直到明代又花132年时间对长城作了一次规模浩大的重建。我们今天所见大部分是明代的砖头或石块镶切的长城。智能力积淀下来为物质和固化的知识文化形态，春秋战国时代，李冰主持修建的都江堰至今仍然在发挥作用。它展现了先人的智慧能力，使成都平原成为"水旱从人"的沃野良田，四川成为"天府之国"。李冰的智能泽被千秋。更有文明古迹，文化典籍，科技史料等都是人类智慧能力的传承。

总之，有了智力，生产力才有了无限发展的可能。

二、发展生产力的第一步：解放体力

1. 重力的桎梏

发展生产力是人类永恒的课题。影响生产力发展的因素有许多，第一个桎梏人类能力的是重力。迄今，我们只能自然地生活在地球上，地球是我们的家园，它使我们附着在其表面。如果离开地球，宇航员在太空微重力、辐射环境下，极可能患肌肉萎缩、骨骼软化等疾病。一方面，我们依赖地球引力，另一方面，地球重力又桎梏了我们的一切行动。地球上的一切物质形态和现象都与重力相联系。人的活动要克服重力，而消耗体力。一部生产力发展史，就是通过人类智力控制、放大体力，反重力的历史。

2. 智力延伸体能力

体能即人体适应或影响环境的能量。体能包括健康体能——人基本活动所需的能量；竞技运动体能。体力劳动是人释放体能，产生体力对客观物体做功的过程。体力劳动离不开大脑的信息操纵；脑力劳动必须透过体力劳动形式显现出

来。精神生产过程包括两个方面：①进行思维并产生思想→使用口头语言将思维表述出来。②进行思维并产生思想→使用书面语言文字或形体语言等将思想表达出来。前一段思维过程在大脑内进行,纯属脑力劳动;后一段的表述,表达则借助于大脑之外的口或手等进行,属于体力劳动。(霍金因病脑力劳动为主,几乎没有体力劳动;搬运工人以体力劳动为主,脑力成分极少)。解放生产力的第一步是"脑"对"手"的解放。千百年来,人的体力并没有显著的改善,只是因为脑的智力才放大了人的体力。

时代	体力	体能	智力	智能（知识）
原始时代	直接体力劳动	消耗人的体能	智力不发达	随机经验
农耕时代	直接体力加畜力	消耗生命体能	智力为辅助	经验型知识形态农牧常识
手工业时代	简单机械放大人体力、畜力、水力	消耗生命体能	体力支出为主。体力有所减少;智力支出有所增加	经验·技术型知识形态
工业时代	机器放大人体力。体力以间接形式作用于劳动对象;畜力逐渐减少。	消耗非生物化石能源为主。生命体能使用减少,能源过少的危机出现。	智力支出进一步增加;体力劳动再减少。	经验·技术·科学型知识形态
信息时代	机电化程度更高,体力用于信号操作系统	非生命能量使用范围更大,核能、太阳能等新能源兴起。	智力为主;体力为辅。	科学技术迅速发展,知识爆炸。

　　人的体力有限,为了与重力抗衡,人类发明了机械、机器。机械、机器的使用本质上是人类体能和智能的聚集而后释放。人说"火车不是推的",但它是人造、人控制的。试看今日之地球,由于大型机械化作业,海、陆、空、天无处不留下人类深深的人文痕迹:航空母舰游弋在海洋、高楼林立于都市、江河截流、青山让路、物种灭亡、卫星环绕、太空垃圾飘飞……如今在智力的开发下,人类反重力技术研究已相当成熟。小小地球,人们几乎可以随意修理它。

　　3. 劳动力中智力的比例增加

　　恩格斯说:"劳动创造了人本身。"也就是说,在劳动中,人也在变化。这种变化不是人的生物性变化:体力与智力,而是人的社会性"智能"进步。脑力劳动是以人大脑神经系统的运动为主,进行信息加工处理的劳动。它需要其它生理系统相辅佐,如说话用口,打字用手等。脑力劳动虽然表现为使用信息虚能,产生精神动力,但同样要消耗生物实能。脑力劳动者也要吃饭。人脑的重量只占人体重量的 2% 左右,但大脑消耗的能量却占人消耗总能量的 20% 以上。身体消耗热能主要由膳食中的糖、脂肪和蛋白质提供。人脑利用热能不同于肌肉,它主要靠血液中的葡萄糖(血糖)氧化供给能量。血糖浓度对保证人脑复杂机制功能很需要。人脑对血糖极为敏感,每天大约需要 145~166 克的糖。血糖浓度降低,此时人会出现头昏,疲倦现象。脑力劳动生产还有一个前提:第二信号系统的形成与发展。没有第二信号系统的低等动物,其大脑不能相对独立地进行脑力劳动,它们仅仅为体力活动提供必要的本能控制信号,如动物训练,食物诱导,强化信号,信鸽可以送信,但绝对不会读信,理解信的内容。脑力劳动是人独有的智慧行为。原始社会向奴隶社会过渡时期,由于剩余产品→私有→阶级分化→出现了"劳心者";脑力劳动从体力劳动中分离出来,并形成对立面。

脑力劳动可分为四种基本形态:①创造知识的脑力劳动——对自然和社会进行创造性的科学研究、探索;劳动成果即自然科学和社会科学理论,属于精神产品。创造知识的脑力劳动不直接创造价值,它要通过技术应用、工程才能形成价值。培根说:"知识就是力量。"但知识不直接等于生产力。知识转化为物质财富中间有许多环节和条件。②传播知识的脑力劳动——传播知识和技术的文化教育宣传工作。其成果是知识转移,让更多的人掌握更多的文化科学技术。它不直接创造价值,只是通过培养人,更新生产力中劳动者信息系统,比喻讲就是"人脑系统安装和版本升级"。③管理知识的脑力劳动——社会管理体制要有社会政治、经济、文化教育管理,它调节生产力、生产关系和上层建筑之间的关系。管理劳动的成就是国家、社会、企业、家庭等的稳定有序运行,从而使潜在的生产力转化为现实的生产力。④实现知识的脑力劳动——人类的科学技术要付诸实践,才能变为现实的生产力。知识只是一种信息虚能,它要成为生产力,实现价值,还需要补充条件:知识是为人服务的,不了解人的文化教育,知识没有用甚至做错事。比如你给宗教信徒去讲进化论;给现在的孩子谈《白毛女》的故事。信息是第二个约束条件:没有准确真实的信息,知识等于"杀龙妙技"。环境是第三个约束条件:环境是信息、文化、知识的基础,比如学习航海专业的人不应去到沙漠高原工作。最后,艺术对知识的作用也有约束:比如孩子吵闹,你采取压制、恐吓的办法就不够艺术;你用转移注意力的办法,就是教育的艺术。"三十六计"就是运用知识实现目标任务的艺术。

屠龙术

朱泙漫学屠龙于支离益,殚千金之家。三年技成,而无所用其巧。

——庄子《杂篇·列御寇》

三、发展生产力的第二步:智力的解放

在解放体力的同时,我们的脑力负担却越来越重。在《思维科学的未来》一文中,钱学森说:"向来一个人一生下来,都得用脑子记住以前人类和自己社会实践经验产生的知识,对于一个脑力劳动者来说,更是如此。古人夸一个学者,说他博闻强记,可见脑子里记住学问的重要性。每个人记得住的东西虽然不同,有些人多,有些人少,但总是有限的。比起人类千百年来积累起来的知识,只不过是沧海一粟,所以前人也说皓首穷经。在将来,我们将从这样一个繁重的脑力劳动中彻底解放出来,查阅资料可以做到如同自己脑子里记得它一样方便,那就不要去费脑子记了。"在解放生产力的过程中,工业化实现了人类体力劳动的极大解放:大到火箭卫星上天,小到原子排队,人体能力均可掌控。信息化时代的来临,生产力中的智力(脑力)解放问题突显出来。如果按现有教学模式,一个研究生毕业,人生旅途已过近半了。

1. 旧的脑力劳动　新旧脑力劳动的划分应该以世界上第一台电子计算机的诞生为标志。旧的脑力劳动是单靠人脑及神经系统器官的劳动。人类智力解放了"手和脚",但"脑自己"却还在桎梏着。人类面临海量的信息处理和知识更新危机,"脑子"已经不够用了,脑力劳动者人数显著增加,脑力劳动量大、心理压力大,因为"劳心"过度,体脑失衡,而出现所谓亚健康状态。

(1)古代脑力劳动　脑力劳动很早就发生了,并有记载。在中国伏羲氏"仰观象于天,俯观法于地,近取诸身,远取诸物,于是始作八卦,以通神明之德,以类万物之情。"这应是最早的专门脑力劳动。可以想象伏羲氏手持一截小木棍,向周围的人们讲:这就是太极,一切的"一"代表"阳";接着把小木棍折断,他又说:这就是二,一生二、二代表"阴"……这是我想象的伏羲氏一划开天,演义八卦情景。以后,仓颉造字、神农偿百草等均离不开大脑的智慧活动,四大文明古国的文化奇迹都显示了古人脑力劳动的巨大成就。但是,古代社会手工劳动小规模生产,直接经验感受占主导,知识并不精确定量,技术处在萌芽状态,古代脑力劳动产生出了

文化,经验知识。

(2)近代脑力劳动 工场手工业采用流水线生产方式,分工造成工人长期从事简单重复的操作,熟练技艺逐渐萌生出机械:熟能生巧→巧而造机→机巧而力省。于是,开启了工业革命之门。工业革命实际上是工业技术革命。它以机器代替人力、以大规模的工厂生产代替个体手工生产。最早的工业革命从英国纺织业开始:1733 年约翰·凯发明了飞梭,改进了织布技术;1765 年哈格里夫斯发明了珍妮纺纱机;以后瓦特发明了蒸汽机;法拉第发明了发电机、电动机。工场手工业为机器工业的到来准备了技术人才和科学发展要素。但整个社会仍然以手工体力劳动为主,科学研究的脑力劳动并未能成为独立的职业。近代,脑力劳动突出表现为技术手工艺,科学处于萌芽状态。

最初,科学与技术关系并不密切。科学由一些有文化、知识、学问、身份的人掌握,属于脑力劳动者,但不叫科学家,叫"自然哲学家"。技术由一些无名工匠掌握、传授、归属于体力劳动者范畴。

以后技术与科学越走越亲密,而结为一体。技术的成熟促进科学的发展,典型事例:眼镜制造技术,推动了天文科学的发展。1608 年荷兰商人汉斯·里珀希发明了望远镜。尔后伽利略用望远镜发现了木星有卫星、月球有山脉、太阳有黑子……哥白尼的日心说得以实证。科学的发展不断导致新技术革命的出现,如天体物理学衍生航天技术;遗传基因学催生克隆技术……

(3)现代脑力劳动 瓦特发明蒸汽机标志生物能源被非生物的化石能取代。以后内燃机的发明,法拉第发电机、电动机的发明,机器大工业的潮流滚滚而来。科学技术结合替代了劳动者的手工艺。人们自觉地用科学实验及理论代替传统的经验规则,生产出批量的、更精密复杂的产品。从此,科学研究从直接生产劳动中分离出来,成为独立的职业。科学是认识世界的方式之一,它以脑力劳动为主,追求条理清晰,强调知识来源于实验。

人们常说:技术是改造世界的学问;科学是认识世界的学问。不过认识和改造世界还有其他方式——神话、宗教、艺术、生产劳动、游戏等。

脑力劳动与体力劳动分工进一步加深,社会群体分为体力劳动者和脑力劳动者。两者是动态相对的概念。职业随着社会的进步而呈现:旧的职业消失,新的职业产生。总体趋势是体力劳动者人数减少,脑力劳动者人数增加;体力劳动者支出体力减少如码头搬运工人现今不全靠"苦力"了,开集装箱调车,甚至于电脑操作;脑力劳动者支出的脑力增加如信息行业(IT)编程人员上了 30 多岁一般就跟不上潮流,干不动了。总之,现代社会,人类的精神压力越来越大。

(4)当代信息社会的"苦力" 信息产业以计算机为龙头,渗透到各行各业,生活的方方面面,成为当今社会发达的"神经系统"。截至2009年底,美国IT行业从业人数达405.8万人;北京中关村科技园区一区五园内共有3209家IT企业,员工总数为238832人。IT行业主要分为:数据库管理员、服务专员、IT咨询者、网络管理员、软件开发人员、软件测试工程师、系统管理员、IT项目经理、软件开发经理、IT架构师等。作为高素质的脑力劳动者,IT人士必须具备五项基本素质:①外语应用能力,必须通英语,最好多语种。②跨文化,跨学科沟通能力。③信息处理能力。④创新能力。⑤良好的心理素质。科学是脑力劳动的产物。马克思指出:"再生产科学所必需的劳动时间,同最初生产科学所需的劳动时间是无法相比的。"(《马克思恩格斯全集》第26卷I,第377页)。此话是说:原创的科学技术成果要付出艰辛的劳动。

2. 智力工具 大脑信息处理能力的发展表现为三个方面:第一,信息处理"实物"的进步,由器官→器具→机器。第二,信息处理"实能"的进步,由自然信号→人工信号→人工电信号。人的五观(视、听、嗅、味、触)终极都是触觉信号。电是人类发现的一种主要能量形式。电是极为有效可靠的信息形体。电与信息结合即电信。电信经历了电灯、电影、电报、电话、无线电到电脑网络的发展。电脑是电信与数字的结合。电信作为撇开语义的信号,只专注语形。

第三,信息"虚能"处理的进步,这里撇开语形,只专注于语义。语义才是知识,举例来说:无论你用世界上何种语言或文字叫"妈妈",妈妈这个概念全世界都是一个标准。这里看出知识与文化的差异。知识是智能系统更新发展最快的部分。

对应信号	听觉信号	视觉信号	视、听、触信号
硬件器官及延伸的工具	大脑、嘴(发音系统)、耳(听觉系统)	笔、墨、纸等印记工具	算盘、计算尺、计算机
软件工具的进化	自然语言	文字符号图画电子信号等	人工语言:计算机语言、算盘口诀

3. 智力与智能(知识)发展的不平衡 钱学森20世纪80年代就提出了解放脑力的问题。今天,这一问题尤其突显。第一,人类体力已经获得极大解放。当然存在能源不足危机问题,不在本书探讨范围。第二,科学研究,技术应用迅猛发

展,新知识涌现。知识爆炸时代,人类面临信息虚能量过度,无法适应的危机。从语义信息考察,自人类跨入文明的门槛(文字为标志),其知识呈现出加速发展的态势,尤其是近两百年来,知识累叠更新迅速。二千多年来,人类累积了浩如烟海的经验知识。有人提出"人文进化学",认为①文化自身在进化如中国繁体字到简化汉字、八股文章进化到网络文学、米饭、豆腐乳饮食习惯到巧克力、面包饮食文化等。②知识在更新,如地心说→日心说→宇宙爆炸论。③工程在扩大,如从穴居时代到……摩天大楼。

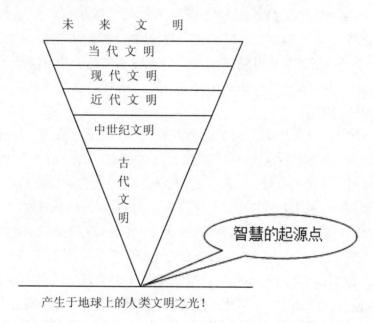

产生于地球上的人类文明之光!

产生于地球上的人类文明之光!

智力的进化显然胜任不了知识的爆炸。从人脑器官的机制看,如记忆力、计算力、观察力、想象力、内省力等到外围神经系统的视、听、臭、味、触等,都没有明显进化。也许因为时间的差距,当初口语化记录下来的文字《易经》《老子》《论语》之类,现代人却读不懂,悟不透了。只少可以这么说,伏羲、老子、孔子他们哪些时代的人大脑神经系统的机能比我们现代的人没有差别。两千年的文明进化是很长时间;两千年的生物进化是一瞬间。

人类的脑(智力)、手脚(体力)进化趋于停滞不前。加之个体生命基于进化论与热力学第二定律的反方向运动,终归在生死轮回。大脑的死亡,也就意味着活体智能力的归寂。人类生命延续,基因信息密码只传递了生物信息。父母的知识信息不能以生物方式遗传给下一代。新生命的智力、智能知识从零开始:学人说话、直立行走、学习文字……人的一切"故事从头再来"——这就是"生物重演规律"基础上的"社会重演规律"。

问题在于人类历史延续不断、知识(智能)在不断地层叠垒加,形成科学知识的高峰。一个人在智力上要真正有所创新,就必须超越古人、今人攀登上某一学科的巅峰。林则徐语:"海到无边天作岸,山登绝顶我为峰",一般说来,不登上科学的高峰,你永远只能走在前人的足迹后,也就没有原始创新。

就人类而言,科学知识的高峰究竟能建多高呢? 借用《圣经·旧约》的一则故事:

人类的祖先最初讲的是一种语言。他们在两河流域(今天伊拉克境内)发现了一块肥沃的土地,于是在哪里定居下来,修起了城池。往后,他们的生活越来越好,担心再有诺亚方舟时代的洪水将他们淹死,就像淹死他们的祖先那样。于是他们违背上帝的彩虹诺言,决心修建一座可以通达天庭的高塔。这就是巴别塔。上帝得知此事,恼怒了,心想人类讲同样的语言,就能建起通天巨塔,以后人类可能为所欲为。于是,上帝让世界上的语言发生混乱,使人类语言沟通产生困难。最终造塔计划失败,人类散落各地。

"巴别"有两个含义:第一是"通往神圣之门"。第二是"混乱"。今天,我们人类攀登建筑的是知识之塔。一个人体力的成熟,16 岁可以打工了;智力的成熟胜任工作,大学毕业 21—22 岁;从事科学研究工作,我国研究生报考年龄上限 35 周岁,读 2—3 年。任何人要攀登上某一学科知识的高峰添上一砖一瓦,得付出毕生的精力。诺贝尔奖获得者取得科研成果的年龄多在 40 岁以上,有的要到 60 岁。攀登知识高峰之路越来越艰辛漫长。

上摩天大楼,我们乘电梯;攀登科学高峰,我们用电脑。计算机是人类智力发明的智能机器,人脑自我解放的成果。将电子信号与二进制数字结合生成的计算机,能模拟人类的形式逻辑思维能力、符号记忆能力、被动地实现了人的视、听、触机制,但它没有主动"智慧"的创新能力,不能叫智力机。所以我们常说:计算机的"性能";人的"智能(知识)"。

解放脑力,我们刚起步不久,后面还有很长的路。

第三节　人　力

一、人力中的认知

（一）人力资源

1. 人力资源概念的提出　人是智慧动物，人的多数行为受大脑思维的操控。而且，随着生产力发展、社会进步、智力在生产劳动中的比重占主导，体力的作用降为次要。为张显人性，过去的劳动力改称人力资源，过去的人事工作转变为人力资源管理。文化知识、科学技术成为现代劳动者的必备素质。人力是相对于物力而言的，从实际应用形态看，人力包括体质、智力、知识和技能等方面。人力资源是指生产力中人的因素，一个时期内组织中的人所拥有，能够被使用，对创造价值起贡献作用的人的素质。与劳动力概念相比，人力资源学说有明显进步：（1）它是社会化协作生产的要求，必须以社会组织的形式存在，也即现代人常说的团队精神——它不是简单的体力相加，更是思想意志的集成。（2）人力资源是人所具有的脑力和体力的总和，现代社会劳心动脑成为主要形式，即便是简单劳动也要技能培训。（3）劳动创造财富，知识就是力量，现代人劳动更多的是复杂劳动，它们不仅创造物质财富，也创造精神财富。

2. 人力·人口·人才　人力资源包括劳动年龄内（中国政策规定为16—59岁、女性16—54岁）具有劳动能力的人口，也包括劳动年龄外参加社会劳动的人口。人力资源必须以人口资源为基础。人口资源是一个国家或地区所拥有人口的总量，它是一个最基本的底数。人力资源是对现代社会一般人而言的，社会人口中的精英部分，我们称之为人才资源。人才资源是指一个国家或地区中具有较多科学知识，较强劳动技能，创造价值过程中起关键或重要作用的部分人。人才资源建立在人力资源基础之上，准确讲就是优质的人力资源。人口、人力、人才三种资源有如图所示数量关系。三个概念关注的重点不同，人力资源的本质是脑力和体力，兼顾数量与质量。人口资源强调数量，人才资源关注质量。

3. 人力资源特点：第一，智力能动性。人具有地球上最高级的智慧，我们不仅适应环境，而且改造环境。人力不仅是被开发，被利用的对象，而且人具有自我学习、自我开发的能动性。第二，社会时代性。人是社会性动物，每个人都有自己的种族,民族文化特征。人力资源作用总会打上深深的文化烙印。不同的国家地域社会经济发展水平不平衡,有的已经进入信息时代,有的还处于原始农耕时代,人力资源质量有极大差异。第三,生产消费双重性。人是生产者,又是消费者。生产离不开人,但人在成为劳动者之前和退休后,人都要耗散财富,必须供养,直到生命终结。失业、养老、救济等就是基于这种人力双重性的制度设计。

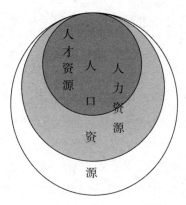

第四,连续再生产性。从人类来看,人力资源永远不会枯竭,生产永远不会停止。人口再生,一代代繁衍生息;社会再生产,人们日益操劳,继往开来,自强不息,奋斗不止。从个体人来看,人力使用后可以恢复,知识陈旧了可以更新。虽然一个人的生命有限,但是由于再生性,人力可以实现无限延续。

(二)人力本能

人具有天生的本能。作为生物的一类,人的一生有四(现)象:生老病死。《吕氏春秋》:"物动则萌、萌而生、生而大、大而成、成乃衰、衰乃杀、杀乃藏、圆道也。"人也不能置于道之外。人的一生都要受遗传信息的调节。生物遗传奥秘在于它有成套的统一的遗传密码体系;在于它有操控这些遗传密码的机制。本能就是这种遗传密码机制的表现。

本能是由遗传固定下来的基因程序运行。一切生物都具有典型、刻板的,受到一系列特定刺激便会按一种固定模式行动。如春暖花开,蜘蛛织网、候鸟迁徙、男大当婚、女大当嫁、鸟儿天上飞、鱼儿水中游等等都是本能行为。它是物种进化过程中形成的,并固定下来遗传给后代的反射活动。本能行为程序有简、有繁;延续时间有长、有短,同种类生物都有相同的本能。这对物种生存、繁衍等有重大意义。经典的实例如:海龟十几年后返回出生地产卵。小海龟在沙滩上破壳而出,急匆匆爬向海洋。

一切生物个体发育过程中,只要发育正常,无需学习、练习、适应、模拟或实验,随着成熟和适当的刺激经验就会显现出本能行为,它是按照生命预定程序进行的系列化行为活动。

心理学家弗洛伊德按方向把人类最基本的本能分为两类。第一类是生的本能——包括性欲望本能、个体生存本能,其目的是保持种族的繁衍和个体的生存。显然,这一本能的方向是人自然的"逆过程",就是趋于有序化,结构化,进化。生命形成过程是自然界的一种逆过程：自发。自发现象又叫复杂系统的自组织性质，被称为"上帝之手"——大量的核酸分子在一定条件下，通过自组织形成具有活性的以 RNA 或蛋白质，从而产生原始的生物。比如一粒种子播散在土壤里，适当的温度，湿度促使它萌芽，发生。

第二类是死亡或攻击本能——促使人类返回生命前非生命状态的力量。这一本能的方向是自然的"正过程"，就是趋于无序化，零散化，耗散回归到非生命。"自燃"现象是复杂系统的耗散，一切生命终归于藏而无：混沌。老百姓对生命的自发、自然现象直观论断即"生不带来，死带不去。"

死亡本能派生出攻击、破坏、战争等毁灭行为。它对内导致个体的自责，自伤甚至于自杀意志。人类是唯一有自杀意志的动物。它对外导致对他人或者它物的攻击、仇恨、报复等欲望。

人力首先表现为本能，这是生物基础——视、听、食、息、行走、发声等。仅有本能不足以形成力，公鸡可以司晨、母鸡可以下蛋，牛马可以负载……只能算作物力或畜力。要真正形成人力必须有本领。

（三）人力本领

本领起源于本能。本领是人类最重要的智力行为。望文生义的理解即"脑袋对身体的控制，驱动能力。"脑袋决定屁股。猴子爬树是本能，老太太上树比猴快，当然属"本领"高超了。《现代汉语词典》解释本领为：才能、能力、技能；近义词"本事"。本当然是主体自指，以人为本；"领"主要指大脑神经系统对主体的控制。本领由后天学习获得。一个婴儿经过长期的抚养（物质、能量的更新长身体信息虚能的刺激长见识）社会化，才长大成人。算真正懂事，有了本领，可自己某生。本领是由自然人进化到社会人的结果。

复杂的人类社会自动控制系统有两类：第一类是天然自动机——人；第二类是人造自动机——以电脑为典型。本领的要义在于信息控制。人力的控制可分为五个层次。①最基本的自我控制。②对他人的信息交流与控制。③对机器的信息交流及控制，如交通规则与信号灯等。④计算机发明后，机器对机器的信息交流及控制，如全自动火炮、数控机床、无人飞机等。⑤人→机器→机器→人的信息交流控制，常见的如手机通讯、网络、将来会实现真正的机器翻译，外语课也就不用上了。科学技术的进步，尤其是信息化产业的发展，人类的本领越来越大。

理解本领的关键在于大脑。人类大脑是地球上最复杂的信息处理器官，模仿人脑的计算机是世界最尖端的信息处理机器。从信息论、控制论探讨人类的智力行为——本领,科学取得了丰硕的成果。

首先,我们看一般信息控制系统。现实中模拟人思维(本领)的自动机有许多,抽水马桶注水到水位线时,自动冲洗;恒温器;空调机的自动控制;激光导弹;高速计算机系统等。这类人造自动化机器都是按照感知器→中枢控制系统→执行器这一结构设计。信息在其中输入、传输、处理、输出这样一个机制来运行。人和自动机的控制最根本的规律在于信息输入,处理和输出。这一信息控制模式是人造自动机与生物控制运动所共有的内在机理。控制论奠基人维纳的名著就叫《控制论——关于在动物和机器中控制和通讯的科学》。

其次,我们看人类大脑控制系统。每一个神经元动作消耗能量极少,思想本质不在物质、热能量流,而是信息流。要说明人脑内部的运行机理,我们最好拿数字计算机做类比。维纳说:"我们知道,能够做计算机系统所做工作的人和动物的神经系统,它们的元件动作起来就象理想的替续器(注:替续器由电子管构成,它工作起来只有'通'和'不通'两个状态)。这个事实值得我们注意,这些元件就是所谓的神经元或神经细胞。它们在电流影响下虽然显示一些比较复杂的性质,但它们通常的生理活动极其符合'全或无'原理,就是说,它们或者处在休止状态;或者在'激发'(fire)时历经一系列与刺激性质和强度几乎无关的兴奋。首先,一个兴奋从神经元的一端以确定速度传递到另一端,接着就是不应期(refractory period),在不应期中,神经元或者不能再被刺激,或者至少不被任何正常生理过程所刺激。在这个有效不应期终止后,神经元仍然保持休止状态,但可以再刺激而动作起来。

因此,实质上可以把神经元看作一个只有两个动作状态(激发和休止)的替续器。神经系统的一个很重要的功能就是记忆。如前所述,计算机也同样要求具有这个功能,它是保存过去运算结果以待将来使用的一种能力。我们已经说过,计算机,乃至大脑,是一个逻辑机器"。维纳这段话从不同角度找到了计算机与人的神经系统的若干个共同点。

第三,我们从人脑结构系统看人力形成。从左右半脑来看,左半部分主要起处理语言、逻辑、数学等作用,右半脑主司处理节奏、旋律、音乐、图像、幻想等作用。左右半脑由胼胝体这个有三亿神经细胞组成的高度复杂的交换系统相连层次看,脑的表皮层在婴儿出生后生长迅速,是现代人脑,主管理性思维,起认知控制功能。中间层(第二层)人出生后仍有生长发育,在进化序列中属于原始类哺乳类动物脑,主控制情感,人力的价值导向。最核心是原始脑又叫爬虫类脑,天生而来,属于本能,意识的开关,比如人和所有动物一样,在睡眠一段时间后会醒来。意识觉醒是不用教的本能。

人力的形成除体力外,智力信息的控制分为三个层次:知、情、意。

二、人力中的情感

(一)情感概述

在认识之后,人会产生情感。先"触景"后"生情"这反映了知与情的关系。我们人类是热血情感动物,绝大多数行为都是在一定情感驱使下完成的。人力资源管理要调动人的工作情感、热情,实现人尽其才。

和智力(思维)一样,情感是人类主体对于客体价值关系的一种主观反映。情感产生于人的生理和心理,人生有四态(度):利的得与失、名的荣与辱。名和利是一种价值关系判断。因此,情感有时就叫情感智力。情感对我们既古老熟悉,又陌生神秘。《礼记·礼运》最早提出七情说:"喜、怒、哀、惧、爱、恶、欲七者弗学而能。"中医七情说:喜、怒、忧、思、悲、恐、惊。还有佛家、道教等许多七情说,其实人类情感岂止七种呢? 情感发生在大脑的中间部位,介于本能与本领之间,属于心理范畴。情感与记忆、兴趣、注意力、理解力、意志力等要素相关联。婴儿饥饿会哭是本能情感;长到六、七个月后,学会了笑则是本领情感。没有记忆不会有真正的情感,刚出生的婴儿有记忆机制——视听等神经传导本能,但还没有记忆材料——实物形象、语言概念等,因此还思维不起来。无米不能成炊,只有后天信息刺激,形成了记忆内容——第二信号系统即语言和文字符号等。掌握了思维工具:语言,才萌生出思维能力。有了记忆和思维,才衍生出情感。没有理解能力,就不会有正确的情感表达。情感智力的精确性与理解力相关,生活中"会错意"和"表错情"是常有的现象。

人脑及神经系统对客观价值关系的主观反映模式:主体→介体→客体三者互动影响。它们是构成情感的三要素。根据形成情感要素的不同,人类情感可以分为三个层次:欲望、情绪和感情。

欲望——站在主体立场,以人的生理需求为主导时,人对客观事物所产生的情感就叫欲望。欲望专注于事物对主体生理满足的价值。最基础的欲望是对食物的需求;人还有更高层次的欲望如财富、成功、道德、美感、智慧感等。

情绪——从环境角度考察,以人所处环境为主导时,人对客观事物所产生的情感就是情绪。情绪突出介体的作用,同样是吃饭,捧着金饭碗与揣着泥碗感受就不一样。环境对人的情绪有极大的影响,所以要构建和谐社会,建设宜居城市。情绪的表现形式是多样的,依其发生强度、持续时间不同把情绪状态划分为心境、激情和应激。

感情——从客体角度看,以客观事物对象为主导时,人们对客观事物所产生的情感即感情。感而后生情,比如人们偶尔遇久违的同学,总要热情激动;路遇陌生人,形同陌路,不会乱动什么情感。情感是以主体为中心,价值为尺度,客体为对象分出不同的种类和层次:亲情、友情、爱情、嫉妒、仇恨、赞叹、阿谀、同情、崇敬、畏恐、惊喜等。有多少客体也就有多少感情。晏殊《浣溪沙》:"无可奈何花落去,似曾相识燕归来。"有人就会产生情感。

(二)情感的起源和进化

1. 人类情感进化　人的情感由生物的本能发展而来,它经历了一个漫长、曲折的进化过程。情感不是人类独有,高等灵掌类、哺乳类动物也有复杂的情感。不同进化层次的生物有不同的情感,人类情感最为发达。心理学家把情感分为本能式情感——与生存直接相关联,比如乐生惧死,趋利避害,食物的争夺等;能动式情感——经过思维判断控制表现出来的情感比如尊敬老人,爱护幼儿,民俗风情,节日典礼等都是人为的情感表达。

毛泽东诗《七律·人民解放军占领南京》句:"天若有情天亦老,人间正道是沧桑。"迄今为止,从人类认识看,海可枯、石可烂,而天是不会老的,因为天(代表宇宙自然)是无情的正向混沌过程,没有名利价值取向,所以没有情感可言。

人是生物进化的结果,人有生死名利价值关系,所以人有情感。人间即人类社会,历史更是高于生物进化的人文进步。人类情感反映了社会历史的巨大变化。

情感演化至今,可分为五个阶段。第一阶段,低等生物的趋势性情感。此阶段感知与情感完全混为一体。最低等的生物为了"自组织"繁殖,对某些单一物理化学特殊性环境的要求,并产生一种选择性倾向:逃避或趋近。病毒、细菌、微生物繁殖要求适宜的环境;植物、昆虫等对光、热、水、土、酸性、碱性等都有喜好或避厌。生物这种偏好就是单一因素趋性情感。

第二阶段,低等动物的刚性情感。动物通过若干形式的无条件反射感知复合的物理化学特性如熊猫钟爱竹子。这种情感需求经过长期进化才能建立起来,不存在灵活性不轻易改变如鱼儿水中游,鸟儿天上飞,蝙蝠夜间出等。刚性情感是对环境多因素的选择,认知与情感仍然混为一体,已经有逐步分离的趋势。

第三阶段,哺乳类动物的弹性情感。这一阶段,认知与情感进一步分离。动物通过一级或多级条件反射来感知和学习对环境的变化,并灵活调节情感反应的强度。弹性情感对可变性环境产生选择倾向,因此又叫可变性情感。如动物食性的改变。如"狗不理包子",我猜想:不是狗不吃包子,一定是包子刚出炉太热,狗怕烫伤了嘴。老鼠被毒杀一只,后边的就不会上当了。

第四阶段,灵长类动物具有的知性情感。知与情可各自独立发展。较高等动物能够区分有利事物和有害事物,形成多种形式的情感。我们从《动物世界》节目中看到:在日本,猴子有海边洗食物(地瓜)的行为。猿有喜怒哀乐等几种表情;动物园猩猩甚至于染上烟瘾。知性情感有了简单的思维判断。主体可对环境事物进行:感→知→情(选择)→意(行动),属于知其然的感情。成语"朝三暮四"或"朝四暮三"就说明了猴类有认知情感——简单的数量价值判定。

朝三暮四

宋有狙公者,爱狙(猕猴),养之成群,能解狙之意,狙亦得公之心。损其家口,充狙之欲。俄而匮焉,将限其食,恐众狙之不驯于己也,先诳之曰:"与若芧(橡果),朝三暮四,足乎?"众狙皆起而怒。俄而曰:"与若芧,朝四暮三,足乎?"众狙皆起伏而喜。

——《列子·黄帝》

第五阶段,人类的理性情感。人类借助于语言对各种环境事物归纳与抽象,形成价值概念,并对价值概念进行判断,推理,全面地、精确地,辩证地认识各类价值关系的内在本质与规律。不仅知其然,而且知其所以然。这一阶段,认知与情感各自可以独立发展,可以进行新的整合;例如:落第秀才笑是哭,喜极而涕等都是知与情的反方向表达式。理智可以调节情感;情感可以影响理智:冷静与冲动。

2. 个体情感时序 月有阴晴圆缺,人有悲欢离合。人的情感对应于客观自然社会的变化,也会发生演化。人的生老病死自然现象和名利荣辱得失社会态度都要表达在人的情感上。情感伴随人的一生。

人生情感时序表

人生时序	情感演变
婴儿期 6 个月以前	欲望和情感混为一体,只有兴奋与抑制两种状态。"有奶就是娘,无奶就是爹!"
幼儿期 6—12 个月	欲望与情感开始分化,有肯定(快乐)和否定(痛哭)情感的表达。

续表

人生时序	情感演变
幼童期 1—3 岁	情感分化出喜欢、厌恶、恐惧、愤怒等,没有道德感受,无忧虑,天真幼稚正此时。
儿童期 3—5 岁	语言、行为、感知、思维等能力迅速发展,具备了人类的一切基本情感。
少年期 5—12 岁	5 岁有了羞耻、忧郁、嫉妒、羡慕、失望、厌恶、希望等情感; 7 岁出现社会性情感:道德、荣誉、团队等; 9 岁后意志品质,自我控制力,自觉性等; 12 岁左右,独立性显现,要求脱离父母,注意到个人隐私。
青春期 12—16 岁	由未成年向成年人的过渡阶段,性生理和性心理快速而不平衡地发展,情感波动大,对外界刺激特别敏感,易走极端:大喜大悲,大爱大恨,流行歌曲所唱,"死了都要爱,不淋漓尽致不痛快"常受"冲动的惩罚"。
青年期 16—28 岁	生理、心理能量充沛,生命处于最佳有序状态;身体健康,理想崇高,目标远大,幻想美丽,热情高涨……跃跃欲试;但理性不足,知识有限,经验欠缺,遭遇阻碍和挫折后落差极大。常见现象是有激情无恒心,一分钟激动、二分钟主动、三分钟被动,最后一动不动。
中年期 28—50 岁	理想没有破灭,思维更加现实,生理心理均处于较佳状态。精力旺盛,充满自信,遇事冷静,办事稳妥……但面临社会、家庭等多方面压力,容易产生心理疲劳,出现亚健康状态。
更年期 50—60 岁	生理上病、老的症状出现,生命中无序、耗散现象显现;情感上敏感、烦躁、易怒、注意力不集中。
老年期 60 岁以上	生理器官功能衰退,体力与脑力逐步下降,有岁月不饶人之感。情感上表现为消极情绪增多,人际范围缩小,产生失落感;心不甘情不愿;产生遗憾;怀念过去,心生凄凉,忧郁孤独等负面情感。

　　情感与生物人类同在,亘古迄今,与时俱进;情感伴随人终生,生而喜、亡而悲。情感无论多么丰富、变幻、诡秘,用价值尺度衡量,无非两类:"逆过程"的情感——喜悦、欢乐、自发、新生、成就等;"正过程"的情感——怀旧、沧桑、古老、白发、皱纹、破灭、死亡等。

　　网络信息时代,人们的情感又进化到一种境界:网友、网恋、网购、郁闷、雷人、虚拟家庭、人肉搜索、晒工资、蓝色知己,网游成瘾综合征……最近流行的开心农场,上班"没意思",不如种菜,偷菜。情感也在流行现代化。

　　让机器也有情感,比如:电子宠物是人工智能研究的重要领域。控制论、信息论与现代心理学、脑科学等的结合,把人类的情感研究推向了一个新的境界。

（三）情感的物理表达

1. 关于情感的哲学思考　情感是人类三种基本意识形式之一,属于大脑神经系统的功能,心理学研究的主要对象。自然科学中的医学、脑科学、思维科学也与情感问题密切关联;社会科学、行为学、管理学、美学、伦理学等涉及情感问题。情感虽然属于主观心理,但它离不开物质的大脑神经系统和被反映的客观物质对象,类似镜中花,离不开镜子和花一样。

《汉语词典》对情感的解释是:"对外界刺激肯定或否定的心理反应,如喜欢、愤怒、悲伤、恐惧、爱慕等。"普通心理学情感定义:"人对客观现实的一种特殊反映形式,是人对客观事物是否符合人的需要而产生的态度的体验。"从哲学高度判断,情感理所当然划归于主观虚在的范畴内。辩证唯物主义认为:主观意识都是人脑对客观实在的反映,情感是一种特殊的主观意识,情感必定对应着特殊的客观实在——这种特殊的客观存在即"客观是否符合人的需要"。"是否符合人的需要"显然是一种以人为中心的价值判断。

给读者讲一个情感故事:

从前有个老太太,生了两个女儿,大女儿嫁给卖雨伞的,二女儿嫁了卖草帽的。晴天,老太太担心大女儿:"老大家雨伞不好卖,日子不好过呀!"雨天,她哀声叹息:"天下雨,草帽没人买,老二家怎么活呢?"老太太一年四季总不开心。一位邻居觉得好笑,便对老太太说:"天下雨,你想大女儿家伞好卖;出太阳,你想二女儿家草帽卖得好。天晴下雨都有生意可做,你就天天高兴了。"

老太太幡然醒悟,从此脸上有了笑容。

这则故事两层寓意:第一,情感是一种价值判断,与利之得失,名之荣辱息息相关。老太太为什么忧愁,为什么笑? 一个"利"字,关系到两个女儿的生存,生活。第二,情感这种价值判断受到认知的调控。通俗说法:幸福需要动脑筋。这个"脑筋"就是人生价值观。

下面说说两个老太太的故事:

一个生活在美国,一个生活在中国。美国老太太年轻时按揭买了一套住房,还了一辈子贷款。中国老太太攒了一辈子钱,买了一套房子,自己却住不了几年。

这个故事很迎合一些前卫思潮,忽悠了一些人。现实是中国老太太和美国老太太都有房子住。中国老太太继承了她妈妈的房子,又把新买的房子过给了她的女儿——这就是历史。中国老太太心中尚有祖宗,下有儿女后代,她的人生价值观是传承统一,责任价值观。美国老太太信仰"玩"式价值观。因为她这样想:追溯历史,三代以上祖宗是外国人了,展望未来,人生百年,我将"自然"归天,财富于我何用? 故事继续编下去:美国老太太把房产抵押给了银行,拿了一笔钱非洲旅游去了⋯⋯人生价值观决定情感,不同取向的价值观作用下,人们表现出不同的情感。

2. 心理·生理·物理　情是心理活动,脑内主观的虚在;感是生理活动,神经末梢的信息传达,客观的虚在;行是物理化学活动,如脸部肌肉的运动,皮肤的颜色等。信息的吸收或表达都要感觉,感知。眼睛感光,耳朵听声音,皮肤热能和机械能,舌头鼻子敏感于化学分子能等。每一感受器官都有一种或两种形式的能量敏感。

情感是主体对内的体验→表达;感情是主体对(外)客体的体验→判定。情的本质是价值关系,感即感受,它联系着精神世界与物理世界。诞生于一百多年前的感觉生理学家和心理物理学家提示了这两个世界的数学关系。

(1)韦伯定律　德国心理物理学家韦伯(E. H. Weber,1795—1878)主要从事触觉的研究,他发现了心理学上第一个定量法则:韦伯定律。

知识预热

①什么叫感受性? 答案:感觉器官对适宜刺激的感觉能力。

②什么叫感觉阈限? 答案:阈限即门槛、范围的意思。能引起感觉的最小刺激量就叫感觉阈限。小偷掏人口袋时最有体会。它是一个范围,能够感觉到的最小刺激强度叫下限,能够忍受的刺激最大强度叫上限。震耳欲聋就会失聪。下限和上限之间的刺激是可以引起感觉的范围。

③什么叫绝对感觉阈限? 答案:刚巧能引起感觉的最小刺激强度叫绝对感觉阈限。绝对阈限表示的是绝对感受性。能够觉察出来的刺激强度越小,表示感受性越高、敏感、否则便叫感受性低,木讷。

④什么叫差别感觉阈限? 答案:刚巧能引起差别感觉的刺激的最小变化量就叫差别感觉阈限。它又叫最小视觉差。差别阈限表示的是差别感受性,比如你在食堂打饭,市场买肉时对"缺斤少两"的感觉能力。一个人能够觉察到的差别越小,说明他的差别感受性越强。

韦伯定律:差别阈限并不是固定不变的,它随着原来刺激强度的变化而变化,但差别阈限和原来刺激强度的比例却是一个常数。用公式表示,就是$\triangle I / I = K$其中I为原刺激强度,$\triangle I$为此时的差别阈限,K为常数。K就叫韦伯常数或韦伯分数。

事例说明:1840 年韦伯实验发现:手拿 52 克的重量,当其重量增加或减少 1 克时,能够觉察出重量的变化;增加或减少重量小于 1 克时,人感觉不到差别——差别感觉阀限是 1 克。Ⅰ为原重量 52 克,△Ⅰ为差别阀限重量 1 克,公式 K = △Ⅰ/Ⅰ=1/52。如果原重量为 104 克,再增加或减少 1 克,一般人感觉不出重量上的变异。此时我们要觉察出重量的变化,需要增加或减少 2 克——差别感觉阀限值为 2 克。套用公式:K = △Ⅰ/Ⅰ=2/104。以此类推,人要觉察到重量上的变化,增加或减少的重量必须达到原来重量的 1/52。生活中我们多有这方面的经验:一个超级胖子坐火车并不影响速度;但是,他坐出租汽车,司机就会有"想法"了。老百姓又说:"虱子多了身不痒,债务多了不压身"。大痛之后,就不在乎痒痒了,改变的不是事实,而是我们的感受。这就是社会生活中的韦伯定律。

韦伯定律适用于人的各种感觉,是一条基本的生物规律,视觉、听觉等均遵循它。但是,不同的感觉,其韦伯常数是不同的。研究还发现,韦伯定律只适用于中等的刺激强度,在下限附近韦伯常数增高(灵敏度);在上限附近韦伯常数下降(迟钝)。总之,韦伯定律告诉我们:同一刺激的差别量必须达到一定比例,才能引起差别感觉。

(2)从价值角度看情感(情感中的韦伯定律)

知识预热

①什么是价值观? 答案:价值观是一种特殊的观念,其本质是人类主体对事物的价值特性的主观反映,目的在于识别和分析事物的价值特殊性,以引导和控制人对有限的价值资源进行合理分配,以实现价值的最大增长率。

②什么是价值? 答案:事物的价值特性可以从多个方面去考察,如使用价值、劳动价值、经济价值、学术价值等等。马克思主义劳动价值论用时间标尺来度量价值,读者可背《政治经济学》教科书的经典定义。从时间角度看价值,用"社会必要劳动时间"来度量劳动价值。耗散结构理论出现后,我们可以用能量标尺来量度界定价值。从能量角度看价值,实际上就是从物理学角度看价值。能量是物质运动基本属性之一,物质运动规模和方向发生改变的力量源;价值是人类生存和发展的力量源,价值的形式必须以一定的能量耗散为代价。劳动必定耗散能量。从物理学角度定义:价值就是负熵,负熵就是价值。人类的发展过程就是有序化的增长过程,一切生产与消费实际上就是"负熵"的创造与消耗。从社会学看,人类的发展过程就是"人力"的增多过程,一切生产与消耗实际上就是"价值"的创造和消耗。价值起源于能量,不同价值都是能量的具体表现。

③什么叫中值价值率？答案：情感与价值的关系本质上就是主观与客观的关系。中值价值率又叫平均价值率，它是主体人一个最重要的价值特性，反映主体的价值创造能力价值增长速度，主体的情感将以它作为参照系，确定对于所有事物的基本态度。通俗讲就是企望值，希望，当事物价值率大于中值价值率时，主体产生正向情感，喜出望外；当事物价值率小于中值价值率时，主体产生负向情感，大失所望。

④什么叫价值率高差？事物的价值率与主体的中值率之差，就是该事物的价值率高差。事物的价值率高差从根本上决定着主体人对某一事物基本的"立场、态度、原则和行为取向"并反映到人的头脑中来，形成一种特定的主观意识：情感。从社会物理方面看，情感是人对事物的价值率高差所产生的主观反映值，即人对事物的感情。

韦伯定律同样适用于情感，并衍生出情感强度三大定律。只不过它与一般生理刺激·感受不同，情感的刺激信号是事物的价值特性，而非物理或化学特性，经典实例如货币与纸给人的刺激是不一样的。价值信号往往是一种抽象化的、复合的关系信号，它离不开色彩、形态、体积、重量、声音、图像等物理化学信号，关键还在于语言、文字所组成的第二信号系统——人(为)化的第二自然。这些复合型信号代表着事物的价值特性。石头就是石头，垒起长城就是文明象征，承载着民族的情感；莫泊桑的小说《项链》中，女主角借的项链是"水货"，把垃圾当宝石时，一个女人却付出了终生的幸福。当事物价值作用于人时，人脑将以一定的情感强度感受价值。

情感强度定律一——情感度对数正比例定律即情感强弱度与事物价值率高差的对数成正比。公式：$Q = K \cdot Log(I + \triangle I)$ Q为情感度，K为韦伯常数又叫情感强度系数，$\triangle I$ 为价值率高差。当情感度(Q)很小时，情感度与价值率高差($\triangle I$)近似地成正比例；韩信点兵多多益善，当情感度很大时，情感强度与价值率高差的对数成正比，与君一席话胜读十年书；滴水之恩，涌泉相报；千军易得，一将难求等；当价值率的高差为0时，情感强度亦为0，天涯处处有芳菲，何必一棵树上吊。当价值率高差趋近于"-1"时，情感强度趋近于负无穷大，好比踩了一跎狗屎，心情极糟糕。

情感强度定律二——情感强度边际效应　人们对事物的情感强度随着该事物的作用规模增长而下降。英国经济学家边沁认为："一个人占有的财富越多，他从增加的财富上所获得幸福量越少。"人们的普遍心理"没有的总想有，有了的不一定在意。"

情感强度定律三——情感强度时间衰减 情感强度与持续时间成负指数函数关系。公式:$Q = I \exp(-\triangle I \cdot T)$其中 Q 为情感度,I 为初始情感强度,$\triangle I$ 为衰减系数,T 为持续时间。情感强弱是一个随时间变化的量。正向情感(喜欢某物)驱使人不断增加该事物价值投入,该事物的存在规模不断扩大,在"使用价值边际效用"的作用下,事物价值率高差将逐步下降,人的正向情感也随之下降。比如女士服装的流行,一个人领导穿叫时髦,二个人穿叫流行,三个人穿同一款式叫工作服。又比如,移动电话最初叫"大哥大",现在叫手机。负向情感驱使人们减少对某一事物的价值投入,该事物的价值高差值逐渐回升,人们对该事物的负向情感随之减少,正向情感上升,比如收藏古董,发行邮票。

情感强度性是指人对事物所产生的选择倾向性。它是情感的动力,决定着人的思维行为。

三、人力中的意志

(一)什么是意志?

(认)知、情(感)、意(志)是人类意识的三种基本形式之一,都是大脑神经系统的机能。知情意如同现实世界的三原色,变幻出无限丰富多彩的内心世界。在人与物(虚与实)的对应关系中,认知对应人的事实关系;情感对应人的价值关系;意志对应人的实践关系。它们是三种密切联系,又相对独立的心理活动,分别反映不同的客观现实。

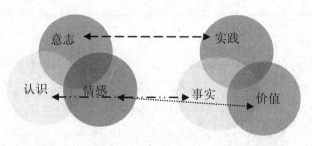

至此,可以明白:意志属于意识,但不等同于意识,如同亮度不等于光。《吕氏春秋》"人之有形体四枝,其能使之也,为其感而必知也。感而不知,则形体四枝不使矣。"现代脑科学揭示:感知而后认知,认知之上产生情感,最后意志调节行为。人脑对人自身行为的价值关系进行分析、判断、计算,通过神经系统驱使肉体四肢行动。意志是人脑对于"人自身行为客观价值关系"的主观反映,客观上表现为有意识的活动。

(二)人类意志系统结构

人非草木。人有情、有意。人类意志系统分为两大块：无意识或潜意识的本能意志；有意识的知性、理性意志。

(1)本能意志又叫本能行为意志系统，它以无条件反射为主要生理基础，一个相对独立的本能行为，

通常只追求某一种价值事物，如饥饿追求食物、干渴要求水润，热要减衣、冷要温暖、困倦需要睡眠，睡眠足要觉醒……该价值事物刺激信号激发本能行为在大脑相应区域产生一个兴奋灶。兴奋灶引发该本能行为的实施。兴奋灶所产生的情感强度就是本能意志强度。狗急跳墙、兔子咬人等都是本能意志的表现。婴儿本能意志，有奶就是娘；人有"三急"也是本能意志。

(2)弹性意志系统又叫简单行为的意志系统。它的一个或若干个本能行为按照一定的逻辑关系组合而成简单行为，以某一个特定的价值事物作为目标。刺激物信号激发简单行为在大脑某一区域产生兴奋灶，从而引发简单行为的实施。弹性意志属于有条件反射生理反应，仍然是本能，缺少认知，理性。掩耳盗铃是生动实例。现实中的饥寒起盗心是弹性意志的表现，电视新闻报道：一小学生上网没钱，看到他人从 ATM 机上取钱，他就用手去抠，不成功他就随手拿拳头去砸，还不行又去拾来一块砖头……他的行为都是头脑简单的单一性意志驱使。利令智昏，有常识的人不会如此行事。

(3)知性意志系统又叫复杂行为的意志系统。它以关系条件反射为生理基础。复杂行为是由一个或若干个简单行为按照一定的逻辑关系组合而成，以某一特定的价值事物作为目标。刺激信号通过激发复杂行为的实施，如有人利用现代高科技犯罪，他不是本能地去砸 ATM 机，而是本领高超地偷换别人银行卡，窃取密码等手段支出别人现金。知性意志是"知其然，又知其所以然"的复杂行为。

(4)理性意志系统又叫超复杂行为的意志系统。以语言为刺激信号的关系条件反射。超复杂行为(语言反射行为)通常由一个或若干个有复杂行为按一定的逻辑关系组合而成，以某一个特定的价值事物作为目标物。刺激信号通过激发超复杂行为在大脑相应区域中的兴奋灶，并引发超复杂行为的实施。语言分为两面大类：一是人类自然语言。人们可以通过各种语言(声音、符号、肢体)表达意志，实现对自己或他人的行为操控。二是计算机、珠算口诀等物语。比如编写计算机程序，操控计算机运行需要极强的逻辑理性意志，光凭本能随机产生不了电脑。

黑客等高智能犯罪可以说是理性的疯子。

(三)意志的调节

阅读《天然智力篇》,我们了解到意识就是觉醒,如灯的开关在开启状态而有光亮。注意力类似聚光灯的光芒圈,是意识·情感·感知的集中点。意志点就是意识的标志点——就像电脑显示器上的光标;人神经系统链接到大脑皮层区的兴奋灶。意志的调节就是通过大脑的意志点来实现的,如以视觉为主时,表现为目光专注,也有听觉、触觉的意志点。认真看书、专心听讲等话语言的真实含义都是要求将大脑神经系统的兴奋点聚集在某一事物上,否则就叫心猿意马,开小差,注意力不集中。光标所到之处,都会提高该地点的事物兴奋程度。它使我们的感觉思维器官觉醒度提高,意识之光亮度加强。有成语描写叫"全神贯注",而其周围事物则相对暗淡,被忽视:视而不见、充耳不闻、触而不觉、食而无味。意志所在地"热点"表现为主体——由情感、思维和意志构成,具有积极性、主动性和创造性。

(1)积极性——意志点(视听触嗅味等的意识标注位置)附着在某一目标上,就会提高它及其相关事物的兴奋强度。这种积极性通常表现为兴趣爱好,如篮球爱好者关注 NBA 比赛,接触到篮球有关的话题就会兴奋起来。只要是人,有意识就会有意志点,也就有积极性,只是人生追求的层次不同而已积极性兴奋强度不同而已。积极性,从生理心理角度看就是神经系统的兴奋,情感价值的趋向性。

(2)主动性——从生命的全过程考察,人都有意志目标。这时人的积极性就会转化为长时间活动的追求:立志、努力去奋斗实现人生的目标。人的活动是自主自控的行为。人的一生可以有多个意志目标,如事业有工作目标,自我发展有学习目标、家庭生活有爱情目标……总之,人活着就有追求,信仰。最低层次:为吃饭而活着的人,也有自主能动性。人生的目标有时相互协调助进,人们常说"事业爱情双丰收";有时相互矛盾冲突,古人说:"忠孝难两全";裴多芬的诗:"生命诚可贵,爱情价更高,若为自由故,两者皆可抛"主动性还表现在人生意志目标的取舍调整。人为了达到某一意志目标,可以克制某一方面的强烈欲望,承受精神折磨和生理痛苦,直到牺牲生命。这种割舍与坚贞反映了人在平衡和调整意志目标上的主动性。人的意志主动性极端表现就是以死抗争。其它动物自我意志不强或没有,也就没有(主动)自杀行为。

(3)创造性——人具有能动创造性,不仅适应环境,而且能改造环境。人的创造性表现为意志专注于某一事物,在大脑中产生兴奋灶,引导思维、情感和行为,探索该事物的本质及发展规律。动物可以"知其然",人则更进一步"知其所以然"，比如：人发现了火，烤肉食，其它动物就不会动脑筋。人的思维和行为具有更多的"回顾历史，预见未来和创造现实"。陶行知在《创造的儿童教育》中指出："人类自从腰骨竖起来，前脚变成一双可以自由活动的手，进步便一日千里，超越一切动物。自从这个划时代的解放以后，人类乃能创造工具、武器、文字、并用以从事于更高之创造。"（《陶行知全集》卷四、第540页）

　　归纳起来，人力的特点是在劳动之上劳心：主体"我"在知情意系统的信息调节下，实现生物本能进化和社会文化本领进步。这一逆自然过程中，认知控制人力大小；情感决定人力价值方向；意志实现人力的主观到客观。广义的进化论包括人类能力中的智慧能力进步。

第八章互动话题

　　1. 人力与物力有什么不一样的地方？它由哪两个部分构成？

　　2. 为什么说现在要解放智力？读书人不晒太阳、不淋雨，也没有烟尘和噪声，你还认为辛苦吗？

　　3. 谈谈你对聪明与智慧的看法？

　　4. 讲述"朝三暮四"故事，从情感价值角度进行分析评论？

　　5. 电子宠物与一般动物宠物有什么不一样？

第九章

教育新探索

人力推动社会发展进步。人力资源的再生形成离不开教育。

教育是怎么一回事？先讲一则寓言故事叫"墨悲丝染"。

丝染

墨子言,见染丝者而叹曰:"染于苍则苍,染于黄则黄,所入者变,其色亦变,五入必(同毕)而已则为五色矣。故染不可不慎也。非独染丝然也,国亦有染。"

——《墨子·所染》

这可以称作教育丝染论,也就是给生物的人附加上社会文化信息。幼童纯然天真,无忧无虑,但他们要长大成人,与环境交流信息,变得有欲有情、有智,也就有痛苦。长大的人不再单纯快乐,娃娃本来如素丝,染于苍黄不得已。墨子不情愿,所以感到悲,此其一。"国亦有染"是说国家意识形态,社会风气,领导者的思想作风,民情民意都可以相互影响,此其二。这就是我的两点见解。总之,人性如丝,必有所染。

第一节　由性而习

一、人性:人之初,性本私

(一)关于善与恶。中国传统启蒙教材《三字经》开头"人之初,性本善。"

什么是人？我是什么人？几千年来,人类都在考问这一"明知故问"的难题。生物学常识告诉我们初生的婴儿属于人这一类。关于人有许多定义。唯物论认为：人是由类人猿进化而成的能制造和使用工具进行劳动，并能运用语言进行交际的动物。此外还有许多神造人说。唯物进化论中，人被终极界定义为"物"——自然的本我存在。日常用语"人是东西"属于真实判断。

人既为物，则有物性。刚生出来的婴儿，其物质本性是怎么样呢？古典人性观以善和恶为标准来衡量。战国初期人世硕认为"人性有善有恶，举人之善性，养而致之则善长；恶性，养而致之则恶长。"（王充《论衡》记载）善和恶两种自然属性是先天具有的。与生俱来，伴随终生，先天的本性要靠后天保养。后天养之善性；则人的善性增长，后天养之恶性；则恶性增长。西方的柏拉图、亚里士多德也持这一观点。

战国中期人告不害认为"性无善与无不善也性犹湍水也，决诸东方则东流，决诸西方则西流。人性之无分善不善，犹水之无分东西也。"英国近代思想家洛克的"人心白纸说"美国哲学家杜威均持这一观点。

战国中期人孟子主张性善论，认为：人心天赋是善的；荀子主张性恶论，认为"今人之性，生而有好利焉；"基督教的原罪说也是性恶论的一种版本。

用善和恶来计量人性，无非以上四个选项。那么，善与恶是什么？如何界定呢？善恶是人们的情感价值取向问题。任何事物都有善和恶的两面属性，它们相互依存，比较而存在。依据现代复杂系统的耗散结构理论，我们定义：善为有序化，生长，自发，事物相生的方向运动，宇宙由混沌演化为浑沌；恶为无序化，衰老，自燃，事物向亡的方向运动，宇宙由浑沌退化为混沌，熵增现象。事物运动，变化，发展是绝对的。简单地概括：善和恶是事物演变的两个方向趋势。按此标准，古典人性观的四个选项中，显然只有世硕的人性有善有恶论可以选。善和恶是宇宙万物（包括人）的自然属性。问题是"人之初，性本什么？"这一命题的要义不在这里。所以我认为四个选项都是错误的，因为这个题目没有出准确，学生不好判定。孟子的"性善论"与荀子的"性恶论"打架两千多年了，迄今都没有打到点子上。

（二）关于公和私。人本性争论的焦点在哪里呢？我认为是公和私的问题。

首先，公和私问题是由人的生物性善与恶衍生出来的。它们有着密切的联系。性指事物的本质，人性是人的起点，不可学，不可事。这是古人的认知水平。现代生物遗传学找到了"生物建筑蓝图"——DNA。在地球生命系统中，DNA是至高无上的统治者，它是绝大多数生物的遗传物质信息。遗传物质是可以在生物中一代一代传下去的，对生物来说，它极其重要。如果没有遗传物质信息（类似制造生命的说明书），生命将难以存在。"种瓜得瓜，种豆得豆""老鼠儿子打地洞"

是因为瓜豆鼠接受了他们上一代父本母本传下来的遗传物质。DNA 在很大程度上决定了生物的习性。这是生物遗传学研究的范畴。我们就此打住。人种要生存，有善恶，要与环境交换实物，能量，信息，并维持正常的新陈代谢生命体征。这便产生了"为我"概念。

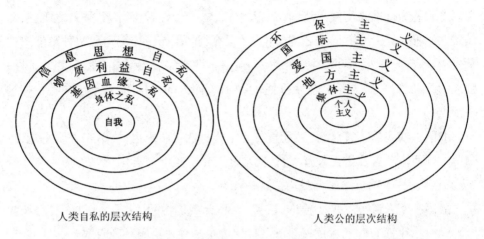

人类自私的层次结构　　　　　　　人类公的层次结构

其次，人性的私和公问题，才是链接人的生物性与社会性的桥梁。为我即私。韩非子曰："仓颉作字，自营为厶。""本意"自环者谓之厶，背私谓之公。人的胳膊肘朝内拐就有点像私字。人是社会性动物，要处理人际关系，人本性私才派生出对立面"公"来。比如几个孩子落水，你看见了。救与不救是善恶问题。如果其中有一个是你自己的孩子，先救别人的孩子，还是先救自己的孩子。这是公私问题。教育中的德育人性关注的不仅是善和恶，焦点重点应落在公和私的关系问题上。

第三，正确认识人性中私与公的关系。私源于自我。有一种说法"自私的基因"。没有私，也说没有差异个性，竞争，进化。把人纳入宇宙，自然界和社会之中予以通观，自私是人性，是人生的目的。只有人类把动物关起来给人看，从来没有动物把人关起来给动物看。

就人与人而言，个体存在是前提，群体是两个人以上集成，所谓三人成众。公的前提是私的存在，"分其厶以与人为公"（《韩非子·五蠹》）"公，平分也"（《说文》）。马克思说："无产阶级只有解放全人类，才能最后解放自己。"解放自己才是最终目的。有句名言："太阳发光，主观为自己，客观为别人。"

第四，准确把握人性中私与公的限度。"自"是生命，人命的原点，有主观上的自我，关系上的自私，物质上的自利。以原点出发，私与公的关系可以划分不同的层次。（如图）在情感价值层面评价，私可以表现为善，如生财有道的人集聚了财富,又爱国爱乡;也可以表现为恶,为富不仁,为非作歹等。准确把握公私量度的标尺是法律。《中华人民共和国宪法》第十一、十二、十三条对公民的公私关系作了原则规范。(公民人格部分将详细分析)

《中华人民共和国宪法》摘录:

第十一条 在法律规定范围内的个体经济、私营经济等非公有制经济,是社会主义市场经济的重要组成部分。

国家保护个体经济、私营经济等非公有制经济的合法的权利和利益。国家鼓励、支持和引导非公有制经济的发展,并对非公有制经济依法实行监督和管理。

第十二条 社会主义的公共财产神圣不可侵犯。

国家保护社会主义的公共财产。禁止任何组织或者个人用任何手段侵占或者破坏国家的和集体的财产。

第十三条 公民的合法的私有财产不受侵犯。

国家依照法律规定保护公民的私有财产权和继承权。

国家为了公共利益的需要,可以依照法律规定对公民的私有财产实行征收或者征用并给予补偿。

(三)关于人性光辉和弱点。

人性本私。在道德法律允许的范围内谋私利已是人性的光辉;公私分明,先公后私,大公无私,能克己奉公都是人性的光辉。有谚语说:"如欲采蜜,勿蹴蜂房。"一个人的行为超越了道德法律的规范就表现为人性的弱点:损公肥私,假公济私;损人利己,损人害己等。总之,人性有光辉和弱点。表现在公私关系的量度上,标尺是社会契约形式的习俗、道德、法律等。

人性的弱点根源于过度的自私和错位。其主要表现如下:

第一,贪婪。人应该有追求,但不可生贪念。一个人争取财富,创业是值得提倡鼓励的合乎情理的"私"。君子爱财,取之有道,盗亦有道。遵守人道、商道,践行诚信。杜绝贪念是每个人都应该做到的。不义之财如刀口之蜜,如舔之,有割舌之患。

第二,嗔怒。现代管理学中有句名言:当你愤怒时,不要做任何决定。嗔怒的起因往往在于私利受到损害或威胁。日常生活中,怒火中烧导致了许多危险,危害的发生:一言不合,拳脚相加,一时不快,动粗撒野。一旦动怒,人就头脑发热,嗔怒是心中火,能烧功德林。

第三,妒忌。妒忌和傲慢产生于人的攀比心理。人类存在个体差异,不恰当的比较就会生出妒忌和傲慢。以己之短较人之长就会生出妒忌来。不能正确看待,不克制妒忌就可能做出损人害己之事。据报道,某地农村有堂兄弟两人学习成绩都很优秀。考试排名总有先后。后者遭母亲不当奚落:"你看人家如何优秀……"于是后者迁怒于前者。一起玩时,徒然生出恶念推人下楼,酿成惨剧。

第四,傲慢。妒忌的对面是傲慢。以己之长比人之短时就会生出傲慢来。傲慢之心无形中给别人带来抵触反感,有时给自己种下祸根。傲慢有时等于无知,夜郎自大,井底之蛙都很傲气。

平和的心态,豁达面对人生的各种遭遇,切记"不以物喜,不以己悲"。

第五,痴迷。痴是疾的一种。因智而成疾,知而积病。一个人的思想走得太远,太前卫,远远超脱了现实,精神专注于某一领域,表现出显呆露稚,神思不足的症状,世人称之为书呆子,网呆子,戏呆子……

痴不等于愚。有时痴是伪假的愚,郑板桥标榜"难得糊涂"实则绝顶聪明。地摊上的《糊涂学》是打自己的嘴巴,糊涂还用学吗?拿砖块拍自己的脑袋就行了。有时痴是一种大智忘我通神的境界。庄周梦蝶、牛顿煮表、达·芬奇画蛋、陈景润撞电线杆道歉……都是世人眼中的痴呆。精神世界的美妙,要痴了才能洞悟。

痴不能迷。痴是为追求人生价值走得太深远;迷则丧失了人生价值的追求方向。现今许多大学生,中学生痴迷于电脑及其网络,男生把电脑当成了网络游戏机;女生把电脑当成了DVD影碟机。他们没有痴在计算机科学,人工智能上,反而迷在了游戏娱乐中。

生活处处辩证法。痴是人性的弱点,还是光辉呢?人性说不完,我们转入下一个话题。

二、人格:性相近,习相远

(一)人格是什么?

1. 人格概念的提出,性相近是指人的生物性。遗传基因信息控制着人类的体格,规定了一个人体形面貌,性别分男女,肤色有黄种人、白种人、黑种人和棕色种人,年龄划分为婴儿、幼儿……老年人。不同的人体格特征稍微有差异,但都是同类同种,在人体质上是一样的,所以说:性相近。

习相远是指人的社会性。遗传文化信息塑造人格,早期教育对人格的成长起着关键性作用,体格是人格生物基础,人格在体格的基础上成长,两者可以比附身心关系。人格则重于精神,由后天习得,所以会产生"习相远"的结果。

"人格"一词起源于拉丁语,当时是指演员在舞台上的面具,类似中国京剧中的不同角色脸谱。心理学借用这个术语,用它说明人在社会历史舞台中各自扮演的角色及其精神面貌。人生如戏,人人都必定担当一个社会历史角色——这就是人格。

2. 人格的定义及历史形态。人格指的是体现社会价值的人的精神形象,具体而言,是个人在社会中地位和作用的统一,包括人的尊严,名誉,价值。在现代民主社会公民人格平等,人格受到法律保护。在心理学上,人格指人的"个性"。世界上的人个性千差万别,而且会随岁月流逝,阅历变化改变,如年少冲动,成年稳重,生活在不同地域的人个性也有特色如东北人豪爽,上海人精明。在伦理学上,人格指一个人的道德品质,以情感价值取向来划分,如平凡的人,高尚人格、卑下人格。总之,人的本质即人区别于其他动物的特质是人格。人格是人的社会特质——人在追求自身命运,道德境界过程中呈现出来的价值存在方式。人格由人的实践活动形成。

人类的实践活动具有历史性。人格也就有不同历史形态。第一种历史形态:以自然发生的"人的依赖关系"为特征的最初形态——表现为血缘关系角色。如为人父母,为人子女。为人夫妻,为人姑嫂等家庭角色,原始社会同一氏族,同一村落的角色等。

第二种历史形态:以生产生活中"物的依赖性为基础"处理人与人之间的角色关系。原始社会的共产平等人际关系,奴隶社会的人身隶属关系,封建农奴社会的经济剥削人际关系,现代社会的劳动力商品等价交换,人格平等关系。

人们扮演职业角色。俗语云:人怕入错行。

第三种未来理想形态:社会生产能力发达,实现按需分配,人得到全面发展,依自己的个性生活,实现自由人格。

(二)人格的构成及类型

1. 人格的构成 人活一世,无论演什么角色,都有一个做人的模式。这个做人的模式由三部分构成:第一,社会生产发展现状。人生活在现实社会中,不能生活在未来,也不能回到古代。生活在什么时代,你就演什么戏,这是生产力发展水平决定的。比如武广高速铁路开通了,你可以表演:"老同学,一个小时后我们到广州吃中饭。"有人作秀穿汉服,宽松的衣袖被车门挟住了多危险啊,现代人终究回不到刘邦的汉朝时代。第二,人的生态原理。人生存在自然环境中,近山知鸟音,在水习鱼性,猎人往深山,渔夫漂水上;人生活在社会环境中,坐什么位置,想什么事,唱什么戏,这叫"屁股决定脑袋";人自身也是一个生态过程,不同年龄阶段你扮演不同的角色。角色错位,人格就会受损害。比如不同年龄的人就做不同年龄段的事,学生的任务是"读书",学生样子,小孩子做成人事就是不妥当的行为。第三,人的性格倾向,文化修养。性格有开朗活泼,内向理性,暴躁冲动等等;文化从文盲到博士等有不同的层次。性格和文化在人格构成中独具特色比如张飞,李奎是猛男型,西施、林黛玉是病态美,刘胡兰是"生得伟大,死得光荣"英雄型,孔乙已是学究型等。

2. 人格的类型　人上一百,形形色色。人的角色可以按不同标准划分出多种类型。人在现实的自然社会环境中生活,与环境有依存改造关系。依据人的处世精神导向可分为出世隐逸型人格和入世君子型人格。前者代表人物是老子、庄子、道家的鼻祖。老庄主张适已无为,追求个人内在精神世界的舒展、张扬。老子出关被迫写下《道德经》,小国寡民,无为而治;庄周梦蝶,物我两忘,梦与醒,生与死同态,生无乐,死无悲。因此,道家人格冠名,至人、神人、圣人、全人、大人、真人。超世脱俗是道家追求的人格境界,精神向度:适已逍遥、旷世无为,遁世求真。

入世君子型人格代表人物是孔子,孟子,儒家的创始人。他们主张刚健有为,即便身处礼崩乐环,战乱频仍,弑君窃国的环境,仍然"知其不可而为之。"哪怕碰一鼻子灰,他老人家还很君子:"学而时习之,不亦说乎? 有朋自远方来,不亦乐乎? 人不知,而不愠,不亦君子乎?"我的学说,社会时代采用了,那太高兴了,即使当朝者不采用,朋友赞同我的学说,老远跑来跟我讨论,也感到快乐,再退一步,就算朋友不理解我的学说,我也不怨恨,这样做不是很君子吗? 只是孔子入世不彻底,他说:"天下有道则见,无道则隐。"(《论语·秦伯》,一生坎坷之后,也给自己的灵魂留下了退路。)

人本性私,但人又是社会性动物。人际关系中物质交换准则可以成为人格划分标尺,按主体的情感价值导向分为极端的杨朱索取享受型人格,雷锋克已奉献型人格和等价交换型公民人格。

杨朱在先秦诸子中给人一种极端自私的形象,他很另类。孟子说:"杨子取为我,拔一毛而利天下,不为也。"(《孟子·尽心上》)后人进一步把他描写成享乐纵欲主义者"丰屋美服,厚味娇色"(晋朝《列子·杨朱篇》)

雷锋是我们学习的好榜样,流行语叫道德明星。毛泽东倡导的人为民服务理想人格。雷锋有名言:"一个人做一件好事并不难,难的是一辈子做好事。"作者建议同学们读《雷锋日记》。

公民人格是多数人的人格。社会发展,时代进步,人类进入了近现代民主法制社会,从前的奴隶,农奴翻身做了主人——称为公民,这才有了公民人格。公民指称是一个人在公共生活中的角色归属。生活在这个社会上,每个人都涉及"我是谁?""我可以做什么?""我必须做什么?"等问题。公民称谓的本质是具有一定普遍性义务和权利的成员身份即公民资格或国民身份。它表明个人与国家的权利义务关系。

公民人格基本问题是私人性与公共性的对立统一。从古代自由人(奴隶除外)公民人格由追求"公共善,"有美德的政治公民,演变到现代社会追求个人自由的"法人化公民。"现代社会遵守等价交换的原则,通过法律形式界定公与私的关系。公民人格有两个基本假设:第一、理性自私,每个人都在法律准许的范围内争取自身最大的利益。第二,平等交换,互不相亏:在市场上交换商品和劳动力商品有完全的选择自由,谁也不能强迫谁。

总之,诚实劳动,干净挣钱,尊重自己也敬重别人,这就是现代社会普通公民的人格。

从心理学角度考察,人格特征可分为四种类型:

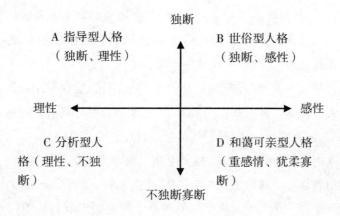

三、德育:苟不教,私性过

(一)百年树人添新义

1. 性本私,要慎之

《三字经》"苟不教,性乃迁,"也就是说如果不教育,人的本性就会发生变化,由善变恶。其逻辑前提是孟子的性本善论。人性要变化,人的一生都与环境保持动态交流,我的前提是人性本私,教育功能之一就是要谨慎防止人的私性过度。

德育要贯穿人的一生。成语:"百年树人"来源于《管子·权修》"一年之计,莫如树谷;十年之计,莫如树木;终身之计,莫如树人。"

首先,它隐含了终生教育的思想。"百年树人"原义比喻人格形象的培养不是一朝一夕的事,需要长时间的累积与沉淀,一生一世,慎始慎终。树立高尚人格形象需要一辈子努力,一不留神,美好的角色形象就会被污损。在人生的舞台上,有些人风光大半生,却不能体面退场,都因一个"私"字过了度,一时心起"贪念"。

其次,古代偏重于德行修养,内涵限于"立德树人。"近现代科技产生之前,没有"德育"概念,教育就是以文化为核心,融合宗教,道德于其中,规范"怎样做人。"教育即德育。中国封建社会用《四书》《五经》为教材,树立二十四孝,贞节烈女之类,难免有些糟粕,以至走上了"存天理,灭人欲"的伪道德。

2. 性本私,习乃公

教育是人类永恒的主题。新时代,"百年树人"赋予了新的内涵。

首先,新德育发生了根本理念的变化。《人与自然》解说词:"所有生物都在为生存而战,"但它们之间又结成了共生关系。德育的第一要义是德性教育,要求人类遵循自然法则,构建人与自然的和谐,道德调适人类活动与自然界发展的关系,以善和恶为标准。掌握科学知识是德育的前提,知识和美德是同一的。没有知识理性的掌控,人类就有可能违背自然法则,导致恶果的发生。如破坏森林植被引起水土流失;二氧化碳温室气体排放引起地球变暖,核武器战争等,都威胁人类生存。德育必须化知识为美德,化理性为人格。

人性以公和私为向度,其标准是人定的习俗、道德、法律三个层次的规则。它们用来处理人类内部人际关系。一般而言,人类私的行为只要在规则允许的范围内就是道德的,超越规定允许界限,私欲行为过度就会破坏共生关系,而结出不道德的恶果。人类公的行为也一样,必须控制在规则允许的范围内,以公侵私也会结出不道德的恶果。如从前的"共产主义"吃大锅饭,所谓的公平却伤害了效率。最后大家饿肚子。三个和尚没水喝的故事在于没有制定规则处理担水(公)与喝水(私)的关系。德育的第二要义就是公性教育,如社会公德,职业道德"五讲四美三热爱"等等。

其次,"树人"由单一"立德"拓展出育智、育体。中国到了清朝末年,新式教育引入:实行集体班集制,开设数、理、化、生物、地理等现代学科,体育以军事体育为主。于是又出现了重智轻德、重术轻人的现象。

教育与市场经济相衔接,成为人力资本投资的形式之一。站在国之高度,提出了科教兴国战略,普及九年制义务教育,从家庭利益计较,教育的投资回报率最高。改革开放之初,"造原子弹不如买茶叶蛋"的体脑倒挂现象,代之以"知识改变命运。"

第三,构建终身教育体系,真正实现百年树人。陶行知给终生教育定义为"整个寿命的教育。"教育与生活相结合,不再是从幼儿园到大学毕业的学校教育。我国确立了基础教育,高等教育,成人教育,职业教育等终身教育的全过程。全方位的教育基本职能。终身教育打破了学校界限和修业年限,涵盖了家庭、社会、学校、单位及其组织教育等全新内容。终生教育打破了人们习惯的思维定势,适应知识更新迅速的信息时代要求,必将全面提高现代人的素质。

3. 育人公式,$H = A(M + I + P)$

从教育角度考察,人格(Human)内涵由德、智、体三要素构成。体(Physical)指生理基础,对应心理学知、情、意中的"意,"表现为行动能力。身体是革命的本钱,宇航员要求有特别优秀的身体素质,身体残疾或残废时有些角色就不能扮演。如色盲者不能驾驶飞机、汽车等。智(Intellectual)指人的认知能力,心理学中的"知"。伦理学中的"道"。知道方能"得"。古时"得"与"德"相通,所以构成道德。德(Moral)指人的行动方向判定,以善和恶为标尺。"德"本义:目不斜视、双脚不偏离道路,直达目标。德要求人们顺应自然,社会发展客观规律去行事。人性乘人格的三要素之和等于人。这就是人的成长公式:$H = A(M + I + P)$。其中 H 表示人,A 表示人性。这里以时间年龄为计量,M 代表德育,I 代表智育,P 代表体育。

A:人格首先决定于 A,并随 A 的变化而扮演不同角色。人来到这个世界就担当了为人子女的角色,而且出生不由己。在自我意识觉醒前,人是被动角色,随着自我意识觉悟,直立行走。语言系统的形成,突显其能动性而扮演主动角色。

人格的高尚与卑微以其一生创造的物质和精神财富计量。人是一个耗散结构体。如果一个人创造的价值高于其耗散的价值(通俗讲即贡献大于索取)为正向人格,返之则为负向人格。贡献极大于索取者称为杰出人物,耗散价值极高于创造价值者被称为败类。

M:人生道路的方向问题。德育培养人的道德人格,学会做人。我与自然的关系:要从善如流,抑制邪恶,比如非必要时不破坏自然万物。做到人与自然和谐相处,不吃受保护的野生动植物。我与他人的关系,克己奉公,乐于助人。德育关系人的行为价值方向判断。雷锋和杨朱是两种截然相反的人生价值选择。古人说:"有道无德,必定招魔。"事实告诉我们:如果无德,越聪明的人其破坏力越大。作者提醒:无论你跑得多快,请先看准方向,否则南辕北辙,你会走进人生的死胡同。这就是德育的功能。

I:智育开发人的智力,累积智能。智能是人类超越动物的关键因素,现代社会进步主要依靠智能。一个人角色表演的精彩程度取决于智能的多少。这里,想在做之前,想不到就谈不上做。想象是人类创新的前提。

智是人格形成的信息能量。一个文盲或科盲不可能成为时代的杰出人物。杰出人物必须处在时代或信息的前沿,并做出特殊贡献。比如杂交水稻之父袁隆平与一般普通农民同样种田,不一样的是袁隆平站在世界水稻遗传育种科学技术的最前沿。

P:体育提高人的体能素质。身体执行大脑及精神系统的操控指挥。主观的情感(道德)、智能(知识)必须通过体能物化显现出来,成为客观实在。这里,体力是意志力的执行,想到要做到。想象之后没有行动叫空想。

总之,德育是智育的保证,掌控情感方向,德育不好出毒品;智育是德育的前提,提供知识信息智能,智育不好出次品;体育为德、智提供物质载体,德智为体育提供行动导向和科学依据,体育不好出废品。

树(做)人百年,不同时代扮演不同角色,完美人生离不开"情、知、意"的心里健康,健全人格需要"德、智、体"全面长期修养。

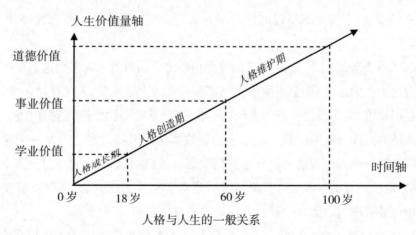

人格与人生的一般关系

1.0—18岁属于未成年人,学生角色(人格),积蓄体能和智能为主,没有完全独立,被保护、教育。

2.18—60岁为成年人,这一时期,一个人必须为社会进步做出贡献,实现人生价值,是创造人格的关键期。

3.60岁后,人生进入老年期,法律上拥有享受前期创造成果的权利。这一阶段要注意人格的维护。

4.肉体消失之后,人的角色留存社会历史记忆,只有极少数人物或流芳百世或遗臭万年。

(二)墨悲丝染　应然实然

人性如丝被"染"形成人格是必然,因为生物人自动安装信息系统成为社会人(也可成为狼孩等人形动物)。对人被"染"的预期设想是教育的应然;人被"染"的结果是实然。实然与应然的关系问题是哲学上的事实与价值二元问题。

价值是主观判断:必然,应然,实然三者的划分根源在于人们思维的偏差。①当事实与期望值一致时,我们认为应该如此(必然);②当事实未达到期望值时,我们感觉"大失所望";③当事实超出预想值时,我们"喜出望外"。

事实依赖时空存在,时间匀速流逝。应然、必然、实然是亘古迄今至永远的一体"然"。然即燃:耗散、熵增。今天是必然,明天是应然,刚才过去的那一刻是历史实然。

人的角色活动构成存在事实。现代人角色存在于三个世界:现实世界、理想世界和虚拟世界。

1. 现实角色

"角色"原是戏剧中的一个专门术语。它指处在某一特定社会位置的人其行为模式。1937年著名社会学家尼·米德把角色概念引入社会学研究中,并定义为"人处在某一个位置,有一定的权利与责任。"譬如中学生就是一个特定的社会角色,其行为模式:家庭到学校或教室、寝室、食堂;穿校服、背书包,一看就是学生样子。中学生可以向老师提问,问家长要零花钱,但是,如果父母送来学校,嘴里叼着婴儿奶瓶,这个中学生就是另类。每个人在社会生活舞台上都是一身数任,多面角色。

市场经济与伦理道德,无论哪一种市场经济理论都建立在"人性自私"这一前提之上。古典经济学家亚当·斯密认为人的私心是社会经济发展的动力和润滑剂,并巧妙地解释了资本主义经济制度和市场经济模式。这也就是黑格尔所说"假公济私"理论,从前中国也有"剥削有功"理论。不过,对这一理论现在社会只做,不说。当代人的角色基调是市场经济人:同志换称老板、劳动者改称打工仔、小姐转叫美女……

当代人是否都唯利是图了呢? 显然没有。在现实利己主义的社会氛围中,也产生了许多利他主义的举动。人们自觉或不自觉地追逐物质财富,但一个健全的人绝不应该将此视为人生唯一的目标。除了物质利益,人还有情感价值,心灵美好追求。当代人角色另一笔色彩是社会伦理,它的指向是公性,制约着人的私性。所以,现实人一边斤斤计较讨价还价,一边慷慨救助;一边虚伪地应酬,一边歌颂着诚实的英雄;一边忙碌着,一边渴望闲适……

成年人的传统与青少年的前卫人的年龄是有差异的,流行是有时差的,不同年龄段的人安装的社会信息差距很大,这种差别就叫代沟。成年人过去的时间多一些,信息累积很多了,要更新系统比较难,所以要传统。青少年未来的时间长一些,一张白纸上还有许多空间可画,要接收最新的信息,所以叫前卫。传统的前面就叫前卫,前卫的后面就是传统,两者构成社会运动的潮流。因为这是一个成人主宰的世界,娃娃们在网上有另外一种说法:主流与非主流。非主流的意义在于当主流文化在人的内心留下欠缺感时,它是一种补偿。非主流的前卫往往预示着未来发展的方向。当然,前卫非主流必须有一个限度:不应与社会历史唱对台戏,超出法定的私或违背自然的恶,比如跳舞可以摇头,但不能吃"摇头丸";上网可以养眼,但不能迷失于声色。

有时,人很矛盾:作为传统的受害者咒骂着传统,同时又不自觉地扮演着传统的卫道士角色,用传统作为制约和攻击别人的武器。二十年前自己留长头发,二十年后却看不惯娃娃染红头发,这就是伪道。时代潮流向前,成年人感觉很无奈;青少年觉得很精彩。

总之,市场与道德冲突,成年与娃娃博弈不能用"是"与"非"来衡量,因为它们是两个领域,不同主体之间"是"与"是"之间的矛盾。在两个"是"之间选择其中一个,标准只能遵循社会发展趋势。

2. 人格理想

(1)孔子人格理想故事　人生活在芜杂的现实社会,这还不够,人还生活在理想世界。想象未来是人类超越现实,区别于一般动物的标志。几乎所有学生娃娃都作文《我长大以后……》或《我的未来……》之类。二千多年前,孔子班上的学生也不例外。一天,他班上的学生正在高谈阔论人生远大理想。有学生问:老师,你的人格理想是什么?孔子淡然地说:老者安之,朋友信之,少者怀之。译成现代白话:让我们家老人安心过日子,让我的同事朋友都信任我的为人,让我的孩子们有学习的榜样,亲敬我,喜欢我,惦记我。这是一个成年人平凡的理想人格,要做到却不容易。

(2)人类理想社会 人的一生都在追寻着自己的想象,想象对于人格理想的形成至关重要。教育就是教人想象,教人如何实现梦想。人类对未来的想象分善和恶两个方向。善者叫乌托邦。乌托邦寓意虚无缥缈没有的地方,是人类对美好社会的憧憬。乌托邦是变化的:17世纪之前乌托邦一般指地理上遥不可及的国度;随着航海技术进步,地球表面不再神秘,17世纪后,乌托邦空间扩展到外太空(月球之旅)、海底、地壳之下(地心之旅);受新地质学和达尔文生物进化论启发鼓舞,乌托邦由空间转置成为时间转置,如史前的恐龙时代,未来的世界末日。

伴随科学技术负向作用的显露,乘着想象的翅膀,人类又创造出"恶托邦"。恶托邦又叫反乌托邦,指充满丑恶与不幸之地,是反面的理想社会。这种社会物质文明泛滥并高于精神文明,高度发达的科技并没有真正给人类带来自由和幸福。反乌托邦代表作品有:赫胥黎(英)的《美丽新世界》、乔·奥威尔(英)的《一九八四》、扎米亚京(俄)的《我们》。它们统称"反乌托邦三部曲"在反乌托邦,科学技术统治一切,人们只有数理逻辑思维,没有情感,没有民主,人工智能背叛人类,最终人类文明被高科技引向毁灭。

(3)青少年理想的形成与类型 科学技术和青少年决定着一个国家的未来。青少年人格理想的形成受家庭教育,学校教育和社会环境三个方面的影响。教育在青少年人格理想形成过程中起着重要作用。青少年是理想主义和浪漫主义,中老年则是现实主义和批判主义。现实生活中,家长、学校和社会都十分关心青少年的人格培养。但是,多数情况下都没有站在青少年儿童的立场上去,从他们的天赋、能力、兴趣和愿望出发展开教育工作。家长把自己的人格理想强加给子女,社会把"升学率"当成学校办学的奋斗目标;学校则把分数当成了学生的理想。家长、学校社会三者合谋的错位教育、广大青少年成了应试教育的学习机器,唯一的理想就是分数。青少年没有了个性化的人格理想。

从认知水平考察,青少年的人格理想分为三个发展阶段。第一阶段:具体形象人格理想,表现为偶像崇拜。第二阶段:综合形象人格理想,表现为社会职业理想的明晰。第三阶段:概括性人格理想,表现为对未来社会发展趋势和自己伴演角色理性认知。

目前,青少年人格理想的五种类型:①理想肤浅,模糊,没有明确方向和目标。现在自由自在过日子,没想过未来的事情。将来要做什么样的人,现在还不太清楚。②向往和憧憬未来,但自觉性不够,时有动摇不定。思想主流是向上的,但缺乏持久性、坚定性。常立志等于没立志。③站在个人主义立场上,把理想和现实、职业联系起来,奋斗目标就是找一份好职业"生活在大都市、工作要少、工资要高。"个人理想与国家的前途、人民的利益相背离。④站在国家利益的高度,把个人理想与国家命运结合起来,具有远大理想,并能脚踏实地去努力。他们接受祖国挑选、服从祖国安排、认识水平高、人格理想层次高、符合时代精神、闪耀着人性的光辉。⑤站在普世的高度,把个人理想与人类的生存和发展前景结合,决心为人类的幸福而奉献力量。

3. 虚拟生活

(1)现实不全真实　虚拟技术将想象和现实结合在一起,创造出虚拟世界。它是现实社会的延伸,又是理想社会的拉近。关于"现实"概念颇多争议,极难把握分寸。唯物主义坚持物质第一性,意识第二性,那么主体"我"对"现实"界定的最大范围就是意识之外的一切。"在"有六个层次,前五个层次属于现实的范围。

> 自然的客观实在——第一自然。
>
> 自然的客观虚在——自然幻景如海市蜃楼、月影等。
>
> 人造的客观实在——第二自然,如长城、运河、城镇、田野等。
>
> 人造的客观虚在——如实物的影像录音。
>
> 人造的主观实在——主观虚构的再现如画龙、3D 游戏。
>
> 人的主观虚在——思想在人的大脑中"我想我知"。

现实不等于真实。我定义百分之百的真实是自然的客观实在。以此为标准,"在"的其它四个层次虚在和人造都有一个真实度的问题。这个度的把握在于虚实二重性的比例,如一张相片与原型比较失真程度。

(2)网络乌托邦和恶托邦　现今,计算机及网络用"电子"十"数字"的方式创造了虚拟现实,这种方式远胜过语言、文字、绘画等传统虚拟手段。到目前为止,电子数字模拟人的视听触三项主要感官功能已成熟、味觉、嗅觉模拟也有进展。信息社会的我们多了一个生活空间——网络世界。网络世界根植于现实,是从现实中长出来的,所以现实生活中人类情感价值倾向善与恶在网络虚拟世界同样存在即网络乌托邦和网络恶托邦(这里不具体展开描述了)。现在我们生活于网络虚拟世界,但人性中的"私与公"并没有丝毫改变。网络世界对人性具有迅速放大作用,事例不胜枚举。网络仅仅是工具而已,网络虚拟世界发生的一切社会问题根源在网络后面或前面的人。为此,当我们讨论网络和人时,必须有一个前提"当网络遭到正确或者不正确使用时"。

（3）如何正确使用网络？《青少年网络文明公约》"五要五不要"：

要善于网上学习，不浏览不良信息

要诚实友好交流，不侮辱欺诈他人

要增强保护意识，不随意约见网友

要维护网络安全，不破坏网络秩序

要有益身心健康，不沉溺虚拟空间

（4）现实与虚拟两个世界的关系　网络虚拟世界诞生后，它与现实生活形成了良性互动关系和恶性互动关系。后者表现为当前网络恶托邦里四大棘手难题：①青少年网络游戏成瘾问题，②网络诈骗信用问题，③浏览黄色网页问题，④网络赌博传销问题，所有这类问题，归结到一点都因人本性私的过度。瘾的本质是私欲的极度膨胀到无法控制。信息时代，德育工作面临新的课题：在网络虚拟世界如何培养广大青少年的健全人格。

道德教育决定人力的向度，智慧教育影响人力的大小。

第二节　用字传智

题注：文字是装载传承智能的桶

一、文字：意声之痕迹

（一）人是文字动物

1. 文　花有香，鸟有语，人更有文字。文字使人超越自然万物。第一篇中我们提到文化，文化与文字紧密相联。最广义的文化即人化，人化的结果叫文明——指历史发展进程中人类的物质和精神力量所能达到的方式和程度。人类文明之光所到之处最低限度是老子说的"道与名"。直白地说："叫名字"。《道德经》开篇语："道可道，非常道；名可名，非常名。无名，天地之始，有名，万物之母。"关于道，最直白浅显的第一要义是言语讲说，一句话：嘴巴要会说话。没有语言主观思维无以表述，信息不能沟通。道是信息交流。这是前提，然后才是哪个宇宙万物的"道"。

2. 名　《说文解字》中说："夕"表示暗处，傍晚日落天光暗下来，人互相看不见了。"口"传声以示所在，报出自己的称呼。由此可知，语言是被黑暗逼出来的。

没有名称，和黑暗中看不见是一回事。人对世界万物起名：在宇宙太空发现一颗新星体，天文学家要给它编号冠名；在地球上找到一种新生物，生物学家要给它命名（如莽山烙铁头蛇）；初生婴儿，父母要为其取名。有了名，才可以分类，概括，进行抽象思维；有了名，才可以言语，进而为文字的起源准备条件。先有物，后有名，无名的时代，虽有天地万物，于"我"无关。没有名称，对我们来说世界万物是黑暗中的混沌。从物的角度看，先有实后有名，无名的时代，虽有天地万物，于"我"何干？

古希腊名言："人是万物的尺度。"推论"有名，万物之母"的前提是有关"我"的存在，我是万物的尺度。从人的立场看，先有名后有实。有名时代，万物才有了归属，而成为浑沌。总之，文明，文化，首先要给事物起名，以便于说"道"。

3. 字 文字起源在语言之后很久。老子没有说到"文字"但他的意声之迹——《道德经》却靠着几千文字流芳千古。许慎《说文解字》"仓颉之初作书，盖依类象形，故谓之文，其后形声相益，即谓之字，字者，言孳乳而寖多也。"起初，文与字是分开的，独体形象叫文，后来形声合体叫字。现今统而言之，文字可以互称，叫文字。"字"是"文"孳生的符号。文字构和又生出词，语，篇，章形成精神世界。"字"最初也是这么写："子在家下"本意"妇人乳子居室中也"。汉字发明有形声，会意，指事，假借等字法。仓颉之后，汉字并没有停止生产，像母产子，鸟下蛋一样，生生不息，繁衍多多。当下，网民们生出了许多网络文字。比如2009年有"杯具"取代"悲剧"。杯具1·0版源自网上流传的一句话"人生是个杯具。"从石器时代最原始劳动起到电脑网络信息时代，人类语言文字都一往直前地发展着。

道和名是声音的符号。人类发明文字把瞬时流动的语言固定，让人易于把握及传授。名是用来叫的，字是用来写的。文字，现在叫书面语言。文字使我们可以看见思维，记录语言，传达情感，操控行动。有了文字，人类可以实现跨越时空的交流；有了文字人类才有了正式的教育（读书）；没有文字也就没有了读书。

日常生活呈现出文化，离不开文字。一个人的文化通常指他掌握现阶段社会通用知识的水平，往往以识字的多少或学历的高低来评判。人的归属以文化的标准来界定，如民族文化、国家文化、城市文化等。社会的每一个人，由于习得文化不同，而划分出不同的民族，国别，地域；每一个人都有自己的专属归宿。

文字是魔方，它将人类变幻的思维表达出来。人感受不尽存在，又表达不尽感受。文字却将人类心灵幻化为可视、可读。文字传承了智能，证明了人类存在。

文字是烙在人这种动物身上的精神符号。

(二)文字的发明

1. 思维、语言、文字　在第二篇,我们阐述了语言与思维的共生工具关系。语言并非天生俱来,而是伴随人脑及发音器官的进化,成熟产生的。新生儿不会说话,要到一岁左右才开口,或更迟一点。文字是记录语言的工具。无论人类进化史,还是个体发育,文字总发生在语言之后。(如图)

人类首先产生口头语言,通过语言交流,共享经验,维系群体,传承文明。但是,声波传递的口头语和光传递的肢体语却是瞬时流逝的信息。意识流如同地上的水,语言恰似见到的河,时刻奔腾更新,要把水留住长久享受必须有桶。在史前史漫长的岁月里,人类无法长时间记录语言,保存思维信息。为此,人类发明了书面语言——文字,它通过物质载体把主观虚在的思维信息外化为客观虚在(文字还是一种虚拟物)。文字以物质的形态保存了主观的思想。文字这一物化的信息可以穿越时空,从此人类实现了跨时空的交流,进而有了明确可考的历史。世界上有七个独立发生的文明,六个发明了文字,五个文字发明后断流消失了,只有一个东亚中华文明的文字流传至今,仍显生机。

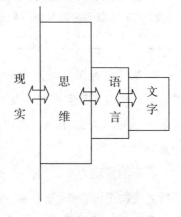

思维·语言·文字关系:信息量递减

名称	发祥地域	文字沿革	文字现状
苏美尔文明	两河流域	楔形文字	早已停用
古埃及文明	尼罗河中下游	古埃及象形文字	早已停用
古印度文明	恒河流域	梵文(字母文字)记录印度的古典语言,是佛教的经典语言	没有灭亡,但只有印度、尼泊尔极少数人使用。
米诺斯文明	爱琴海地区的克里特岛	线性文字 A 和线性文字 B	
中华文明	中国黄河、长江流域	汉字(象形方块字)	现代汉字(简体、繁体),沿用至今

续表

名称	发祥地域	文字沿革	文字现状
玛雅文明	墨西哥南部,危地马拉等地区	玛雅文字(象形字)	早已停用
安第斯山文明	秘鲁南部高原(马丘比丘)	没有发明文字(图画、结绳记事,没有形成符号体系)	

2. 文字的起源　语言是地球上使用频率最高的工具,包括文字。信息科学技术经历了从语言萌生到文字发明两次伟大的飞跃。文字是公认的符号体系,它能够系统,完整地记录语言。表达思维过程。目前,全世界有 3000 多种语言,100 多种文字。

农业的发现为文字的发明提供了社会基础。种植,养殖比采集野生植物、狩猎野生动物更可靠,效率高 40 余倍。农业使人们聚居固定,交往密度显著提高。粮食产量的增收,促进了交换贸易,产生了商业和社会管理的必要。物质需求满足到一定程度后,人们不必为生计奔忙,先人们便有了更高的精神追求:希望探索自然,与天或神对话。于是人类萌生用符号记录口语、承载思维,标签万物——这就是文字起源的背景。对文字材料而言。人口的流动就意味着文字材料的流失。只有农业生产的聚居性,为文字的保存,传承提供了条件,这也成就了不同地域文化的特色。农耕文明出现后,世界上不同地区先后出现了各具特色的早期文字。

世界文字的独立源头大的有三个 { 苏美尔人发明的楔形文字　古埃及人发明的象形文字　中国人发明的象形文字——汉字

(1)楔形文字　迄今考古发掘的地球上最早文字是居住在两河流域苏美尔人发明的楔形文字。它产生于公元前 3500 年前的两河流域南部,因为那里有质地非常细腻的黏土,适合做成泥板,未全干燥时,很容易用棍子在上面刻画印迹。棍子在泥板上的压痕一头大,一头小,所以叫楔形文字。楔形文字经历了绘画象形,抽象表意,符号表音三个大的演变阶段。楔形文字自身演变的同时,又被其他民族借用成为一种国际性的文字。它演化出现了两个支系:①腓尼基文字体系(公元前 12 世纪消亡,22 个字母)②塞米特文字。这一支又演生出古典的希腊文字和古典拉丁文字。它们是现代西方字母文字(包括英语)的源头。这类借用别人的语言源头,确立自己的文字叫借源文字。

(2)古埃及文字 公元前3100年左右,在北非尼罗河流域产生了古埃及象形文字。它有三种字体:碑铭体、祭司体和大众体。

3. 文字书写工具的发明 文字和书写文字的工具是共生的,"因地制宜"的书写工具往往决定了文字的起源和走势。苏美尔人发明楔形文字书写工具即细腻的黏土,带尖棱的木棍,压印痕迹。黏土不容易氧化,如果烧结还可久远保存。后来欧洲的羽毛笔。近代自来水笔、圆珠笔、打字机、打印机。

古埃及人发明的书写工具,莎草纸——由尼罗河三角洲上一种芦苇茎剥皮、打压、粘贴压平、晒干而成,笔用芦苇秆沾颜料,纸草营的空心部分贮存有色液体,管端绑上一个金属的笔尖。

优秀的书写工具必须是最简单,最容易操作、最容易普及、最容易保存的。

世界上现存两大文字体系:①源于苏美尔人楔形文字的那种逐渐演变成拼音文字的一脉,它们全都称为借源文字。楔形文字随两河流域文明一起早已中断。②东亚中国汉字,它有一个独立发展脉络,一直保存延续应用至今。

二、汉字,我们的精神家园

(一)汉字沿革及现状 汉字起源有物语、结绳、八卦、图画、书契等种种说法。一般认为汉字不可能由一个人创造出来,黄帝史官仓颉只能是文字整理或颁布者。汉字界定分狭义和广义。狭义的汉字是指中华民族(以汉族人居多)的通用文字体系。其读音标准对应于中国大陆地区的普通话。广义的汉字则包括东亚汉字文化圈国际通用的表意文字,曾经或仍然在日语、朝鲜语和越南语中使用。现在能看到,又能认读的最早汉字是发现于殷墟的公元前3000年左右的甲骨文。汉字又叫"方块字",它沿自甲骨文,经历了由图形变为由笔画构成的方块形符号。秦统一六国后,秦始皇下令"书同文",把六国文字统一到秦的小篆,小篆以前的汉字叫古汉字——象形性强,定型性差。字由线条构成,没有形成构字的元素:笔画。古汉字类似于今日的简笔图画,汉字从殷商时代诞生之日起,就开始了简化工作,当时甲骨文和金文就有简体字。秦始皇统一文字是我国历史上第一次大规模地由官方做的汉字简化工作。此后的不同历史时期,汉字都有简化的趋势:小篆——隶书——楷书。隶书以后的汉字为今汉字——符号性强,定型性强,字由种类有限的笔画构成。摆脱了随意性图画。楷书定型后,仍有楷体字的正体、俗体、讹体等甄别工作。中华人民共和国成立后,1956年公布了《汉字简化方案》就是我国大陆地区今天用的标准汉字。台港澳和北美地区华人仍用繁体字。由于源于拟音合意,尽管多次简化,但有些文字还很复杂。现今笔画最多的汉字计 36 画"齉"。

$$现今汉字体系 \begin{cases} 繁体中文(台、港、澳和北美华人圈) \\ 简体中文(中国大陆、马来西亚、新加坡及东南亚的华人社区) \end{cases}$$

繁体和简体汉字个体差异率不到 25%,两个体系的人相互能看得懂或猜得出对方的汉字。日本对汉字进行了简化,部分仍然保持传统写法。韩国保留汉字最接近传统中国汉字的书写。日韩写中国汉字,但读音不同了,意义有了变化。汉字具有超语言、超方言特性,中国八大方言区说话语音各异,但书写的汉字却是统一的。汉字这一书面语言工具统一了华人文化圈的思维。

(二)汉字与中华文化,汉字历尽沧桑,却青春永驻。世界七大文明,六大文字起源,当代两大文字体系,只有中华文明延续迄今,只有汉字生存到现在仍充满生机活力。汉字在世界文字中独一无二,具有集形象、声音和辞义三者于一体的特性。中华文明是地球文明的重要成员。汉语语言文字则是中华文明的基石。

1. 汉语·汉字　汉语言是我们的母语,我们用汉语思维;汉字是记录汉语的工具,它将我们的思维可视化。两千多年前的先秦时代,书面语言——汉字与当时的口语——古汉语是一致的。所谓文言就是用文(划)把语言记录下来,用现代信息科学观念表述即将听觉的声音转化为视觉的形象(拟形)。古汉语即文言文是指以中国先秦时代的口语为基础形成的一种书面语言。现实证明:在口语和书面语的长跑比赛中,书面语永远是一个笨拙的运动员,因为口语随社会生活多变而随机,书面语言则要求相对规范统一。当文言文追不上口语的变迁时,为了适应口语,人们发明了白话。它是以口语为基础的书面语。

2. 汉字·思维　汉字是有视觉(拟形)、听觉(拟音)、触觉三重特性。拼音文字的拟形部分已被抛弃,因而没有了会意功能。①汉字表意性便于形意互见,为速读提供了天然条件。汉字是表意的事理性文字。一个汉字对应其事物,事理背景。由于这个背景,汉字可以依托事物,事理的不同属性进行分类,可以触类旁通,望文生义。中国人在创建汉字体系的同时就架起了分类学基本框架。对事物分类是现代科学研究的起步理念。汉字本身蕴含了科学性和系统性。字母拼音文字则需要另起炉灶,发明一个分类学。汉字本身反映了复杂的思维关系(文化内涵)如数理逻辑关系的启蒙:一、二、三;人、从、众;木、林、森等。②汉字声韵并茂。汉字近 5 万字之多,但却只有 417 个音节。由于汉字创造了独特的"四声"调式,因此派生出 1313 个声韵,进而汉字具有"同音异意字"多的特点。这种拟音上的平仄,抑扬顿挫,在听觉上就生产出脍炙人口,流传百世的唐诗、宋词,元曲。汉字的诗词歌赋特色又与方言(地方特产读音)结合,孕育生成数百种戏剧曲艺如京剧、越剧、相声、昆曲等等。③汉字是拼形文字,具有二维结构性。汉字的平面二维,方形整体结构性呈现平面图式符号的"基因"。书写汉字必须熟悉方位,精确操控空间布局。这一特性催生了中华文化独特的艺术形式——汉字书法。书法进一步派生出图画,书画同源。④视觉上,书写汉字以方形整体单体字为统一标准单位,排版布局灵活多样,可横排(从左到右或从右到左)、竖排,斜排。音素字母文字一般只有一种从左到右鱼贯式横排。这一特色演生出汉字的"印玺"文化如奥运中国印。印玺文化诱导了毕昇发明活字印刷术。汉字的布局特点还衍生了"楹联"文化。楹联又关联到中国建筑、起居生活,婚姻家庭、古代礼制、祭祀、丧葬习俗和社会制度等文化现象。⑤汉字形音意结合,属于复脑文字,可充奋发挥左右两个大脑半球的功能。语素文字,是世界上单位字符信息量最大的文字,构词能力强,常用字集中,并且汉字语法有一种特别现象意合。不管词组合成句,还是单句组合成复句,首先要语意的配合,不拘于语法形式的使用,几个负载着重要信息的关键词在意义上大致配得拢,就能意赅言简地达到交流目的。这几个词组合在一起就是"意合",意合表达言简意赅,意会神摄,直观达意。从阅读方向看就是意会。

总之,汉字很好地实现了思维的超时空性。时间上,汉字继承和传播古代中华文化遗产。中国儿童可读2000年前的《诗经》。《三字经》之类通俗读物更是流行至今。拼音文字由于随语言流动,百十来年前的文字,现在人读起来就困难了。在空间上,中华文化圈地域辽阔,方言众多,且南腔北调,差异极大,但只要写成汉字人们思维就沟通了。汉字统一了我们的思维方式,维护了中华民族大家庭的融合团结。

(三)汉字的现代化　古老的汉字到了近现代却显露出封闭落后的一面,遭遇数度危机。因为汉字书写复杂,有人认为汉字是教育和信息化瓶颈,并有汉字拉丁化,甚至废除汉字的推动行为。然而汉字显示了坚韧包容,自力更生的生命活力。

第一道坎的跨越:从文言文到现代汉语。由于封建社会的闭关锁国,科学技术及民主政治停滞落后。鸦片战争打开古老帝国大门,洋人、洋货、洋枪涌入国门的同时,也引进了许多洋文字,或来自东洋,或来自西洋。1892年,清政府开始尝试用拼音文字为中文建立一套拼音字母系统。新文化运动和白话运动进一步采用拼音文字的标点符号,中文传统不分句逗的单字堆积记录变成了现今的分句写法。20世纪初,矛盾、鲁迅等人提出拼音和汉字并用的"双文制"主张。古老的方块字作为记录汉语言的符号并没有"死亡"而是在吐故纳新中获得了新生。

第二道坎的跨越:汉字注音到汉语走向国际化。1958年,现代汉语拼音方案问世,随后中国科学院科学院语言研究所编写的《现代汉语词典》出版发行,它采用以拼音字母为主排列中文词汇的方法,获得巨大成功。汉语拼音方案解决了中文语音字符的问题,有利于国内、国际中国语文的教学,有利于中华文化走向世界。

第三道坎的跨越:活字印刷术到汉字电子数字化。在商周时期汉字书写工具有竹简,刻刀,剞劂(一种在金石上镂刻文字的金属工具)然后又发明了文房四宝:笔、墨、纸、砚。20世纪80年代初,计算机初入国门。1983年前没有汉字输入法。蔡伦发明了纸,毕昇发明了活字印刷,但打字机没能诞生在中国。汉字缺少了中文打字机的普及阶段,直接跨入了电脑中文信息处理。计算机设计之初不可能考虑汉字输入问题,加之汉字输入计算机比较困难,所以计算机进入中华文化圈时,又一次引起了汉字危机。1983年我国科学家开发出汉字编码输入软件,汉字的电子数字化技术瓶颈问题解决。

目前中文输入法上百种之多,可分为三类:拟音输入、拟形输入和拟音拟形混合输入。

第四道坎正在跨越:汉字的网络传输与键盘输入。汉字编码输入软件基本上解决了汉字的计算机输入,存储、输出技术问题,极大地提高了中文写作、出版、信息检索等文字工作效率。但是在当前网络信息时代,汉字传输操作还有两大难题急待解决。其一,世界汉字编码字库标准统一问题。2000年中国推出汉字编码国家标准《汉字编码字符集——基本集的扩充》GB18030—2000共收汉字27484个,解决了邮政、户籍整理,古籍研究等领域的迫切需要。问题症结在于:庞大的汉字编码字库之间总是存在矛盾。这一点不如字母拼音文字,它在键盘上就解决了不存在字库问题。其二,键盘输入与网络语言对汉语言文字的冲击。网络语言不是面对面说出来的,也不是用毛笔写出来的。而是用手指在键盘上敲出来的;汉字必须通过26个英文字母才能输入计算机。书写工具决定书面语言的表达形式。目前,中国网络语言的汉英杂糅不可避免。学生作文出现+U(加油)、886(拜拜了)等一类老师看不懂的网络语言文字,这是无可奈何之事。希望随着科技进步,汉字的语言输入,手写识别,光学字符识别(OCR)等的成熟、普及,汉字的计算机录入将不再成为障碍。

三、智育：传承智能，开发智力

（一）关于智育

智能以信息的方式存在，智力是人脑神经系统加工处理信息的能力。人类祖先传递给后代有两大基本信息系统：①由细胞染色体传递的生物遗传密码。②由神经·生理为基础之上的社会·心理机制传递的语言文字能力。后者就是教育和学习。

1. 智育概念　智育是教育的重要组成部分。智育是智能教育的简称，它指向受教育者有目的，有计划，有组织地传授系统的文化，科学、生活知识及技能的一种活动。智育具有时代性，其内容和手段都随人类智能的进步而更新，类似于计算机软件系统版本的升级。古人云："聪以知远，明以察微。"聪明的人可以洞察四方，彻听天下；见微知著，观察到事情细微之处。聪明属于先天，聪明的人比比皆是，但光有聪明没有智慧，还不能实现幸福人生。人要聪而能慧，明而生智，才是真正具有高智商的人。智能、智力、智慧要靠后天智育和学习获得。

2. 对智育的比照说明　从生理器官看，智育是对大脑神经系统的训练开发。电脑是人脑的镜子，它可以帮助我们理解一些智育问题。先给读者讲一个《裸人国》的传说：

相传唐朝的时候，有两兄弟各自办了货物一起出门做生意。他们漂洋过海来到孟加拉湾海的安达曼——尼科巴群岛（Andaman——Nicobar）停泊在尼科巴岛边上，发现当地岛民都不穿衣服，被称作"裸人国"。

弟弟说："岛上的风俗习惯与我大唐完全不同。我俩要入乡随俗，照当地人的风俗习惯行事，谨慎言语行为和他们搞好关系，才能做好买卖。"

哥哥不同意："这里岛民真愚昧落后，一点羞耻心都没有。我是文明人，礼义不可不讲，德行不可不求。这太伤风败俗了。"

弟弟说："殒身不殒行，这也是佛教戒律允许的，不少古代先贤虽然形体上有所变化，但行为却十分正直啊。"

哥哥说："这样讲，那你先上岛上与他们接触洽谈，我在这儿等你。"

弟弟登岛先进入裸人国。十来天后，他返回告诉哥哥："哥，首长说必须按他们国家的风俗习惯，才准许做买卖。"

哥哥上岛后，还很生气；"有人不做，畜生行事，不知羞耻，成何体统。我绝对不能像你一样入乡随俗,有伤风化。"

裸人国岛民初一、十五晚上用麻油擦头,白土画图腾在身上,戴上各种海贝壳饰品,敲击木鼓,男女手牵手欢歌跃舞。

弟弟学着他们的样子参与他们的歌舞欢庆。大家都很喜欢弟弟。岛上国王高兴地买下了弟弟的全部货物,并付给他数倍的价钱。

哥哥上岛后,以文明人自居,死活不肯入乡随俗,还鄙视当地岛民没文化,不知羞耻。这引起国王和岛民的愤怒,哥哥被狠狠地揍了一顿,全部财物被抢。幸亏弟弟说情,哥哥才没有被处死。

告别裸人国时,弟弟受到热情欢送,哥哥却遭岛民淹骂。

哥哥很生气,但也奈何不得。(故事据《大唐西域求法高僧传》卷下义净自述行程改编)

故事之后,我们来界定两个概念:裸机和裸人。裸机四个层次的定义:①没有贴商标的机电产品机器。②对于智能机电产品而言,只有硬件没有软件。③对于电脑而言,只有硬件部分和出厂的 BIOS 系统(基本输入\\输出系统),但没有配置操作系统和其他应用软件的电子计算机。④安装了操作系统和应用软件,但没有加入通讯网的手机,寻呼机和电脑。

比照裸机定义:"裸人"概念也有不同的层次。初生的婴儿可类比第三个层次的裸机:人之初已具备了"硬件"和"基本输入输出神经——生理系统"。智育和学习就是在裸人的基础上,加载社会——心理系统以实现人的运行功能。对一个人而言,智育是被动地加载信息;学习是主动地加载信息,这一点是机器电脑目前无法企及的。因为它没有"自我意识"。智育的具体操作,此处不再细说。给人加载信息总绕不开语言文字传统的文化,我们转入下一话题。

(二)文化基因

关于裸人国的传说我们可以用现代信息论观点分析:尼科巴岛上的人虽然不穿衣服,并非没有文明、文化。只是岛民与唐朝兄弟安装的社会——心理信息系统差异比较大。通俗地讲就是文化版本不同,两种文化之间兼容与不兼容的问题。文化象生物基因一样可以传承。

1. 文化基因概念 1999 年荷兰科学院院士施丹人(K·M·Schipper)提出"文化基因"概念,并著《中国文化基因库》一书(北京大学出版社出版)。他说:"事实证明,文化发展,传播和多样化的模式具有与生物进化相似的特征。另一个令人信服的事实是,在基因谱系和语言进化谱系之间有着很大的关系。"显然,文化基因是社会科学领域从生物学借用比喻来的一个词语。文化基因是指构成文化系统的基本因素,那些与一个民族的普通人日常生活关系最密切的,具有鲜明民族特色的基本文化因素如中华文化的筷子。文化基因既古老渊远,又必须有生机流长,它伴随着一个民族生长,发育和成熟。如同生物遗传基因在细胞体内自体繁殖一样,人类文化基因在社会的细胞体——家庭内延续。老百姓常说:"有其父母必有其子女"就是文化基因遗传的通俗解释。

2. 文化基因构成及遗传　人类文化基因大的构成可分三部分:物质文化、精神文化和社会制度文化。物质文化又叫物态文化,指经人加工造成的器物,技术等非人格化的客观实在如中国的长城文化,法国的艾菲铁塔等文化技术遗产。

精神文化又叫观念文化,指加工改造自然及自身的过程中所形成的精神的,道德的人格化的主观虚在,如宗教信仰、民俗、伦理。社会制度。狭义的文化基因仅指精神部分,它包括语言文字,宗教信仰和生活习惯。语言文字不仅是交流的工具。其中隐藏着一个民族的思维习惯和审美情趣。一个民族的文字越悠久,所记录的民族记忆就越丰富、牢固。不易被其他文化所冲垮。一种语言文字消失,也就更换了交流传承智能信息的工具,丢失了一个民族精神行为的特点,从而危及民族的生存。

社会制度文化是在一定的历史条件下形成的人们的社会关系以及与此关系相关的社会活动规范体系。社会由共同物质条件而互相联系起来的人群组成。一群人生活在一起就必定要建立一套"规矩"。这套要求大家共同遵守的办事规矩和行为准则即社会制度。

社会制度的
三个层次:

①总体社会制度(或社会形态),如封建专制社会,资本主义制度,社会主义等。

②社会中不同领域的制度,如经济制度、教育制度、婚姻制度等。

③具体的行为模式和办事程序,如考勤制度、请客送礼习俗、给小费行为等。

文化基因可以遗传。文化遗传是一种主要通过教育来实现的"获得性"的遗传。这样,文化可以在人类的代与代之间积累性地传递,更新发展,形成社会文化进化。社会文化进化包括人类智能的发展,人类与其他生物关系的协调,人类社会形态的演变,文明的形成,传播和消亡,到现代人类文化影响已遍及地球,发展到宇宙空间。

文化进化主要依靠人类的大脑,因为文化观念主要是在人脑中形成和发展的,然后经过各种文化传播途径(如广播、电视、集合、建筑、道听途说、口耳相传等)从一个人脑进入另一个人脑。文化观念(信息)在人脑之间传递,生存、复制、变异。这与生物细胞内 DNA 信息的复制和变异十分相似。

中华文化遗传基因是反映在时间长河中,在不同地域空间中,能够世代传承的中国文化基本元素,汉语言文字就是中华文化基因图谱中显著的密码符号。遍布全球各地的唐人街就是注解。

文化进化以生物基因进化为基础,并取代了生物进化的首席位置。

(二)关于学习

教育的另一面是学习,两者不可分离,共同推动社会文化进步。比照电脑程序的安装来说,学习是人脑"自我"信息的加载,校正。还以裸人国传说为例,弟弟善于学习,适应环境,更新观念(也可叫人的程序软件)成功地进行了情感价值和物质能量交换。学习又叫自我教育,这一点机器智能是做不到的。因为只有进化到生物层才有自恰,自组织现象。

1. 从信息论学习　最早把"学"与"习"联系在一起的是孔子那句名言:"学而时习之,不亦说乎?"

学:指获得信息,通过五官特点知识、技能内化,主要有接受感性知识(生活、生产、娱乐等)、库藏知识(书本、音像、博物馆等)。这一过程离不开"思"——和原有脑中信息进行兼容组合。习:人脑信息输出、反馈,通过五官肢体将意志外化,有不同层次:复习,模拟实习、生产实践。习的过程则重于外显行动。教育学这样定义学习:学习是累积智能信息,提高智能水平的过程,具体讲即获得知识,形成技能。

从智能信息角度考察:学习是学习者吸取信息并输出信息,通过反馈与评价得知正确与否的整体过程。学习的内涵:主体与环境的相互作用,经过内化而获得经验,外化行为表现出活动。学习形式之一是读书。读书分为两种:第一种灌输性的读书。又叫上学,规定时间,地点、人物、进行教与学的活动。书是一种工具。第二种吸收性的读书,无时间、地点限制,作者与读者进行异度时空的对话。学习的外延最少有四个层次(如图)包括人脑的一切信息更新活动。

2. 从生物学看学习　学习是生物信息在后天的延续扩张。一切生物的存续都必须与环境发生物质、能量、信息交换、以适应环境与环境保持平衡。学习即生物与环境的信息交换。在生物进化历程中,处于不同层次的生物与环境的习得关系是不一样的。一般而言,生物依靠先天遗传的种群本能行为,适应相对固定或变化较小而缓慢的外部环境;比如植物适应固定环境本能强,生存上万年,但是移动它就会死亡。生物通过后天学习获得个体经验,形成本领行为,可适应相对迅速变化的环境,比如动物适应固定环境没有植物强,但面对变化的环境其实习能力却强很多。动物越低级,出生时适应环境的本能越大,生存方式简单,信息系统固化早、学习行为少;动物越高级、早期适应环境的本能低;生活方式复杂,信息系统没有固化、可塑性大,后天学习行为多。人是最高等生物,早期固化信息本能极少,独立生存能力极低,离开成人养育,人类婴儿几乎无法存活。但是,人类有极强的后天习得能力,因为学习,人类才能够成为万物之灵。

动物遗传本能与学习本领的关系

生物进化历程	大脑神经系统	生存本能	生存本领	学习行为	社会性
低等生物	神经系统不发达,固化早	强	弱	少	少
高等生物	神经系统发达,固化迟	弱	强	多	多

环境信息影响人的生命过程,学习促进人的社会——心理成熟。儿童心理学家指出:儿童年龄渐长,自然及社会环境影响的重要性将随之增加。脑科学证实:早期学习对人的感觉器官和大脑机体功能的发育有一定影响。教与学既不能等待成熟,贻误时机,也不能揠苗助长,欲速不达。找准教与学的"生长点"施以恰当

内容、合理方式、适度刺激,才能促其健康成长。

人类文明延续和发展就象一场接力赛。前辈人总结劳动,生活经验,形成知识和技能,传给后人就是教育;后辈人吸收前代人的知识和技能就是学习。在前人经验的基础上,适应环境和时代的变迁、探索未知、丰富前人经验就是创新。人类文明历程就这样代代传递、延续、发展。

第三节　智能迭代

题记:未知就像黑夜一样,好奇的人类用智慧的光芒去照亮。

一、文明:智慧之光明

(一)文明概述

什么叫文明? 要回答这一问题,我们首先会联想到三个词——人、历史、社会生活。从文字起源考察,"文明"这个词是主谓结构:"文"是个代词,代表与人有关的精神——人脑操控的语言符号系统是文的基础;"明"作动词用,像日月一样照亮——获得或发出信息。两个字组合生出词"文明"和"明文",它们都有"用精神(人脑思维)去照亮"之效果。从前老百姓把不识字的文盲就叫"睁眼瞎"。

作为动词,文明活动有两个层次。第一层必须认识。认知/未知是文明与否的界限之一,我给您讲个寓言故事:

知无涯

楚人有生而不识姜者:曰:"此从树上结成"。或曰:"从土里生成"。其人固执己见曰:"请与子以十人为质,以所乘驴为赌。"已而遍问十人,皆曰:"土里出也。"其人哑然失色,曰:"驴则付汝,姜还树生。"

北人生而不识菱者,仕于南方,席上啖菱,并壳入口。或曰:"啖菱须去壳。"其人自护所短,曰:"我非不知,并壳者欲以清热也。"问者曰:"北方亦有此物否?"答曰:"前山后山,何地不有!"

夫姜产于土而曰树结,菱生于水而曰土产,皆坐不知故也。……物理无穷,造化无尽,盖一例以规物,真瓮鸡耳!

——明·江盈科《雪涛小说》

寓言给我们启示:以人为中心,人认知的领域纳入了文明范畴,未知的领域属于野蛮。人脑主观反映客观是一个永不停休的过程,知识更新就如同电脑软件升级一样,要活到老,学到老。一个人的认知更是有限的,千万不可"夜郎自大"。

第二层即在认知的基础上对客观世界进行改造。宇宙——地球——人,原本是自然的,却因为人脑智力产生了地球上的人类文明。适应/改造是文明与否的界限之二。生吃是自然,熟食是文明,火被发现之后,才能衍生出饮食文化。与一般动物比,人类享用无数的美食。亚当和夏娃赤裸全身是天真,用树叶遮挡即产生了文明,从此在人类的大脑中安装了"害羞、禁忌、道德伦理"等程序,也演绎出世界各民族炫丽的服饰文化。此刻的地球无处不有人类的文明,事例不胜枚举。一句话,小小人脑产生的文明几乎控制了大大的地球,并且要超越地球。

作名词用,文明是人类文化的结果。文明是人类创造物质财富和精神成果的总称,标志着人类社会进步和开化的状态。物质文明是人类在社会历史发展中所创造的一切物质财富,各种生产资料和生活资料遍布城市、乡村等人类居住的场所。精神文明是人类社会发展进程中所创造的精神财富,包括神话宗教,科学技术、知识教育、道德思想等等。历届世博会都集中展示了当时人类文明进步的最新成就。上海世博会主题:"城市让生活更美好"在全球城市化的大背景下,更突显出信息社会知识经济的特色,生态环保低碳生活的理念。文明随着历史长河,从昨天流到今天,从今天流向明天,文明的光芒从中观照射向微观、宏观。总之,文明是一个与人学相关的动态概念,文明属于人类,源自大脑的机能——思维。文明的实质是大脑神经系统控制下的人类自由、解放、平等。

(二)文明的计量:时空

作为物质的人生存在时空中,然而我们对时空的把握却是"人为",属于人脑"明文"的规定。你在阅读的此刻必定占住一定时空:公元某年月日时刻,在某地如教室座位上、书店里,或林荫边……也许在某太空点。人类时空概念不是从来就有的,《桃花源》里的人们就"不知有汉,无论魏晋"。精确的时空观念产生于人类文明之后,却用来计量人类文明和自然历史,这是否有点悖论呢? 还是那句话:人是万物的尺度。

1. 物理时空　宇即空间,宙即时间,宇宙由物质(天体)在时空中运动或者说:物质运动形成时空。早在公元前4世纪战国时代庄周的学术朋友惠施就说:"至大无外,谓之大一;至小无内,谓之小一,"即最大的物质是其外面没有其他的物质——宇宙,最小的物质是它的内部没有其他的物质——基本粒子。至大至小都超出了我们的感知阈限,只能通过思维想象去把握,这是科学哲学。关于时间,惠施又说:"今日适越而昔来"可以解释为夸越国际日期变更线新一天的时间就改变了。今天的科学证明:人类的摇篮地球绕太阳公转一周为一年,自转一周为23小时56分,月球是地球的卫星,绕地球一圈为一个月。地球的自转产生了地球上的昼夜交替;地球自转轴与地球公转轨道面不垂直,产生了地球上的四季变化及地球五带(热带、南北温带,南北寒带)的区分。日地月等天体物理运动形成物理时空,它是我们人类在地球上感知的自然时空的基础。

2. 自然时空　天体物理运动决定了地球上一切生物的环境空间自然分布——从赤道热带雨林的丰富生物到两极天寒地冻;决定了一切生物的生命节律自然变化——四时更替、寒暑推移、万物生灭;日升月落、阴晴圆缺、涨潮落潮,雨雪风霜,朝出暮归或昼伏夜行。生命的律动无不伴随着时间起舞。自然时空不是匀速的物理时空,它有了生命的能动。作为万物之灵的人类。其时空观念最初都是在自然环境中萌发生成的。自然万物的运动变化激发了人类时空意识。注意:地球上不同纬度地区的人们感受到的自然节律是不一样的,还有旱季雨季、长昼极夜。

3. 人文时空　自然空间时序是人文时空观念的基础。人生存的环境自然决定着人的生活方式,昭示着空间和时间的存在。先说人类对空间的把握。出生不由己就包括最初生活环境的选择不由己。每个人都将逐步形成家的空间概念,乡的空间,国的空间等概念,并产生亲近依念的情感。人类对空间的把握正是基于这种身体感观的直接感知:脚下的地是方的,头顶的天很高,太阳从东边的地平线千起,在西边的地平线消逝,所以天是圆的。这是人类身体能感知的中观空间——天圆地方。然而人脑的想象和探索的脚步永不停止。至小方向的细胞、分子、原子……基本粒子;至大方向的地圆说,地球中心论、太阳中心论……宇宙学说等都得到了科学实证。钱学森提出宇宙五观说:渺观——微观——宏观——宇观——胀观。

再说人类对时间的把握。时间没有质感,是一个不能用感官感受却有能体验到的实在。人类对时间的把握只有通过特殊的标识如日影、物候、沙漏、燃香、时钟等等。与空间的规定性——命名或地名一样,时间的规定性也是一个人为的概念——人为了某些目的而把概念(文化)投射到自己的环境之中。如果没有父母的告知,一个人是不可能知晓其生日的。生命的起源、人类的起源不能被告知,于是这些迷题衍生出神话、宗教、科学。对人类而言,纪年时间是一个不知道生日的孩子长大后的随意选择。英国人类学家利奇说:其实我们是通过创造社会生活的间隔来创造时间的。标识时间本身是人类文明的体现,人类智力发达到一定程度之后的结果。

电脑的右下角有一个"时间和日期",它来源于内置的计时系统。当今的人脑绝大多数安装的是公元纪年日期时间体系。公元纪年制度已被世界大多数国家采用,它规范了全世界人们的思维、行为、信息交流程序。

智能补充

基督纪年

公元1年,在中国正好是西汉平帝元始元年。

公元是"公历纪元"的简称,国际通用的纪年体现。它产生于基督教盛行的6世纪。公元525年,一个叫狄奥尼西的僧侣,为了预先推算七年后(即公元532年)"复活节"的日期,提出了所谓耶稣诞生在古罗马的狄奥克列颠纪元之前284年的说法,并且主张以耶稣诞生之年作为起算点的纪元。这一主张得到教会的大力支持。公元532年,教会正式把狄奥克列颠纪年之前的284年作为公元元年,并将此纪年法在教会中使用。到1582年罗马教皇制定格里高利历时,继续采用了这种纪年法。由于格里高利历的精度极高,而为国际通用,被称为公历。从此,教士所臆造的耶稣诞生的年份便被称为公元元年。

人文时间以自然时间、物理时间为基础,但人文时间的起点和刻度名称是人脑的主观臆造。历史上关于纪年的方法有很多,如中国的帝王年号纪年法,干支纪年法;伊斯兰教纪元、佛教纪元、犹太教纪元,希腊纪元等。我国从辛亥革命后的次年(1912)起采用公历月、日,但同时采用"中华民国"纪年。中华人民共和国成立前夕,1949年9月全国政协第一届全体会议协商决定采用现今的公元纪年体系。

4. 心理时空　物理时空的无限与未知、自然时空的变幻与莫测、面对难以把握的时空,人们认为时空背后是神秘的上天,只好慨叹:天有不测风云,人有旦夕祸福。心理时空要求人们敬天顺时。人们为了生存繁衍,为了维护日常生活的秩序将时空赋予心理伦理意义如空间方位的意义北上、南下、西方极乐世界、今日出门宜向某方位等;时间的意义;年节为新旧交替的转折点,旧死新生的神圣时段,生日、忌日、卜日择吉,出门办事、生孩子、红、白喜事都要看看老皇历,选个日期时辰。这些都是人们的心理时空观念。

开心一刻

风水

有酷信风水者,动辄问阴阳家。一日,偶坐墙下,忽墙倒被压,大呼救命。家人辈曰:"且忍着,等我去问阴阳先生,今日可动得土否?"

——明《笑林》

5. 虚拟时空　它是微电子数字技术与人脑思维结合产生的心理时空,在此不再赘述。

(三)文明历程

语言的产生、文字的发明是人脑智力的结果,同时又为人脑智能信息的交换、生产、储存提供了条件,因而人脑智能信息可以传承再生并增殖,形成今日光辉灿烂的人类文明。这就是人类文明历程。人文时空概念系统的臆想,尔后约定统(同)一,这为人脑思维程序制定了一个框架,信息交流搭建了一个平台。在这个平台框架基础上,人类才有可能去探寻自身的历史,进而幻想自然、地球、宇宙的历史和未来。下面我只简约谈人类文明的历程。

1. 河边的一条　路在《人类本性与社会秩序》(华夏出版社 1999 年)一书中,美国社会学家库利给文明定义打了一个生动的比喻:他用一条河流和沿着河边开辟的一条公路来比作人的一生。就个人而言,丰富的汉语言对此早已又了精确的描述:生命与人命。生命强调自然属性,是哪条河,生物体系所具有的活动能力;人命强调社会属性,是哪条路。后天的教育文化形成智能,是人学研究的范畴,如老百姓讲"生不逢时""生逢盛世享太平"等,说的就是人的命运问题。人命更多地与人脑智能信息有关。比如植物人,它具有生命体征,但大脑神经系统不能正常与外界交流信息。

从人类历史长河来看,自然史是那条河,关乎人类生命的起源、进化;文明史是伴随河流的那条路,关乎人类智力、智能的起源和进步。

2. 文明之路的里程碑　由于人脑是一个时空经验记录器官(经一事长一智,见多识广等),初生婴儿大脑生物机能并没有发育成熟,所以越往前推记忆越模糊,甚至没有。随着时空经验的刺激,大脑记忆信息的累积其智力机能逐步完善,这一过程就叫启蒙开化。人类智慧之光——文明也是如此,由黑暗到模糊,逐渐清晰到光芒四射。

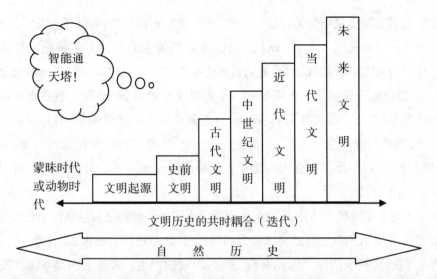

文明历史的共时耦合（迭代）

自 然 历 史

①前文明　有文字记载之前的文明我们称为史前文明。文字诞生前,原始人已经创造了程度不同的文明,考古工作者根据遗址、遗迹和遗物来推定人类文明的史前史。工具的使用是原始技术的萌芽,标志着人类创造自身的开始。人类最早使用的工具是语言。然而不可能留下口头语言实证。火的使用是人类文明的第二块里程碑。人类先使用天然火——著名的希腊神话:普罗米修斯为人类盗取天火的故事;然后发明了人工取火——燧人氏钻木取火故事。燧人氏钻木摩擦生热生火的技术更昭示了中华民族先祖智慧的火光。前南斯拉夫的一个旧石器时代遗址中,考古学家发现了一根烧焦的木棍,它一端光滑明亮,由摩擦造成,据此证实:至少50万年前人类已掌握人工取火技术。

人类史前文明	考古分期	绝对年代（万年）
直立人	旧石器时代早期	300—30
早期智人	旧石器时代中期	30—5
晚期智人	旧石器时代晚期	5—1B·C
现代人	新石器时代	1B·C—0.4B·C
	青铜器时代	0.4B·C—0.1B·C

金属工具的使用——人类文明迈进了更高级的阶段。

②明文史　文字是文明史的第三块里程碑,从此开启了有记录的历史。上一节我们讲了《从文到字》,这里不再重述。汉字形成至今至少已有4500年了。3000多年前产生的甲骨文,已经能够完整地记录语言,形成完整的文字体系。依

据文字记载文明史又划分为神话·宗教文明、技术·科学文明、电子·数字文明。

神话·宗教文明 人类的幼年时代,人们用臆想的神话来了解把握周围事物。那时的人类心智初开,对周遭的自然现象缺乏了解,认知肤浅,生命时刻受到大自然的威慑,寿命极短。人类如同一个好奇而恐惧的孩子,对一系列奇妙神秘的自然现象"百思不得其解"的情况下,只好做出最直观简单的解释:将自然比赋为人类,自然物或现象拟人化,人格化——雷公、风婆、山神、河神、盘古、女娲、夸父、刑天等等,每一个神都有人的影子。泛神的时代显示了人类的幼稚和对强大自然的无能、无奈。

人类的童年时代,人们用宗教的主观规定方式来了解和把握世界。毕竟人类是万物之灵,随着人们战胜自然灾害能力的增强,自然万物也就不再那么"神"了。生产力水平提高,剩余产品导致私有制,家庭、国家的产生。人类的内部斗争突显出来,生命的肉体痛苦仍然存在;泛神论虽然退出了历史舞台,但是一些本源终极问题又困扰着人们。贫苦大众为了解脱肉体的苦痛去寻找神灵帮助;剥削统治阶级为了钳制民众的思想采用终极的神灵幻想去安抚百姓。于是众神归一神而形成宗教。宗教是神话的高级版本。现今的基督教、佛教、道教、伊斯兰教都形成了完整的体系,它们是人类文明的一部分,同时为人类文明作出了贡献如纪年时间体系、艺术、建筑等。宗教源起于人类的童年,宗教信仰迄今影响着我们这个世界。

神话与宗教是用一个更大的未知(神)来解释小的未知(自然现象),更远的未知来阐解目前的未知,但是它们并不完全排斥技术和科学。有教徒是科学家,有科学家也信教。

技术·科学文明 人类在成长,随着人们实践的深入,认识的拓展、知识的累积,人们开始意识到从前的神话宗教不尽合理。技术和科学采用了与神话宗教相反的思维方向。寻求事物实际存在的根据,在生产、生活实践中搜寻世界事物现象实实在在的证明就叫实证。实证否定主观规定。

早期的科学与神话、宗教、技术有着千丝万缕的联系,如道教的炼丹术就与化学、化工有关。科学和技术从前也没有现今如此至爱亲密合称科技。在古代技术与科学的关系并不密切。技术由一些无名的奴隶工匠使用传授;科学由一些有知识、有学问、有身份的人所掌控。当今社会,科学不断导致新技术的出现,同时新技术又促进科学的发展。人们常说:科学是认识世界的学问,技术是改造世界的方法。科学与技术结合开启了人类近代文明之门,并一直延续至今。科技在文明之路上树起了一座座丰碑,如牛顿力学与瓦特蒸汽动力机的发明,望远镜的制造于天文学,显微镜发现微观世界,法拉第的电磁感应定律开启了电气时代,爱因斯坦揭开了核能与太空时代的序幕,计算机的诞生宣告信息时代的到来。科技文明群星璀璨不胜枚举。

在人类漫长的文明史上,一直存在着哲学家(从前科学家被称作自然哲学家)传统和工匠(现在叫技术员)传统,他们共同构成了科学的历史渊源。科学要求人们:第一,要有深邃的思想,强烈的好奇心,问天问地,去寻找人类心灵的家园,解释世界图景。第二,要有精巧的双手,创新发明科学仪器。工匠制造的仪器、仪表、机器极大地推动了科学的进步。现代计算机及网络系统就是科学与技术、思想与工艺的完美结合。

电子·数字文明 它是当代科技文明的一支,其特点就是虚拟。虚拟将客观与主观融合以电子数字的形式显示、传播、存储。虚拟世界属于客观世界与主观世界之间的第三世界。电子数字科技深刻地影响着人脑的思维,如网络社会中的游戏,也根植入了现实社会经济,政治文化,艺术生活的方方面面,从80年代初电子手表到太空飞船的操控,从短信拜年到美国总统选举网站,从电子小玩具到上海世博会中国馆《清明上河图》动感逼真。一句话在神奇的信息科技时代,画饼不可以充饥,但是画饼可能卖钱。这就是知识经济的通俗解释。

知识拓展

中化文明亦称华夏文明,世界上最古老的文明之一。中华文明史源远流长,有史可考的中华文明起源于黄帝部落时代。黄帝被中华民族尊称为"人文初祖"。从那时至今,中华文明绵延五千多年。四大文明古国比较,只有中华文明保持两个没有断流:第一,自然历史,人种没有变,其间虽有少数民族执政统治,但都融入了中华民族大家庭。其他三大文明古国遭入侵,人种已灭绝或迁出。第二,文明史,中华文明延续至今没有中断,三千多年前的甲骨文方块字演化至今,二千年前的《老子》《论语》等今日仍能阅读。

二、教育:点亮心灯

站在21世纪的人类,回顾历史:从神话宗教到技术科学一路文明之光闪烁;眺望前方;无穷宇宙未知的暗夜。我们正高举智慧文明的火炬前行。教育就是传承文明,创造文明,点亮心灯。

(一)往过来续的文明

《论语·子罕第九》记载:子在川上,曰:"逝者如斯夫! 不舍昼夜。"可以想象:2500年前孔子领着几个学生站在家乡尼山的南麓,凝视着五川汇流,江水滔滔,心中对天地万物,自然时空,人生苦短的感悟和慨叹。清朝末年康有为这句话作注:"天运而不已,水流而不息,物生而不穷,运乎昼夜未尝已也,往过来续无一息也。是以君子法之,自强不息。"也许库利的河流公路比喻在这里受了一点启发吧。文明是流动的,教育也是流动的。在谈教育之前,我们要弄清一个问题:人类文明进步的规律。

1. 文明的兔子数列

话说公元1202年意大利数学家斐波纳妾在《算盘书》中提到这样一个问题:有农民买来一对兔子,想知道一年内可以繁殖多少对。他把兔子圈养起来。(如图,用○表示一对小兔子,用●表示一对成年兔子)如果每对成年兔子每月生一对小兔子,小兔子长一个月时间成年,到第二个月可繁殖,假设所有兔子都能存活,那么一年满,该农民有多少对兔子呢? 我们从1月1日0时记算起,第2月1日出生1对兔子,第3月1日有2对兔子,第4月1日有3对兔子……如此累进叠加形成兔子数例:1 1 2 3 5 8 13 21 34……兔子数列最显著的特点就是任意前两项之和构成后一项,而且可以向数轴正负两端无限延伸。

美国有杂志《斐波纳妾季刊》专门刊登关于兔子数列的最新发现。世界上许多现象都符合兔子数列规律,如一棵树的生长分枝开叉。通俗一点讲,知识是自增长的,人类及其文明的发展同样遵循兔子数列规律。

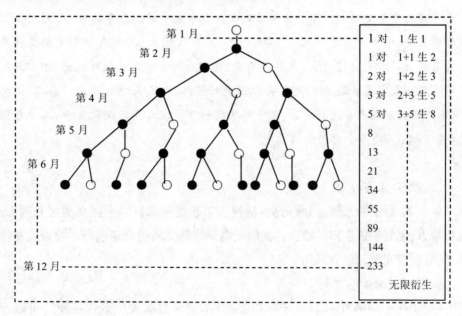

236

地球上各种生物都有很强的繁殖能力,人类也不例外。试以孔子后人为例;从2500年前至今。孔子世家繁衍至八十三代,超过200万人。如从中华文明始祖黄帝算起迄今五千年,假设平均20年为一代人,已有250代人了。文明史前人类历史更久远,旧石器时代早期的直立人距今有300万年。一般学者认为:中华民族有三十万年的民族根系,一万年的文明史,五千年的国家史。如果人长生不老,按兔子数列计算,那么这个地球早就容纳不下人类了。这就是进化论的"过渡繁殖"。虽然物质不灭、能量守恒,但是物质的某一具体形态却不能永存,人要生、老、病、死回归自然,人的生物寿命约100年左右。

伴随着人类的无限繁殖趋势,人脑智慧衍生出来的文明也有无限发展倾向,前面我们已讲了人类文明的历程。以农民"修理地球"为例,我想家乡的那两亩地,一年翻耕两次种杂交水稻,这就是农业文明。祖祖辈辈翻来覆去不知把它"人为"了多少次。好在几年不耕种,土地会恢复自然。如果自然没有回归修复能力,也许地球无处不有人的"痕迹"了。再想想工业文明,现代城市文明给地球自然留下的"创伤"不是十年,百年的痛,也许上千年。文明是动态的概念,如同建房子拆了旧的建新的,无论物质文明,还是精神文明,(有知识爆炸说)人类总要打破旧世界,建设新世界。文明火炬一代代人传承往过来续。

2. 现实的新陈迭代　实际的情况:兔子种族并没有象数学理论哪样一生二,二生三,无限繁殖下去。人亦如此,无论哪种造人神话,还是达尔文"物种起源",人贵为万物之灵,却没有出现人种爆炸,文明(知识)爆炸,相反有的物种要灭绝,有的文明要抢救,因为世界受着新陈代谢规律的统制。人类新陈代谢系统是一个从自然获取物质、能量、信息的自组织过程,同时又向自然释放物质、能量、信息的耗散过程。总之,它是一个交换的开放系统,通俗讲就是吐故纳新,方生方死,旧的要去,新的要来。除正常代谢外,偶然,人类还要遭遇天灾,人祸。迄今为止,人类并没有获得绝对永存的保证。

人类新陈代谢的形式是迭代。迭代是指系统内部的演算,系统的前一状态决定影响后一状态。如兔子数列的前两项之和形成后一项,以为人例,上一代从生理到心理都决定影响下一代,愚公的子又生孙,孙又生子,子子孙孙挖山不止就传承了一种勤劳勇敢的精神。考察人类文明演化,"迭代"一词最为恰当:迭有消失、消逝、遗忘之意,"迭"通"叠"又有重复累积,创造更新之义;"代"是划分时间的人文标记。从大周期看,物质运动是永恒的、绝对的,人类生命不可能永生,一切将在时空遂道上诞生,又在时空遂道上消逝。这就是迭代。然而迭代包含叠代,运动并非不居,相对静止使得人类生命及其文明可以存在。这就是叠代。短周期的叠代人类一般可达三世同堂,优秀的可达"四世同堂",五世同堂极少。口耳相传,我们可以听爷爷奶奶讲他们的故事;有了文字,我们可能看古书典籍,与古人对话聆听先辈的教诲。人类文明迭代使教育成为必须,人类文明叠代让教育成为可能。教育是动态的吐故纳新,不仅要传承过去的文明,而且要面向未来不断纳新。

(二)学而知之的教育

1. 人类探索教育的真谛 农村老百姓说:生儿不读书,不如养头猪。家乡农民的话很粗,但理不粗。它形象地道出了教育的本质和重要:人不仅仅是生命基因的遗传,更重要的是智能精神的传承创新。人类超出于动物界,以求得生命的价值,人存在的意义,在于人脑的智力。智力的开发,读书学习,接受教育是最快捷的方式。

再介绍二位教育界的名人:古代的孔子和当代的钱学森。

孔子,名丘,字仲尼,春秋时期鲁国人,生于公元前551年9月28日(农历八月廿七)——卒于公元前479年4月11日(农历二月十一)享年73岁。他早年丧父,家境贫寒,靠自学成才,创办了中国历史上第一所私立学校,并自任校长兼教师,被后人尊称为"万世师表"。在《论语》季氏篇第十六记载:孔子曰:"生而知知者,上也;学而知之者,次也;困而学之者,又其次也。困而不学,民斯为下矣!"他给人脑获取智能信息的方式划分了二种四个层次。我认为"生而知之"是人脑信息交换的两个极端:①生物的本能,与生俱来固化的功能信息:出生的啼哭、呼吸、睁开眼睛、吮吸乳汁、听声音等。生物的本能不用学习。②理想的未来人脑信息交流方式,父母的思想可以遗传给下一代,或人脑之间的信息交换可以像电脑一样对接拷贝。目前为止,人脑获得智能信息的唯一方式是"学而知之"。孔圣人并不认为自己是"天才"。《论语》述而篇第七:"子曰:我非生而知之者,好古,敏而求之者也。"好,喜欢、感兴趣,愉快主动地学习,不是被迫的"困而学"。"古"指先哲遗典、古代典章。人获取智能有两条途径:直接经验和间接经验。短暂的人生通过间接经验增长智能是最有效的途径。敏有两个层次:一是感觉的,情感的反应阈值,有人一触即发,有人麻木不仁,有人读《三国》掉泪,替古人担忧,也有人见棺材不掉泪;二是思维的技巧,广度和深度,比如心有灵犀的意会情思,举一反三,触类旁通的悟性灵感。求就是人天性的好奇,追求真理。人类以自然为师学习直接经验知识,以历史为师吸取间接经验知识。在实践中去发现,印证主观的思想才是求的真义。孔子是传统教育的典型。

当代教育,我首推钱学森,科学泰斗钱学森是中国"两弹一星之父",他印证了20个世纪20年代北京师范大学附属中学教育的成功;同时他一生都关心、关注着中国的教育。在《关于思维科学》一文中,

他提出:"教育科学最核心的也是最难的问题就是人是怎么获取智慧的? 又是怎样去运用智慧解决问题的? 这个基本问题不解决,一切无从谈起。"

2. 人脑系统的安装 谈教育,我想最好拿娃娃们喜欢的电脑做类比说明,这样会更通俗浅显一点。电脑简介:你购买一台电脑,第一步,你要选择"硬件"。所谓"硬件"即指计算机的实体部分,它由看得见摸得着的各种电子元器件,各种光、电、机设备的实物组成,如主机相当于人的大脑;外围设备对应人的感觉器官(味觉、嗅觉暂时没有),不能缺功能。电脑硬件的主要技术指标:①机器字长(CPU一次能处理数据的位数),②存储容量(包括主存容量和辅存容量),③运算速度(单位时间内执行指令的平均条数)。硬件是电脑的先天素质。第二步选择系统软件。系统软件主要用来管理整个计算机系统,监视服务,使系统资源得到合理调度,确保高效运行。它包括标准程序库,语言处理程序、操作系统、服务性程序、数据库管理系统、网络软件等等。系统软件类似于我们的自我控制意识,世界观,人生观。其中的操作系统决定电脑的基本操作方式。操作系统从DOS发展到Windows有许多种,每一种又有不同时代的版本。这就是电脑"思维"的进化。第三步:在系统软件安装成功之后,你要根据购买电脑的用途安装应用软件。应用软件种类繁多,更新得快就象你中学毕业,考大学选择专业一样,决定你将来的职业,会形成实际应用功能。

人脑简介:人脑"硬件"如果把人看作是天然自动机,显然控制人的是大脑及中枢神经系统。它是大自然长期进化的杰作,采用生物电的信息处理模式(医学上又叫脑电波)。人造自动机的杰出代表——电脑采用的是机电模式,在进化历程中比人脑低了两个档次。但是,科学家注意到人的神经系统基本单元——神经元,和电子管(最早的计算机用电子管,现已进化到采用大规模集成电路)十分类似,它们在外部供给很小的能量条件,可以去控制外部大得多的能量系统如电脑操控机器,人脑驱动身体,生命体的人不仅与环境交换物质,能量——食物、水、氧气,而且有信息交换。人通过感知器官,如眼、耳、鼻、舌、身等控制系统中的传感器输入外部的信息流以及输出相应的信息和相应的动作而各外界进行联系和交流。人脑神经系统的机能(思维)以物质流、能量流为基础,但人的思想不是物质流,而是信息。总之,人脑神经系统是天然的时空信息记录,处理、输出器官。初

生婴儿的大脑神经系统"硬件"还在发育完善。"软件"程序并未安装,除了遗传基因固化的程序,如醒(睁眼)和睡(闭眼)外,还没有思想(类似程序软件)。

人脑软件的结构层次　从信息控制的角度考察,科学家认为:人、动物和机器都遵循相同的控制与通信规律。控制论的创始人维纳所著《控制论》的副标题就是"或关于在动物和机器中控制和通讯的科学。"电脑因为是机器,所以它的"思想"只有一个层次:布尔代数加形式逻辑。人及人脑软件具有生命、社会特征:自繁衍、变异、进化、对环境的自适应,死亡等,所以人脑软件(思想)有三个层次。第一层,事物·概(观)念,即人们的认知内容和水平。人脑主观反映客观具有能动性,辩证性和透过现象看本质的能力,电脑只是机械地反映现象,如电脑可以"认识"一个人,但绝对做不到给予准确的称呼。而人脑则会根据环境、人际关系等给出恰当的称呼。第二层,价值·情感。价值是一种有序化物质和能量,情感是动物以生存为标准做出的一种判断和心理反应。如动物争食,人类得失荣辱地位等。第三层,行动·意志。电脑可以是自动的。但绝对不会是"主动"的。人脑有"自我意识"是真正全自动的。动物都有需求、兴趣、动机等,并且在意志的驱使下会行动。如广告语:"心动不如行动。"

人脑软件安装　购买一台电脑装载系统软件和应用软件需要两个多小时。生出一个孩子培养长大成人平均需要 20 年左右。人因为具有能动性,出生婴儿的大脑神经系统就是全自动的。尽管自动、自控能力不强如尿床、抓物不牢等,但绝对不会象电脑那样低级,必须开机、关机。因此,人脑软件(思想)的装载是双向的信息交流:①由内而外的主动学习,起决定作用的内因。②由外而内的被动教育,起引导作用的外因。

《说文解字》这样解释:"教,上所施,下所效也;""育,养子使作善也。"广义的教育泛指一切有目的地影响人的身心发展的社会实践活动。教育分为自我教育(就是学习)、家庭教育、社会教育、学校教育。教育不可能像电脑装载程序那样机械简单,但两者有其相通的地方(触类旁通)。

家庭教育,家庭是社会的细胞,伴随人的终生。婴孩只有最原始,野蛮的本能和与肉体快乐相联系的欲望冲动。他或她心智未开处于蒙昧状态,一切按快乐行事,没有任何顾忌,哪怕电源插座也敢去碰触。这一阶段"本我"无意识居主导地位。身体(硬件)迅速生长:大脑发育,声带发音,四肢发力,同时母语、家庭环境、家庭关系,性别角色意识等(软件)信息加载于婴儿大脑。这些信息居于最底层,甚至被"固化"终生不忘,如父母的姓名,那里人等等。

　　幼儿教育　娃娃会走路,说话之后,他们要试探模拟社会生活实践——游戏。这时期,幼儿教育给人脑加载的是初级社会信息和自然信息,如认识实物,看图识字,以"我"为中心称呼不同的人物。私有观念萌芽形成"自我",如争玩具,同时幼儿心智开化,文明启蒙,具备了生活常识——洗手、吃饭、穿衣等。这如同电脑安装了基本的操作程序。

　　基础教育　如果说学前教育给婴幼儿大脑加载的是环境现实信息的话,那么从小学开始给人脑加载的就是纵向历史的信息:如三千年前发明的方块汉字,二千年前的古汉语,二百年前的科学定律等知识和技能。总之,我们要用"思维"把前人开辟的"文明"之路快速走一遍,以期到达文明之路的前沿去创新。只有如此,人才能实现自我,超越自我,达到"超我"。基础教育给人脑安装的是系统软件,具有通用性,普适性。电脑要做某一次具体的事务如建筑制图,就必须安装相应的应用软件 CAD。人要从事某一职业就必须学习相应的专业知识技能。这就是职业(专业)教育。

　　以上把教育比作"人脑"软件安装,其实只说了三分之一。德育前面已讲,体育很重要,但不是本书主题,不再多言。

　　3. 集大成,得智慧

　　智慧源自人的大脑神经系统,这是现代人的常识。智慧的精确定义却没有,智慧像从侧面看到的一位美人印影,人人都说看见了,却不识"智慧"真容貌。这也许是智慧研究的困难和魅力所在。不同宗教派别,不同科学流派纷纷从各自的视角去诠释智慧。第一个试图给智慧做出明确界定的人是汉初的贾谊,在他的《新书·道术》中记载:"深知福祸谓之智,反智为愚;亟见窊察谓之慧,反慧为童(蒙昧)。"他站在哲学人生观的高度,把智慧看作是人对未来祸福的深刻预见和敏捷"察道"的思维能力。此见解极为深刻。目前为止,宗教宣扬神的智慧,科学研究人的智慧、科技追求机器的智慧。

　　本书从培养人的角度解读智慧。小二郎背着书包上学堂,背回家的应该是智慧。现今教育界对智慧大体上有"两说":具体能力说和综合素质说。

　　具体能力说直指目标,智慧即以知识为基础的智力技能、技巧。它强调思维能力,人们在获取、运用、创新知识,以及在实践中灵活正确地解决问题的能力。一般人办不成的事,你办成了,一般人做不出的题,你解出来了,"脑筋急转弯"你答对了,这一切都算智慧。这一定义便于操作,易于检测,纸上谈兵的智慧,往往一智遮百拙,培养出许多高智商的"生活白痴"。

综合素质说强调思维能力,同时把情感、意志纳入了考察范围。智慧是人的整体品质,以坚强意志做基础,以美德和创新为方向,以敏感顿悟为特征。综合素质说把智力体系,知识体系,方法技能体系,非智力体系,审美与评价体系汇于一体,面面俱到,在教育实践中缺少了可计量,可操作性。孙悟空的智慧"七十二变"可以考试;如来佛的智慧,我们的教育评价体系就测不准了。

站在人类文明历程的高度看,智慧应是高明意识的外化。智慧的核心是思维,实质是高超的思维能力和优秀的思维品质。这一定义包括三层含义:①智能较高,通俗来说,更聪明一些,至少比动物的聪明度高出若干数量级;②这种意识含有真善美的内容,必须达到一定的文明程度。③意识不能只存在于脑内,还得外化为物或事,像电灯泡会发光。

关于集成智慧 "智慧"与"知识"是相通的。荀子《正名》:"知有所合谓之智"可以解释为知识是智慧的基础,智慧是知识的综合与升华。知识不等于智慧,但是没有知识也产生不了智慧,如同没有燃料不可能产生光热或动力。这是智慧的知识层。要燃烧必须有助燃的氧气,要产生智慧还需要激情。爱因斯坦说:"感情和愿望是人类一切努力和创造背后的动力"人生价值观、意识、精神、品德、意志、意向、情趣等因素构成情感层。它是人的动力和控制系统。知识与情感融合,达到一定临界值就会产生智慧。如同化学合成反应使成分比较简单的物质变成成分复杂的物质,合成智慧可以使简单的知识在情感的作用下产生出复杂的思想,综上所述,智慧的产生可以用合成方程式表达:

智慧合成反应方程式:

$$\text{知识} + \text{情感} \underset{\text{活动}}{\overset{\text{人脑思维}}{\rightleftharpoons}} \text{智慧(外化的言行)}$$

钱学森不仅提出了教育的基本问题,而且创立了大成智慧学。"集大成,得智慧"教育理念的提出是在信息时代,知识经济社会背景下,对传统教育传承文明(智慧)的总结与超越。大成智慧教育就是要引导学生陶冶高尚的品德和情操,以最快的速度获得知识和智力技能,形成创造力,创新力。

思想方法的更新是人类文明进步的精神标志之一。钱学森集成教育思想来源于他主持参与的复杂系统工程实践。当代科学集成思维是人类科学思维之大成,运用系统论观念和信息论、控制论方法,将自然与社会、定性和定量、过程和目标,宏观和微观进行分析与综合,以期望提高整体效益的复合思维模式。科学集成思维模式萌芽于我国先秦哲学中的混沌·浑沌观念,天人合一思想,并有中医的应用实践;直接形成于当代大型化或超大型化的技术工程,如巨型计算机、洲际导弹、航空母舰、互联网通信、航天探月等。钱学森大成智慧教育理念正是当代科学集成思维模式在教育领域的应用。

人类思维方式进步历程

名称	代表人物	主要特点	简要内容
古希腊学术思维	苏格拉底 亚里士多德	形式逻辑	1. 范畴、定义、分类、概念 2. 逻辑学的同一律、排中律、矛盾律 3. 三段论的大前提、小前提、结论
东方汉学思维又名国学	朱熹 王阳明等	用注、疏、笺等形式以证明儒家经典	起于西汉(罢黜百家、独尊儒术)盛于唐宋、大兴于明清、《四书》《五经》
近代实验科学思维	培根 牛顿	自然科学分析、实证	人体解剖、日心说,进化论、牛顿定律……
现代辩证逻辑思维	马克思 恩格斯	社会科学人文能动全面、发展、实践的观点	唯物论、辩证法、实践论
当代科学集成思维	维纳 仙农等	系统论思想、综合整体、集成观点	信息论、控制论、系统论

大成智慧教育超越传统教育有三个特点:第一,总体上,首先给娃娃一本"知识交通地图",用系统论的观点让学生对人类知识体系有一个总体印象。这就像你要去一座陌生的城市前购买了一张该市的交通地图,虽然"混沌"但不是毫无信息的黑暗,你可以了解方位,整体布局、确定目标地,选择路线等。知识的迷宫也需要一张"交通地图"——哲学与科学技术结合起来,哲学来自科学技术的提炼,又要指导科学技术。钱学森为我们勾画了一个开放复杂的人类知识体系(如下图)。这一体系以马克思主义的辩证唯物论和历史唯物论为指导,将人类知识分为五个层次:哲学、横断科学(桥梁)、基础理论、技术科学、应用技术、前科学(包括只可意会,不可言传的经验)。

钱学森现代科学技术体系

马克思主义哲学 — 认识客观和主观世界的科学 性智 ←———————————→ 量智													哲学桥
	文艺活动	美学	建筑哲学	人学	军事哲学	地理哲学	人天观	认识论	系统论	数学哲学	唯物史观	自在辩证法	梁
		文艺理论	建筑科学	行为科学	军事科学	地理科学	人体科学	思维科学	系统科学	数学科学	社会科学	自然科学	基础理论
		艺术创作											技术科学
实践经验和知识库，哲学思维													应用技术
不成文的实践感受													前科学

第二，技术上，再给娃娃一个"知识导航员，"用控制论的观点指导学生一步步找到承载知识的信息、数据。在庞大的知识海洋里，怎样才能找到你所需的知识呢？现代信息社会，有互联网连着各地的数字图书馆，最新概念还有"云计算"。普适计算知识导航员为你搜到最新相关的知识信息。人·机·网结合，人们能够及时不断获得、集成广泛而新鲜的信息、知识，快速提高智能，产生智慧。信息社会的教与学，人·机·网优势互补，起决定作用的还是人。因为：①信息激活要靠人，数据不等于信息，信息不都是知识，知识还不是能力，要转识为智，化智成慧，离不开人的能动性。简单讲，电脑里的信息要转化成人脑的智慧。②只可意会，不可言传，难以形式化，数字化的复杂性事物，非理性，经验性，掺入人类情感，道德因素的性智（定性智慧）——只有人脑神经系统具备处理能力。《红楼梦》有句名言："世事洞明皆学问，人情练达即文章"，机器可以辅助研究，但创作不出《红楼梦》。③电脑及网络是教学利器，也是"娱乐无极限"，两者的把控需要人脑的智慧。

第三,应用上,娃娃们可以理论联系虚践,再联系实践。传统教育两个层次:学而知之——认识客观世界;做(行)而知之——改造客观世界,同时改造主观世界。现代信息社会,在两者之间多了一个环节:模拟知之——改造虚拟世界。从信息论的角度看,教育就是给人脑神经系统信息交流与刺激。常言道:耳听为虚、眼见为实,手触为真。虚拟实践为学生实现从知识到技能的升华提供了新平台。计算机里的虚拟实验室、虚拟仪器可以大显身手,许多抽象的事物可以变得具体而形象,可以肢体触摸控制。

总之,大成智慧教育给我们启示:机器智能与人类智力相结合正在形成新的教育模式。

4. 当代中学生怎样集成人类智慧　《论语》为政第二记载:子曰:"吾十有五而志于学,……"这说明孔子十五岁才立志学习,相当于今天初二年级的学生。自然永恒,人生有限,按现代的要求孔仲尼懂事迟了一点,对比钱学森大成智慧学的要求:18岁硕士毕业,他更来不及了。我认为在现今学制下,初一年级进校就应该立"志于学"或者更早一些。因为小学阶段应该享受快乐的童年,同时人脑的基本输入输出操作系统已安装完成:①性智的工具——从识字、写字到造句、作文,确立了语言符号系统;②量智的工具——从数数,算术到代数,确立了科学符号系统。进入初一,开设的课程增多,6年时间要将人类数千年构建的知识体系基础部分装载于你的大脑,这不是一件轻松的事。为此,我建议你在思考人生规划的前提下,做一个六年规划,至少三年学习规划。常言道:三思而后行。在做学习规划时,我提醒同学们三思而后学。

一思:预测未来可能产生的结果

有一种现象:小学生谈理想丰富多彩,充满童趣;上到初中,高中却没有了理想。未来可能发生的考高中,考大学,或者去打工,这就是未来可能发生的结果。也许学习太忙,没有时间去想哪遥远未来的事;也许感觉到现实生活的严酷,有个饭碗(职业)吃饭就可以了,谈什么理想太幼稚可笑。即使心中有理想也不愿谈论;更有市侩者认为反正现在有父母养着,过一天算一天呗,将来进入社会就没这等好事了。上述情况说明中学生需要科学理性的早期人生设计指导。人生设计是学生、父母和学校共同的课题。我认为在初中入学后就应开设《人生规划》讲座。这才是高明的人生智慧教育。具体操作:在客观认识"自我"的基础上,写出理性科学的3—6年学习规划。学习规划是娃娃进入知识智慧宫殿的导航图:有目标、有路线、有步骤、有措施……总之,我们要面向未来,一切在预设操控之中。

二思：做有中国灵魂世界眼光的中学生

面向未来要求在时间上有超前意识。所谓超前与落后是比较而言的，这就是要求我们有世界眼光。中学生在制定学习规划，并按规划一天天的实际学习过程中，要跳出为读书而读书，为考试而读书的狭小圈子，站到世界科技领域的前沿进行研究性学习。要做到真正研究性学习，我建议同学们：第一，关注每一学科研究的前沿热点问题，比如物理课可收集美国X—37B资料，设想真空，失重状态下武器使用的物理现象。第二，将现代信息技术手段与研究性学习巧妙地结合起来，超越常规的课堂教学模式。第三，学会团队合作研究性学习。人脑的思维运动只有通过交流信息才会产生智慧的火花。一个思想加另一个思想等于三个思想，这就是智能自增长，团队合作学习的本质。

三思：要做人类文明之火的传薪者

现代化是一个标志人类文明进步程度的概念。现代的对称是近代、古代；现代化对应的是传统。前面我们讲了文明的历程，现代文明就是文明发展的较高水平状态，是对传统文明的超越，如农业时代，工业时代，信息时代等。从传统到现代化是人类社会在时空坐标系统中的运动过程。我们只能生活在现代，做现代人，所以教育的现代化就是要培养现代人。

作为学的一方，中学生应该考虑怎样使自己的学习现代化？学习的现代化，我认为同学们可以从四个方面去努力：第一，学习观念的现代化，如克服"学而优则仕"的功利心态，树立以市场人才需求为导向的人生职业设计思想；信息社会终生学习的观念等等。第二，学习内容的现代化。中学生要吸收人类一切优秀的文明成果，尤其要跟上科技发展的时代步伐。现代人一个显著特征就是科技人。第三，学习装备的现代化。这一项我们许多城市娃娃都实现了：电脑、电子词典、手机上网、录音笔等等，但是多用于娱乐活动，用手机学习的少，考试时用手机舞弊的多。时下流行语："手机是消耗生命的游戏机，手机是学习知识的战斗机！"可惜，可惜！第四，学习方式的现代化。传统学习方式是"要我学"教师牵着学生走知识迷宫；现代化的学习方式借助网络电子设备和各类学习辅助软件完全实现"我要学""我乐学"的目标。

最后，打个比方：今天的集成智慧教育应该像定向越野运动——带上"知识的地图"（学习规划）、指北针（知识导航系统）加上你的激情毅力，你就会找到智慧。

第九章互动话题

1. 你赞成作者的"人性自私说"吗？为什么词典里只有"私生子"一词，而无"公生子"一说？

2. 什么叫人格？为什么说："人生如戏，不是戏"？如何看待"有个性"的人？

3. 文字是什么？在智能传承过程中，文字起什么样的作用？

4. 你认为一代人比一代人更聪明吗？比如文学界再没有超越《红楼梦》的作品，你怎么看这个问题？

5. 文明的发展累加，教育的任务越来越重，你认为现行教育模式发展下去还能胜任吗？未来的教与学会什么样？

6. 目前已经出现一系列科技伦理问题，请你举出"人类智能自我伤害"的故事。科学技术会停止进步吗？为什么？

7. 智伤：你有"聪明反被聪明误"的经验吗？手机对你的学习有帮助吗？

后　记

文化不等于文明。

计算机文化也有其负向的一面。网络上有很多正面光明的东西,但也有糟粕、害人的东西。网络虚拟世界是现实生活世界的映射、延伸,当然共生长着香花与毒草。作为一种社会现象,计算机网络文化已悄悄兴起,正走向寻常百姓的生活。我们生活在信息时代,必定要打上计算机网络文化的烙印。

教育要做到"三个面向",没有计算机的普及不行。"计算机的普及要从娃娃抓起"意义重大,影响深远。现代信息科学和技术的杰出代表——计算机是目前最先进的人类通用智力工具。人类竞争、战争已进入智力信息时代。谁用好了智力工具,谁就会更聪明,更主动。谁拒绝信息科技,就意味着落伍,谁就会被淘汰。谁误用计算机网络,谁就会被伤害。

计算机及其网络和其他工具一样,有多方面的使用价值。一块石头可以铺路,也可以砸脚趾头。一台计算机(将来也许叫信息终端机)可以是学习机、播音机、电影机、聊天机、游戏机……使用计算机的后果,全在乎使用者的"一心"把握。

"人脑"如何把控"电脑"呢? 首先给你讲一个禅宗里的故事:从前,两个和尚要过河,一少女求和尚抱她过河,甲和尚想抱,但碍于清规戒律,便推辞掉,乙和尚却抱了过河。待回到寺院,甲和尚向方丈告状,说乙和尚好色,抱一少女。乙和尚回答说:"我早放下了,你还抱着。"

关于电脑,我们必须拿得起。为了适应新的环境,我们要学习以计算机和网络为重点的新信息知识和技术。信息素养在人的必备知识结构和潜在能力中将占据相当重要的地位。计算机走进学校、步入家庭会起到两个作用:第一,改造传统教育体系,创造崭新的现代教育体系支撑环境,将旧的教育传递系统改造为高效的新系统。第二,作为"智力工具",计算机及其网络可以帮助教师开发课件,帮助学生开发智力。但我必须提醒读者:网络计算机成为学习工具有一定难度,而成为游戏机却很容易。

到目前为止,计算机操作本身还需要学习。我学习电脑有四点体会:1. 鼓励自学。计算机科技知识,特别是应用类软件更新速度快,必须"学会学习"的人才能跟得上时代步伐。2. 强调动手。计算机网络的道理越讲越"玄乎",有时书越看越"糊涂"。工具的掌握靠实践操作,有一定基础之后,勤动脑,多动手,可以无师自通。3. 注意应用。计算机软件如汪洋大海,学以致用,发生实际效益,人们才会有成就感和兴趣。结合实际工作学习计算机科技知识是最理想的选择。4. 要创造条件鼓励上网,培养对信息的获取、筛选、处理、应用和交流的能力;同时正确区分有用知识和无用知识,真正做到"慎独",文明上网。

总之,计算机浓缩了人类智慧的结晶,集成了现代人的思维方式和科学方法,通过人脑指挥电脑,电脑帮助人脑的过程,会使人越来越聪明,越来越能干。

对于游戏,我们要放得下。计算机网络学习真正发生比较难,网络游戏的兴趣发生却很容易。因为游戏永远比学习、工作快乐,所以办公室上班一族工作时间要去"开心农场";学生娃娃要逃课去网吧。十来年的经验告诉我们:导致男生上网成瘾的主要原因是各种极具诱惑力的网络游戏;女生上网成瘾偏重于QQ聊天。一位当老师的网友在网上谈论他的学生上网情况:"我觉得我的学生就有很多染上了网瘾,但我也没有办法,网络游戏确实太吸引人了。我们那个乡中学旁边就有六家网吧,都是赚学生的钱,没有人管。学生把吃饭的钱省下来去上网。学生半夜爬围墙出去上网,老师去网吧找人,有时还遭人白眼。面对网吧的利益、游戏设计公司的利润,学习的压力,游戏的快乐,教育有时如此苍白无力。"

妒影

夫妇二人向葡萄酒瓮内欲取酒。夫妻两人互见人影。二人相妒,谓瓮内藏人。二人相打,至死不休。有道人为打破瓮,酒尽无。二人意解,知影怀愧。

——唐·僧人道世编《法苑珠林》

在虚拟世界,我们游戏追求的正是电子的声色光影。沉迷往往出于无知或一知半解。希望本书有"道人"的作用,让网迷们能"意解"而"知影怀愧"。

游戏就是游戏。我们要有乙和尚的勇气和定力:抱得起,还须放得下!

娃娃是未成年人,需要我们监护、教育。当初这本智力进化通俗读本的创作意图就在于此——希望读者对信息科学技术多一点反思，多一点理性认识。毕竟，发展科学技术的初衷是为人类服务的，而不应该伤害人类。

敬启：

在撰写这本人文科学普及读物过程中，因为要通俗化科学原理，参阅使用了一些报刊图片和著述。由于联系困难，我们未能与部分作者取得联系，对此谨致深深的歉意。请原作者见书后及时联系我们。

参考文献

[1](春秋)老子.道德经全书[M].文若愚主编.昆明:云南人民出版社,2013.11

[2]袁贵仁.马克思的人学思想[M].北京:北京师范大学出版社,1996.06

[3]史忠植.高级人工智能(第三版)[M].北京:科学出版社,2006.09

[4]钱钟书.管锥编[M].北京:中华书局,1979.08

[5][英]卡尔·波普尔.客观知识:一个进化论的研究[M].舒炜光.卓如飞等译.上海:上海译文出版社,1987.09

[6](汉)许慎.说文解字[M].(宋)徐铉,北京:中华书局,2013.07

[7][美]克莱德·克拉克洪.论人类学与古典学的关系[M].吴银玲,译.北京:北京大学出版社,2013.05

[8]向云驹.人类口头和非物质遗产[M].银川:宁夏人民出版社,2006.11

[9][日]木村久一.早期教育与天才[M].唐欣,译.南京:江苏人民出版社,2009.07

[10][英].达尔文.物种起源(中华书局典藏本[M].谢蕴贞,译.北京:中华书局,2012.07

[11]卢明森.钱学森思维科学思想[M].北京:科学出版社,2012.04

[12]夏莹.婴儿教育学[M].上海:复旦大学出版社,2011.06

[13][美]香农.通信的数学理论[J].贝尔系统技术杂志,1948.27(07):379-423

[14]魏同贤.冯梦龙全集(全18册)[M].南京:凤凰出版社,2007.09

[15]胡阳.李长铎.莱布尼茨二进制与伏羲八卦图考[M].上海:上海人民出版社,2006.01

［16］刘文．布尔代数［M］．北京：高等教育出版社，1981.03

［17］史向辉．蒋济与《万机论》［J］．吉林师范学院学报，1999.118（04）:43 —45

［18］［美］冯·诺伊曼．计算机与人脑［M］．甘子玉，译．北京．北京大学出版社，2016.06

［19］［英］安德鲁·霍奇斯．艾伦·图灵传（如谜的解谜者）［M］．孙天齐．译．长沙：湖南科学技术出版社，2012.02

［20］方明．陶行知全集［M］．成都：四川教育出版社，2005.06

［21］金观涛．华国凡．控制论与科学方法论［M］．北京：新星出版社，2005.05

［22］张卫东编．生物心理学［M］．上海：上海社会科学出版社，2007.06

［23］刘相礼．王策之．徐海玲．墨子《所染》的启示［J］．山东省农业管理干部学院报，2012.29（3）.62 —63

［24］丁四新．玄圃畜艾：丁四新学术论文选集［C］北京：中华书局，2009.08

［25］施丹人．中国文化基因库［M］．北京：北京大学出版社，2002.08

［26］邹庭荣．数学文化欣赏［M］．武汉：武汉大学出版社，2007.11

［27］张景中．任宏硕．漫话数学［M］．北京：中国少年儿童出新闻版总社，2011.07

［28］图说天下．国学书院系列编委会．诸子百家［M］．长春：吉林出版集团有限责任公司，2007.09

附录1 关于《人智与机智的故事》写作心路

曹品军

当初起意写点文字,我只是想对学生说说话而已,好为人师的习惯,职业使命的驱动,别无他求。

从事政治理论教学、计算机教学和学生管理工作多年,发现从卡带收录机、录像厅、电子游戏室、网吧到现在的电脑游戏、手机娱乐……数字电子科技正逐步改善着传统的教育生态环境。同时也显现出数字电子科技的负面作用。面对学生痴迷于电子游戏,沉浸在虚拟视界中,我心里憋不住,想说道说道,算不得心灵鸡汤,只当婆心苦口凉茶。

教书育人,追求德、智、体三好。我选择一个"智"来讲。智非人类独有,但人却因"智"卓立于万物之上,独步进化的最前沿。我创作这本书的概念都是最本源的起始古义。"智"就是生物大脑神经系统的功能,人智即人的大脑神经系统功能;机智就是机器(械)的智能;伪即人的行为。全书只是为老子的那句名言"智慧出,有大伪"做注释。请读者不要做其他的非分之想。在人类进化的原始社会没有私有观念。老子本义说的"伪"即人为、人文。宋初时期文字训诂学家徐锴说:"伪者,人为之,非天真也。故人为为伪。"《荀子·性恶篇》如此表述:"不可学,不可事而在人者,谓之性;可学而能,可事而成之在人者,谓之伪。"又说:"生之所以然者谓之性。心虑而能为之动谓之伪。虑积焉,能习焉而后成谓之伪。"可见,当初"伪"字与"性"对称,毫无贬义。因为"智",人类走出了原始共产主义社会,人产生了私有观念。从此,伪延生出来负面意涵:诈、讹、淫、巧、欺。现在看来"伪世界"并不准确,改"伪视界"更可精准表达我的意图。

在书中,我回答了青年学生关心的四个问题。第一个哲学问题:关于智慧的学问。我坚持认为只有大脑才能思想,大脑和脚趾头一样都是身体器官,是客观物质的;第二个问题,关于生物人的智力进化、进步;第三个问题,关于机器的智能即人工智能;第四个问题,关于社会人智力遗传(传承)发展的问题。

我讲完这四个问题,留下一叠废纸和文字,又让它们在墙角躺了数年。人微言轻,我从不敢想自己会出书。做好教育教学本职工作,吃口良心饭,安身立命足矣。

书稿名字都是临时的,如妇产科的医师或新产妇给即将降生的胎儿取名"某毛毛"。和编辑反复商讨定下"人智与机智的故事——智力进化通俗读本",纠结的心终于释然。书名起好了,查阅《现代汉语词典》,我又发现"人智"一词没有,纯属杜撰,"机智"一词虽有,但仅仅限于"机智勇敢"层面:灵巧,能迅速适应事物的变化。看来教科书的内容永远落后于社会现实的发展。语言的进化、词语的新生、变异、消亡与时俱进,现今"机智"一词已衍生出人工智能的含义,并取得全社会的认可。中央电视台第一套节目周五晚上有一档科普栏目《机智过人》内容即表演人工智能 PK 人类智力。

与机智相对称的是人智。人的第一要义:能制造工具并使用工具进行劳动的高等动物。计算机即模拟人脑的工具,所以俗称电脑。机智产生于人工后,人工智能是计算机技术的一个分支,利用计算机模拟人类智力活动。说准确点,我脑海中的机智是机械智能,除数字编程外,信息的载体是智能卡——集成电路的电子,未来还有可能是量子、光子。

作为一个教书匠,我不是研究人智、机智的科学家,思想并没有到达这一领域未知世界的最前沿。因此,这本书只配定位为科普故事。当然,畅想未来的科幻故事也叫故事。还在于书中引用了许多历史上的智慧小故事。

因为不是命题作文,定稿之后,才臆造词汇,起了一个书名。

最后,这本书的写就,真有点类似意外怀孕,不小心有了。那就给它上个户籍吧!长大,让他为社会做点贡献。借此,说明我心中伪世界(伪视界)、人智、机智等几个概念。特别强调,我说的伪世界(伪视界)就是人文世界,毫无贬义。书中缺陷不少,还请读者多多包涵。

附录2　书　缘

——我与房龙

曹品军

　　90多年前，美国人亨得利·威廉·房龙写了两本书《文明的开端》《奇迹与人》；20年前，这两本书被译成中文，合二为一，由北京出版社出版；大约十年前，因为扶贫工作，在一个偏远山村的农家书屋，我巧遇了房龙的作品（1988年北京出版社中文版）。

　　于是，我躺在乡村的小木屋里，用两天的时间，跨越时空与房龙进行了一次心灵的对话。房龙用通俗的语言、形象的场景描写让我感知了人类文明的奇迹。他描述人类文明历史，拿人的手、脚、眼睛、鼻子等器官功能说事，并延伸展开。我感到的不仅是人体器官创造的人文痕迹、知识，更是人类智慧成果。

　　阅读兴奋之余，掩卷而思，我发现房龙囿于时代局限性，留下两个遗憾。一是他忽视了东方文明，特别是中华文明的辉煌成就，更不可能预测到当代中国的各项超级工程。二是他没有或没能够追根溯源——人类为什么能够创造文明奇迹。因为房龙没有触碰人体最重要的器官：大脑及中枢神经系统。

　　为了弥补房龙的遗憾，结合信息时代教育教学中的现实问题，我有了创作的欲望，去完成房龙没有做的事业。